交通运输专业能力评价教材

公路水运工程试验检测专业能力评价

——水泥类质量检测

交通运输部职业资格中心　组织编写
河南交通投资集团有限公司　主　　编

人民交通出版社
北　京

内 容 提 要

本书为配合《公路水运工程试验检测专业能力评价标准(第二版)》的顺利实施、提高公路水运工程质量检测从业人员的理论技术水平而编写。本书系统阐述了与公路水运工程质量检测相关的法律法规、仪器设备管理、数据处理与分析、水泥类原材料相关的知识点,同时着重介绍了水泥、掺合料、压浆材料、外加剂、水泥混凝土、砂浆等的技术要求和检测检验方法。

本书可供从事水泥类检测机构管理人员和技术人员及相关研究人员参考,也可作为公路水运工程试验检测人员专业能力评价的培训参考教材。

图书在版编目(CIP)数据

公路水运工程试验检测专业能力评价 : 水泥类质量检测 / 交通运输部职业资格中心组织编写. —北京 : 人民交通出版社股份有限公司, 2024. 7. — ISBN 978-7-114-19630-0

Ⅰ. TQ172

中国国家版本馆 CIP 数据核字第 20244ZN307 号

Gonglu Shuiyun Gongcheng Shiyan Jiance Zhuanye Nengli Pingjia——Shuinilei Zhiliang Jiance

书　　名: 公路水运工程试验检测专业能力评价——水泥类质量检测
著 作 者: 交通运输部职业资格中心
责任编辑: 黎小东　周佳楠
责任校对: 赵媛媛　魏佳宁
责任印制: 刘高彤
出版发行: 人民交通出版社
地　　址: (100011)北京市朝阳区安定门外外馆斜街 3 号
网　　址: http://www.ccpcl.com.cn
销售电话: (010)59757973
总 经 销: 人民交通出版社发行部
经　　销: 各地新华书店
印　　刷: 北京市密东印刷有限公司
开　　本: 787×1092　1/16
印　　张: 17.5
字　　数: 423 千
版　　次: 2024 年 7 月　第 1 版
印　　次: 2024 年 7 月　第 1 次印刷
书　　号: ISBN 978-7-114-19630-0
定　　价: 75.00 元

《公路水运工程试验检测专业能力评价——水泥类质量检测》

编 写 人 员

刘 静 何 静 李 伟 田文杰 全 翀 郭燕非 靳海霞

审 定 人 员

常成利 赵军礼 宿 静 王 瑞 翟 曜

PREFACE

随着公路水运工程的快速发展,质量检测工作在工程质量管控中的重要性日益凸显。公路水运工程质量检测是交通运输基础设施建设的关键环节,是工程验收、评定和技术状况评价的重要依据,在质量把关、隐患排查和安全监测等环节发挥着重要作用。

建设结构合理、素质优良的人才队伍,是不断提升交通建设工程质量,实现交通运输安全发展的重要保证。公路水运工程试验检测专业技术人员职业资格制度实施工作,为加快建设交通强国提供人才支撑、促进从业人员职业发展发挥了积极作用。但是,质量检测一线的部分从业人员长期从事某项或几项通用性专业性较强的职业活动,所掌握的专业能力相对单一,短期内取得国家职业资格证书的难度较大,专业能力水平缺乏评价手段和凭证。另外,已取得国家职业资格证书的从业人员也有夯实提升通用性专业性较强的职业活动专业能力的需求。为满足这些人员的专业能力评价需求,完善公路水运工程试验检测人员评价体系,推动公路水运工程试验检测人员安全意识、法律意识、职业道德和职业能力持续提升,我中心会同试验检测工作委员会组织编制了《公路水运工程试验检测专业能力评价标准(第二版)》(以下简称《标准》)。按照《标准》要求,各实施机构陆续开展了"公路水运工程试验检测人员专业能力"评价工作,受到了从业人员的广泛关注。

为了进一步配合《标准》的落地和实施,满足实施机构和从业人员的评价需求,我中心组织相关专家,依据国家现行法规和标准规范,结合实际工程需求编写了本教材。同时邀请业内专家对本教材进行了审稿和修订,确保了教材的实用性、权威性和科学性。

本教材的编写,旨在为公路水运工程试验检测人员提供一个全面、系统、实用的专业能力评价标准的学习参考。本教材内容涵盖了公路水运工程质量检测相关的法律法规、仪器设备管理、数据处理与分析、水泥类原材料相关的知识点,同时着重介绍了水泥、掺合料、压浆材料、外加剂、水泥混凝土、砂浆等的技术要求和检测检验方法。此外,还为检测人员提供了实用的试验技术指标汇总和工具,方便其在工作中使用。

本教材在编写和审定过程中,得到了河南交通投资集团有限公司、试验检测工作委员会、中路高科交通检测检验认证有限公司、北京中交华安科技有限公司、杭州市交通运输行政执法队质安大队、中犇检测认证有限公司、中交路桥检测养护有限公司、山西省交通建设工程质量检测中心等单位的大力支持,在此表示感谢!

由于水平有限,书中难免存在疏漏错误之处,希望广大读者和同行专家多提宝贵意见,以便进一步修改完善。

交通运输部职业资格中心

2024 年 7 月

CONTENTS

第一部分　基础知识

第二部分　专业知识

第一部分　基 础 知 识

第一章　政 策 法 规

在质量检测领域，法律法规是确保质量检测工作合法、规范、公正的重要保障。本章将介绍质量检测法律法规的基本内容，首先介绍《中华人民共和国产品质量法》，该法对产品质量的基本要求、检验方法、责任等方面作出规定，是质量检测法律法规的重要组成部分。其次介绍《中华人民共和国计量法》，该法对计量工作的基本原则、计量器具的制造、销售和使用等方面作出规定，是质量检测法律法规的基础性法律。此外，还将介绍《中华人民共和国安全生产法》《建设工程质量管理条例》《公路水运工程质量检测管理办法》《检验检测机构资质认定管理办法》等，这些法律法规及部门规章对公路水运工程质量检测的基本原则、程序、责任等方面作出规定，是质量检测法律法规的重要补充。

通过本章的学习，我们将了解质量检测法律法规的基本内容，包括相关法律条文的引用和释义。这将有助于我们更好地理解质量检测工作的法律框架，这些政策法规对于提高质量检测工作的合法性和有效性具有重要作用。

第一节　产品质量法

《中华人民共和国产品质量法》（以下简称《产品质量法》）是为了加强对产品质量的监督管理，提高产品质量水平，明确产品质量责任，保护消费者的合法权益，维护社会经济秩序而制定。

《产品质量法》由总则、产品质量的监督、生产者的产品质量责任和义务、销售者的产品质量责任和义务、损害赔偿、罚则、附则组成。本节主要介绍《产品质量法》中与工程建设相关的条款及释义。

一、总则

总则强调了立法的目的、适用范围。

第1条　为了加强对产品质量的监督管理，提高产品质量水平，明确产品质量责任，保护消费者的合法权益，维护社会经济秩序，制定本法。

制定产品质量法的主要目的：一是为了加强国家对产品质量的监督管理，促使生产者、销售者保证产品质量；二是为了明确产品质量责任，严厉惩治生产、销售假冒伪劣产品的违法行为；三是为了切实地保护用户、消费者的合法权益，完善我国的产品质量民事赔偿制度；四是为了遏制假冒伪劣产品的生产和流通，维护正常的社会经济秩序。

(1)“加强对产品质量的监督管理”,是指国家对产品质量采取必要的宏观管理和激励引导的措施,促使企业保证产品质量,并且通过加强对生产和流通领域的产品质量的监督检查,建立运用市场公平竞争、优胜劣汰制约假冒伪劣产品的机制,维护社会经济秩序。

(2)“产品质量”是指产品满足需要的适用性、安全性、可用性、可靠性、维修性、经济性和环境等所具有的特征和特性的总和。

(3)“用户”是指将产品用于社会集团消费和生产消费的企业、事业单位、社会组织等。

(4)“消费者”是指将产品用于个人生活消费的公民。

第 2 条 在中华人民共和国境内从事产品生产、销售活动,必须遵守本法。

本法所称产品是指经过加工、制作,用于销售的产品。

建设工程不适用本法规定;但是,建设工程使用的建筑材料、建筑构配件和设备,属于前款规定的产品范围的,适用本法规定。

由本条规定可以看出,交通建设工程所建设的公路、桥梁、隧道、码头等永久性设施,不是用于销售的产品,不适用《产品质量法》;但建设过程中所用到的原材料,如钢筋、水泥、外加剂等适用《产品质量法》。

第 8 条 国务院市场监督管理部门主管全国产品质量监督工作。国务院有关部门在各自的职责范围内负责产品质量监督工作。

县级以上地方市场监督管理部门主管本行政区域内的产品质量监督工作。县级以上地方人民政府有关部门在各自的职责范围内负责产品质量监督工作。

二、产品质量的监督

第 12 条 产品质量应当检验合格,不得以不合格产品冒充合格产品。

第 19 条 产品质量检验机构必须具备相应的检测条件和能力,经省级以上人民政府市场监督管理部门或者其授权的部门考核合格后,方可承担产品质量检验工作。法律、行政法规对产品质量检验机构另有规定的,依照有关法律、行政法规的规定执行。

第 21 条 产品质量检验机构、认证机构必须依法按照有关标准,客观、公正地出具检验结果或者认证证明。

产品质量认证机构应当依照国家规定对准许使用认证标志的产品进行认证后的跟踪检查;对不符合认证标准而使用认证标志的,要求其改正;情节严重的,取消其使用认证标志的资格。

第 25 条 市场监督管理部门或者其他国家机关以及产品质量检验机构不得向社会推荐生产者的产品;不得以对产品进行监制、监销等方式参与产品经营活动。

五、罚则

第 57 条 产品质量检验机构、认证机构伪造检验结果或者出具虚假证明的,责令改正,对单位处五万元以上十万元以下的罚款,对直接负责的主管人员和其他直接责任人员处一万元以上五万元以下的罚款;有违法所得的,并处没收违法所得;情节严重的,取消其检验资格、认证资格;构成犯罪的,依法追究刑事责任。

产品质量检验机构、认证机构出具的检验结果或者证明不实，造成损失的，应当承担相应的赔偿责任；造成重大损失的，撤销其检验资格、认证资格。

产品质量认证机构违反本法第二十一条第二款的规定，对不符合认证标准而使用认证标志的产品，未依法要求其改正或者取消其使用认证标志资格的，对因产品不符合认证标准给消费者造成的损失，与产品的生产者、销售者承担连带责任；情节严重的，撤销其认证资格。

《产品质量法》的全部条款和内容参见其原文。

第二节　计　量　法

《中华人民共和国计量法》（以下简称《计量法》）是为了加强计量监督管理，保障国家计量单位制的统一和量值的准确可靠，有利于生产、贸易和科学技术的发展，适应社会主义现代化建设的需要，维护国家、人民的利益而制定。

《计量法》由总则，计量基准器具、计量标准器具和计量检定，计量器具管理，计量监督，法律责任和附则组成。本节主要介绍《计量法》中与交通运输行业相关的条款及释义。

一、总则

第 3 条　国家实行法定计量单位制度。

国际单位制计量单位和国家选定的其他计量单位，为国家法定计量单位。国家法定计量单位的名称、符号由国务院公布。

因特殊需要采用非法定计量单位的管理办法，由国务院计量行政部门另行制定。

具体内容详见本部分第三章。

二、计量基准器具、计量标准器具和计量检定

第 5 条　国务院计量行政部门负责建立各种计量基准器具，作为统一全国量值的最高依据。

第 6 条　县级以上地方人民政府计量行政部门根据本地区的需要，建立社会公用计量标准器具，经上级人民政府计量行政部门主持考核合格后使用。

第 7 条　国务院有关主管部门和省、自治区、直辖市人民政府有关主管部门，根据本部门的特殊需要，可以建立本部门使用的计量标准器具，其各项最高计量标准器具经同级人民政府计量行政部门主持考核合格后使用。

（1）省级以上人民政府有关主管部门根据本部门的特殊需要建立的计量标准，在本部门内部使用，作为统一本部门量值的依据。

（2）“根据本部门的特殊需要”，是指社会公用计量标准不能适应某部门专业特点的特殊需要。

（3）“主持考核”是指同级人民政府计量行政部门负责组织法定计量检定机构或授权的有关技术机构进行的考核。

第 8 条　企业、事业单位根据需要，可以建立本单位使用的计量标准器具，其各项最高计

量标准器具经有关人民政府计量行政部门主持考核合格后使用。

第9条 县级以上人民政府计量行政部门对社会公用计量标准器具,部门和企业、事业单位使用的最高计量标准器具,以及用于贸易结算、安全防护、医疗卫生、环境监测方面的列入强制检定目录的工作计量器具,实行强制检定。未按照规定申请检定或者检定不合格的,不得使用。实行强制检定的工作计量器具的目录和管理办法,由国务院制定。

对前款规定以外的其他计量标准器具和工作计量器具,使用单位应当自行定期检定或者送其他计量检定机构检定。

(1)"强制检定"是指由县级以上人民政府计量行政部门指定的法定计量检定机构或授权的计量检定机构,对强制检定的计量器具实行的定点定期检定。

(2)强制检定的检定周期由执行强制检定的计量检定机构根据计量检定规程,结合实际使用情况确定。

第10条 计量检定必须按照国家计量检定系统表进行。国家计量检定系统表由国务院计量行政部门制定。

计量检定必须执行计量检定规程。国家计量检定规程由国务院计量行政部门制定。没有国家计量检定规程的,由国务院有关主管部门和省、自治区、直辖市人民政府计量行政部门分别制定部门计量检定规程和地方计量检定规程。

(1)"国家计量检定系统表"是指从计量基准到各等级的计量标准直至工作计量器具的检定程序所作的技术规定,它由文字和框图构成,简称国家计量检定系统。

(2)"计量检定规程"是指对计量器具的计量性能、检定项目、检定条件、检定方法、检定周期以及检定数据处理等所作的技术规定,包括国家计量检定规程、部门和地方计量检定规程。

(3)国家计量检定规程由国务院计量行政部门制定,在全国范围内施行。没有国家计量检定规程的,国务院有关主管部门可制定部门计量检定规程,在本部门内施行。省、自治区、直辖市人民政府计量行政部门可制定地方计量检定规程,在本行政区内施行。部门和地方计量检定规程须向国务院计量行政部门备案。

第11条 计量检定工作应当按照经济合理的原则,就地就近进行。

(1)"经济合理"是指进行计量检定、组织量值传递要充分利用现有的计量检定设施,合理的部署计量检定网点。

(2)"就地就近"是指组织量值传递不受行政区划和部门管辖的限制。

四、计量监督

第18条 县级以上人民政府计量行政部门应当依法对制造、修理、销售、进口和使用计量器具,以及计量检定等相关计量活动进行监督检查。有关单位和个人不得拒绝、阻挠。

第20条 县级以上人民政府计量行政部门可以根据需要设置计量检定机构,或者授权其他单位的计量检定机构,执行强制检定和其他检定、测试任务。

执行前款规定的检定、测试任务的人员,必须经考核合格。

(1)"计量检定机构"是指承担计量检定工作的有关技术机构。

(2)"其他检定、测试任务",在具体应用时是指本法规定的计量标准考核,制造、修理计量器具条件的考核,定型鉴定,样机试验,仲裁检定,产品质量检验机构的计量认证,法定计量检

定机构进行的非强制检定，以及政府计量行政部门授权的机构面向社会进行的非强制检定。

（3）授权其他单位的计量检定机构，执行强制检定和其他检定、测试任务，在具体应用时采取以下形式：

①授权专业性或区域性计量检定机构，作为法定计量检定机构；

②授权有关技术机构建立社会公用计量标准；

③授权某一部门或某一单位的计量检定机构，对其内部使用的强制检定的计量器具执行强制检定；

④授权有关技术机构，承担法律规定的其他检定、测试任务。

第 21 条　处理因计量器具准确度所引起的纠纷，以国家计量基准器具或者社会公用计量标准器具检定的数据为准。

（1）以计量基准或社会公用计量标准检定的数据作为处理计量纠纷的依据，具有法律效力。

（2）用计量基准或社会公用计量标准所进行的以裁决为目的的计量检定、测试活动，统称为仲裁检定。

第 22 条　为社会提供公证数据的产品质量检验机构，必须经省级以上人民政府计量行政部门对其计量检定、测试的能力和可靠性考核合格。

（1）省级以上人民政府计量行政部门对产品质量检验机构计量检定、测试的能力和可靠性考核合格，即为产品质量检验机构的计量认证。

（2）对产品质量检验机构的计量认证，是证明其在认证的范围内，具有为社会提供公证数据的资格。

（3）为社会提供公证数据的产品质量检验机构，是指面向社会从事产品质量评价工作的技术机构。

（4）对为社会提供公证数据的产品质量检验机构的计量检定、测试的能力和可靠性的考核，具体包括：

①计量检定、测试设备的性能；

②计量检定、测试设备的工作环境和人员的操作技能；

③保证量值统一、准确的措施及检测数据公正可靠的管理制度。

（5）对产品质量检验机构进行计量认证，由省级以上人民政府计量行政部门负责；具体考核工作，由其指定所属的计量检定机构或授权的技术机构进行。

在具体应用时，属全国性的产品质量检验机构，向国务院计量行政部门申请计量认证；属地方性的产品质量检验机构，向所在的省、自治区、直辖市人民政府计量行政部门申请。

（6）“必须经省级以上人民政府计量行政部门对其计量检定、测试的能力和可靠性考核合格”，是指未取得计量认证合格证书的，不得开展产品质量检验工作。

五、法律责任

第 25 条　属于强制检定范围的计量器具，未按照规定申请检定或者检定不合格继续使用的，责令停止使用，可以并处罚款。

第 26 条　使用不合格的计量器具或者破坏计量器具准确度，给国家和消费者造成损失的,责令赔偿损失,没收计量器具和违法所得,可以并处罚款。

(1)本条规定的行政处罚适用于任何单位和个人。

(2)"使用不合格的计量器具",是指使用无检定合格印、证,或者超过检定周期,以及经检定不合格的计量器具。

《计量法》的全部条款和内容参见其原文。

第三节 安全生产法

全国人大常委会于2021年6月10日表决通过了《关于修改中华人民共和国安全生产法的决定》,修改后的《中华人民共和国安全生产法》(以下简称《安全生产法》)于2021年9月1日施行。

《安全生产法》由总则、生产经营单位的安全生产保障、从业人员的安全生产权利义务、安全生产的监督管理、生产安全事故的应急救援与调查处理、法律责任和附则组成。本节主要介绍《安全生产法》中与公路水运工程质量检测工作相关的条款。

一、总则

第3条 安全生产工作坚持中国共产党的领导。

安全生产工作应当以人为本,坚持人民至上、生命至上,把保护人民生命安全摆在首位,树牢安全发展理念,坚持安全第一、预防为主、综合治理的方针,从源头上防范化解重大安全风险。

安全生产工作实行管行业必须管安全、管业务必须管安全、管生产经营必须管安全,强化和落实生产经营单位主体责任与政府监管责任,建立生产经营单位负责、职工参与、政府监管、行业自律和社会监督的机制。

第5条 生产经营单位的主要负责人是本单位安全生产第一责任人,对本单位的安全生产工作全面负责。其他负责人对职责范围内的安全生产工作负责。

第7条 工会依法对安全生产工作进行监督。

生产经营单位的工会依法组织职工参加本单位安全生产工作的民主管理和民主监督,维护职工在安全生产方面的合法权益。生产经营单位制定或者修改有关安全生产的规章制度,应当听取工会的意见。

三、从业人员的安全生产权利义务

第52条 生产经营单位与从业人员订立的劳动合同,应当载明有关保障从业人员劳动安全、防止职业危害的事项,以及依法为从业人员办理工伤保险的事项。

生产经营单位不得以任何形式与从业人员订立协议,免除或者减轻其对从业人员因生产安全事故伤亡依法应承担的责任。

第54条 从业人员有权对本单位安全生产工作中存在的问题提出批评、检举、控告;有权拒绝违章指挥和强令冒险作业。

生产经营单位不得因从业人员对本单位安全生产工作提出批评、检举、控告或者拒绝违章指挥、强令冒险作业而降低其工资、福利等待遇或者解除与其订立的劳动合同。

第 55 条　从业人员发现直接危及人身安全的紧急情况时，有权停止作业或者在采取可能的应急措施后撤离作业场所。

生产经营单位不得因从业人员在前款紧急情况下停止作业或者采取紧急撤离措施而降低其工资、福利等待遇或者解除与其订立的劳动合同。

第 56 条　生产经营单位发生生产安全事故后，应当及时采取措施救治有关人员。

因生产安全事故受到损害的从业人员，除依法享有工伤保险外，依照有关民事法律尚有获得赔偿的权利的，有权提出赔偿要求。

第 57 条　从业人员在作业过程中，应当严格落实岗位安全责任，遵守本单位的安全生产规章制度和操作规程，服从管理，正确佩戴和使用劳动防护用品。

第 58 条　从业人员应当接受安全生产教育和培训，掌握本职工作所需的安全生产知识，提高安全生产技能，增强事故预防和应急处理能力。

第 59 条　从业人员发现事故隐患或者其他不安全因素，应当立即向现场安全生产管理人员或者本单位负责人报告；接到报告的人员应当及时予以处理。

第 60 条　工会有权对建设项目的安全设施与主体工程同时设计、同时施工、同时投入生产和使用进行监督，提出意见。

工会对生产经营单位违反安全生产法律、法规，侵犯从业人员合法权益的行为，有权要求纠正；发现生产经营单位违章指挥、强令冒险作业或者发现事故隐患时，有权提出解决的建议，生产经营单位应当及时研究答复；发现危及从业人员生命安全的情况时，有权向生产经营单位建议组织从业人员撤离危险场所，生产经营单位必须立即作出处理。

工会有权依法参加事故调查，向有关部门提出处理意见，并要求追究有关人员的责任。

第 61 条　生产经营单位使用被派遣劳动者的，被派遣劳动者享有本法规定的从业人员的权利，并应当履行本法规定的从业人员的义务。

四、安全生产的监督管理

第 72 条　承担安全评价、认证、检测、检验职责的机构应当具备国家规定的资质条件，并对其作出的安全评价、认证、检测、检验结果的合法性、真实性负责。资质条件由国务院应急管理部门会同国务院有关部门制定。

承担安全评价、认证、检测、检验职责的机构应当建立并实施服务公开和报告公开制度，不得租借资质、挂靠、出具虚假报告。

第 74 条　任何单位或者个人对事故隐患或者安全生产违法行为，均有权向负有安全生产监督管理职责的部门报告或者举报。

因安全生产违法行为造成重大事故隐患或者导致重大事故，致使国家利益或者社会公共利益受到侵害的，人民检察院可以根据民事诉讼法、行政诉讼法的相关规定提起公益诉讼。

七、附则

第 117 条　本法下列用语的含义：

危险物品，是指易燃易爆物品、危险化学品、放射性物品等能够危及人身安全和财产安全的物品。

重大危险源，是指长期地或者临时地生产、搬运、使用或者储存危险物品，且危险物品的数量等于或者超过临界量的单元（包括场所和设施）。

第118条 本法规定的生产安全一般事故、较大事故、重大事故、特别重大事故的划分标准由国务院规定。

国务院应急管理部门和其他负有安全生产监督管理职责的部门应当根据各自的职责分工，制定相关行业、领域重大危险源的辨识标准和重大事故隐患的判定标准。

《安全生产法》的全部条款和内容参见其原文。

第四节　建设工程质量管理条例

《建设工程质量管理条例》（国务院令第279号，以下简称《条例》）根据《中华人民共和国建筑法》制定，由总则，建设单位的质量责任和义务，勘察、设计单位的质量责任和义务，施工单位的质量责任和义务，工程监理单位的质量责任和义务，建设工程质量保修，监督管理，罚则，附则组成。本节就《条例》相关条款进行介绍。

一、总则

第2条 凡在中华人民共和国境内从事建设工程的新建、扩建、改建等有关活动及实施对建设工程质量监督管理的，必须遵守本条例。

本条例所称建设工程，是指土木工程、建筑工程、线路管道和设备安装工程及装修工程。

第5条 从事建设工程活动，必须严格执行基本建设程序，坚持先勘察、后设计、再施工的原则。县级以上人民政府及其有关部门不得超越权限审批建设项目或者擅自简化基本建设程序。

二、建设单位的质量责任和义务

第10条 建设工程发包单位，不得迫使承包方以低于成本的价格竞标，不得任意压缩合理工期。

建设单位不得明示或者暗示设计单位或者施工单位违反工程建设强制性标准，降低建设工程质量。

第13条 建设单位在开工前，应当按照国家有关规定办理工程质量监督手续，工程质量监督手续可以与施工许可证或者开工报告合并办理。

第16条 建设单位收到建设工程竣工报告后，应当组织设计、施工、工程监理等有关单位进行竣工验收。

建设工程竣工验收应当具备下列条件：

（1）完成建设工程设计和合同约定的各项内容；

（2）有完整的技术档案和施工管理资料；

（3）有工程使用的主要建筑材料、建筑构配件和设备的进场试验报告；

(4)有勘察、设计、施工、工程监理等单位分别签署的质量合格文件;

(5)有施工单位签署的工程保修书。

建设工程经验收合格的,方可交付使用。

第17条　建设单位应当严格按照国家有关档案管理的规定,及时收集、整理建设项目各环节的文件资料,建立、健全建设项目档案,并在建设工程竣工验收后,及时向建设行政主管部门或者其他有关部门移交建设项目档案。

四、施工单位的质量责任和义务

第29条　施工单位必须按照工程设计要求、施工技术标准和合同约定,对建筑材料、建筑构配件、设备和商品混凝土进行检验,检验应当有书面记录和专人签字;未经检验或者检验不合格的,不得使用。

第30条　施工单位必须建立、健全施工质量的检验制度,严格工序管理,作好隐蔽工程的质量检查和记录。隐蔽工程在隐蔽前,施工单位应当通知建设单位和建设工程质量监督机构。

第31条　施工人员对涉及结构安全的试块、试件以及有关材料,应当在建设单位或者工程监理单位监督下现场取样,并送具有相应资质等级的质量检测单位进行检测。

第32条　施工单位对施工中出现质量问题的建设工程或者竣工验收不合格的建设工程,应当负责返修。

第33条　施工单位应当建立、健全教育培训制度,加强对职工的教育培训;未经教育培训或者考核不合格的人员,不得上岗作业。

五、工程监理单位的质量责任和义务

第38条　监理工程师应当按照工程监理规范的要求,采取旁站、巡视和平行检验等形式,对建设工程实施监理。

七、监督管理

第43条　国家实行建设工程质量监督管理制度。

国务院建设行政主管部门对全国的建设工程质量实施统一监督管理。国务院铁路、交通、水利等有关部门按照国务院规定的职责分工,负责对全国的有关专业建设工程质量的监督管理。

县级以上地方人民政府建设行政主管部门对本行政区域内的建设工程质量实施监督管理。县级以上地方人民政府交通、水利等有关部门在各自的职责范围内,负责对本行政区域内的专业建设工程质量的监督管理。

第44条　国务院建设行政主管部门和国务院铁路、交通、水利等有关部门应当加强对有关建设工程质量的法律、法规和强制性标准执行情况的监督检查。

《建设工程质量管理条例》的全部条款和内容参见其原文。

第五节　公路水运工程质量检测管理办法

2005 年，交通部出台了《公路水运工程试验检测管理办法》（交通部令 2005 年第 12 号，2016 年、2019 年两次局部修订），建立了检测机构等级评定制度，系统规范了检测活动。2022 年 1 月，《国务院办公厅关于全面实行行政许可事项清单管理的通知》（国办发〔2022〕2 号）将“公路水运工程质量检测机构资质审批”明确为行政许可事项。为全面规范这一许可事项的实施，进一步健全事前事中事后全链条监管制度，交通运输部决定废止旧规章，制定并公布了《公路水运工程质量检测管理办法》（交通运输部令 2023 年第 9 号，以下简称《办法》），自 2023 年 10 月 1 日起施行。

《办法》由总则、检测机构资质管理、检测活动管理、监督管理、法律责任、附则组成，主要内容如下。

1. 建立检测机构许可制度

（1）实施分类分级许可。依据检测范围和检测能力，将检测机构资质分为公路工程和水运工程两个专业。其中，公路工程专业设甲、乙、丙级资质和交通工程专项、桥梁隧道工程专项资质；水运工程专业分为材料类和结构类，材料类设甲、乙、丙级资质，结构类设甲、乙级资质。申请人可以同时申请不同专业、不同等级检测机构资质。

（2）明确审批层级和许可条件。一是明确交通运输部负责公路工程甲级、交通工程专项，水运工程材料类甲级、结构类甲级检测机构的资质审批。其他检测机构资质审批由检测机构注册地的省级人民政府交通运输主管部门负责。二是从主体资格、检测人员、设施设备、场地环境、质量体系等方面规定了检测机构资质的许可条件、申请材料。

（3）规范专家技术评审。为保障检测机构资质审批科学公正，《办法》规定资质审批应当经过许可机关组织的专家技术评审，包括书面审查和现场核查两阶段，即：既需要书面审查申请人提交的全部材料，还应当对实际状况与申请材料的符合性、申请人完成质量检测项目的实际能力、质量保证体系运行等情况进行现场核查。同时明确了专家抽取要求、评审时限、评审报告内容。

（4）优化证书管理。一是明确证书延续审批原则上以专家书面审查为主，但对于存在特定违法行为的仍需开展现场核查。二是规范证书变更，要求许可机关对检测场所地址发生变更的情形应当开展现场核查；明确检测机构发生合并、分立、重组、改制等主体资格变更情形的，应当重新提交资质申请；对于其他不影响检测机构资质条件的事项变更，由检测机构主动申请后可直接予以变更。三是规范资质证书内容、有效期、遗失补发以及终止经营等事项。

2. 全面规范质量检测活动

（1）从工地试验室设置、质量保证体系运行、样品和档案管理、信息化建设等方面对检测机构予以全面规范，规定检测机构不得出具虚假检测报告，不得在同一项目标段中同时接受多方委托，不得转包、违规分包，对检测过程中发现的涉及工程主体结构安全的不合格项目应及时报告，不得转让、出租资质证书。

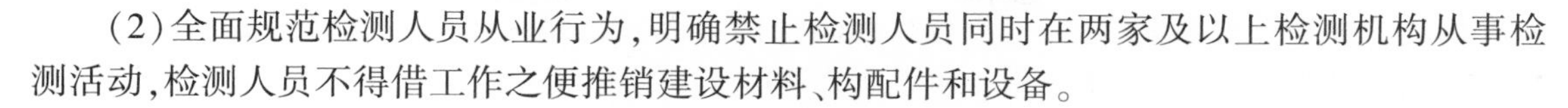

(2)全面规范检测人员从业行为,明确禁止检测人员同时在两家及以上检测机构从事检测活动,检测人员不得借工作之便推销建设材料、构配件和设备。

3.强化质量检测活动监管

(1)强化监督检查。一是规定交通运输主管部门应当加强对检测工作的监督检查,明确了监督检查具体内容和措施。二是规定部省两级交通运输主管部门应该组织比对试验,验证检测机构实际检测能力。三是强化社会监督,鼓励投诉举报涉及质量检测的违法违规行为,并要求主管部门及时核实处理。四是规定交通运输部统一负责质量检测信用管理,各级交通运输主管部门定期对检测机构和检测人员的从业行为开展信用管理。五是对于取得资质后不再符合相应资质条件的检测机构,由主管部门责令其限期整改并向社会公示。

(2)完善法律责任。根据《国务院关于进一步贯彻实施〈中华人民共和国行政处罚法〉的通知》(国发〔2021〕26号)有关规定,结合行业管理实际需要,在《办法》权限内,《办法》视具体违法情形对检测机构和检测人员的违法行为设置了警告、通报批评和不超过10万元的罚款。

此外,《办法》还授权交通运输部制定技术评审工作程序的配套文件,保障《办法》顺利实施。

本部分采用内容对比的形式对新旧《办法》进行了全面的介绍和比较,详见附录1,旨在帮助读者深入了解质量检测政策法规的发展历程和现状,掌握新《办法》的相关规定,提高对质量和安全性的检测水平。

第六节　公路水运工程质量检测机构资质等级条件

为推进《公路水运工程质量检测管理办法》(交通运输部令2023年第9号)落地实施,严格规范开展公路水运工程质量检测机构资质审批行政许可工作,交通运输部对原《公路水运工程试验检测机构等级标准》进行了修订,于2023年10月发布了《公路水运工程质量检测机构资质等级条件》(交安监发〔2023〕140号,以下简称《等级条件》),适用于公路水运工程质量检测机构的资质等级划分和评定,包括不同等级资质的人员配备要求、质量检测能力基本要求及主要仪器设备、质量检测环境要求。具体内容详见附录2。

第七节　公路水运工程试验检测人员职业资格管理

根据《国务院机构改革和职能转变方案》和《国务院关于取消和调整一批行政审批项目等事项的决定》(国发〔2014〕50号)关于取消"公路水运试验检测人员资格许可和认定"的要求,为加强公路水运工程试验检测专业技术人员队伍建设,提高试验检测专业技术人员素质,人力资源社会保障部、交通运输部以人社部发〔2015〕59号文印发了《公路水运工程试验检测专业技术人员职业资格制度规定》(以下简称《职业资格制度规定》)和《公路水运工程试验检测专业技术人员职业资格考试实施办法》(以下简称《考试实施办法》),这标志着公路水运工程试验检测专业技术人员水平评价类国家职业资格制度正式设立,顺利实现了职业资格制度向水平评价类国家职业资格制度的平稳过渡，面向全社会提供公路水运工程试验检测专业技术人员能力水平评价服务，满足了质量检测的工作需要。

公路水运工程试验检测专业技术人员职业资格为水平评价类职业资格，实行考试的评价方式，考生按自愿原则参加考试。通过考试并取得相应级别职业资格证书的人员，表明其已具备从事公路水运工程质量检测专业相应级别专业技术岗位工作的能力。为从业人员提升职业能力、扩大就业渠道提供了平台，为用人单位科学使用公路水运工程试验检测专业技术人才提供了依据。

水平评价类职业资格不实行准入控制和注册管理，但应按国家关于专业技术人员继续教育的有关规定参加继续教育，更新专业知识，不断提高职业素质和试验检测专业工作能力。

一、职业资格考试专业设置

《职业资格制度规定》第 4 条 公路水运工程试验检测人员职业资格包括道路工程、桥梁隧道工程、交通工程、水运结构与地基、水运材料 5 个专业，分为助理试验检测师和试验检测师 2 个级别。助理试验检测师和试验检测师职业资格实行考试的评价方式。

二、职业资格考试科目设置及周期管理

公路水运工程助理试验检测师和试验检测师职业资格考试，统一大纲、统一命题、统一组织。

《考试实施办法》第 3 条 公路水运工程助理试验检测师、试验检测师均设公共基础科目和专业科目，专业科目为《道路工程》《桥梁隧道工程》《交通工程》《水运结构与地基》和《水运材料》。公共基础科目考试时间为 120 分钟，专业科目考试时间为 150 分钟。

《考试实施办法》第 4 条 公路水运工程助理试验检测师、试验检测师考试成绩均实行 2 年为一个周期的滚动管理。在连续 2 个考试年度内，参加公共基础科目和任一专业科目的考试并合格，可取得相应专业和级别的公路水运工程试验检测专业技术人员职业资格证书。

三、试验检测人员报考条件

《职业资格制度规定》第 10 条 必须遵守国家法律、法规，恪守职业道德，并符合公路水运工程助理试验检测师和试验检测师职业资格考试报名条件的人员，均可申请参加相应级别职业资格考试。

《职业资格制度规定》第 11 条 符合下列条件之一者，可报考公路水运工程助理试验检测师职业资格考试：

(1)取得中专或高中学历，累计从事公路水运工程试验检测专业工作满 4 年；

(2)取得工学、理学、管理学学科门类专业大专学历，累计从事公路水运工程试验检测专业工作满 2 年或者取得其他学科门类专业大专学历，累计从事公路水运工程试验检测专业工作满 3 年；

(3)取得工学、理学、管理学学科门类专业大学本科及以上学历或学位；或者取得其他学科门类专业大学本科学历，从事公路水运工程试验检测专业工作满 1 年。

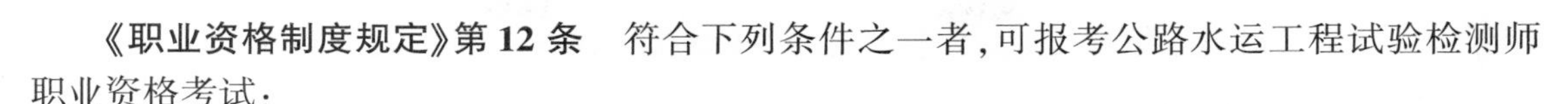

《职业资格制度规定》第12条　符合下列条件之一者，可报考公路水运工程试验检测师职业资格考试：

（1）取得中专或者高中学历，并取得公路水运工程助理试验检测师证书后，从事公路水运工程试验检测专业工作满6年；

（2）取得工学、理学、管理学学科门类专业大专学历，累计从事公路水运工程试验检测专业工作满6年；

（3）取得工学、理学、管理学学科门类专业大学本科学历或者学位，累计从事公路水运工程试验检测专业工作满4年；

（4）取得含工学、理学、管理学学科门类专业在内的双学士学位或者工学、理学、管理学学科门类专业研究生班毕业，累计从事公路水运工程试验检测专业工作满2年；

（5）取得工学、理学、管理学学科门类专业硕士学位，累计从事公路水运工程试验检测专业工作满1年；

（6）取得工学、理学、管理学学科门类专业博士学位；

（7）取得其他学科门类专业的上述学历或者学位人员，累计从事公路水运工程试验检测专业工作年限相应增加1年。

四、试验检测人员职业能力

《职业资格制度规定》第15条　取得公路水运工程试验检测职业资格证书的人员，应当遵守国家法律和相关法规，维护国家和社会公共利益，恪守职业道德。

《职业资格制度规定》第16条　取得公路水运工程助理试验检测师职业资格证书的人员，应当具备的职业能力：

（1）了解公路水运工程行业管理的法律法规和规章制度，熟悉公路水运工程试验检测管理的规定和实验室管理体系知识；

（2）熟悉主要的工程技术标准、规范、规程掌握所从事试验检测专业方向的试验检测方法和结果判定标准，较好识别和解决试验检测专业工作中的常见问题；

（3）独立完成常规性公路水运工程试验检测工作；

（4）编制试验检测报告。

《职业资格制度规定》第17条　取得公路水运工程试验检测师职业资格证书的人员，应当具备的职业能力：

（1）熟悉公路水运工程行业管理的法律法规、规章制度，工程技术标准、规范和规程掌握试验检测原理；掌握实验室管理体系知识和所从事试验检测专业方向的试验检测方法和结果判定标准；

（2）了解国内外工程试验检测行业的发展趋势，有较强的试验检测专业能力，独立完成较为复杂的试验检测工作和解决突发问题；

（3）熟练编制试验检测方案、组织实施试验检测活动、进行试验检测数据分析、编制和审核试验检测报告；

（4）指导本专业助理试验检测师工作。

《职业资格制度规定》第18条　公路水运工程试验检测职业资格证书的人员，应当按照国家专业技术人员继续教育有关规定自觉接受继续教育,更新专业知识,不断提高职业素质和试验检测专业工作能力。

五、考试违规处理规定

《考试实施办法》第10条 对违反考试工作纪律和有关规定的人员,按照国家《专业技术人员资格考试违纪违规行为处理规定》处理。

《专业技术人员资格考试违纪违规行为处理规定》(人社部令2017年第31号)相关规定(第6条~第11条)如下:

第6条 应试人员在考试过程中有下列违纪违规行为之一的,给予其当次该科目考试成绩无效的处理:

(1)携带通讯工具、规定以外的电子用品或者与考试内容相关的资料进入座位,经提醒仍不改正的;

(2)经提醒仍不按规定书写、填涂本人身份和考试信息的;

(3)在试卷、答题纸、答题卡规定以外位置标注本人信息或者其他特殊标记的;

(4)未在规定座位参加考试,或者未经考试工作人员允许擅自离开座位或者考场,经提醒仍不改正的;

(5)未用规定的纸、笔作答,或者试卷前后作答笔迹不一致的;

(6)在考试开始信号发出前答题,或者在考试结束信号发出后继续答题的;

(7)将试卷、答题卡、答题纸带出考场的;

(8)故意损坏试卷、答题纸、答题卡、电子化系统设施的;

(9)未按规定使用考试系统,经提醒仍不改正的;

(10)其他应当给予当次该科目考试成绩无效处理的违纪违规行为。

第7条 应试人员在考试过程中有下列严重违纪违规行为之一的,给予其当次全部科目考试成绩无效的处理,并将其违纪违规行为记入专业技术人员资格考试诚信档案库,记录期限为五年:

(1)抄袭、协助他人抄袭试题答案或者与考试内容相关资料的;

(2)互相传递试卷、答题纸、答题卡、草稿纸等的;

(3)持伪造证件参加考试的;

(4)本人离开考场后,在考试结束前,传播考试试题及答案的;

(5)使用禁止带入考场的通讯工具、规定以外的电子用品的;

(6)其他应当给予当次全部科目考试成绩无效处理的严重违纪违规行为。

第8条 应试人员在考试过程中有下列特别严重违纪违规行为之一的,给予其当次全部科目考试成绩无效的处理,并将其违纪违规行为记入专业技术人员资格考试诚信档案库,长期记录:

(1)串通作弊或者参与有组织作弊的;

(2)代替他人或者让他人代替自己参加考试的;

(3)其他情节特别严重、影响恶劣的违纪违规行为。

第9条 应试人员应当自觉维护考试工作场所秩序,服从考试工作人员管理,有下列行为

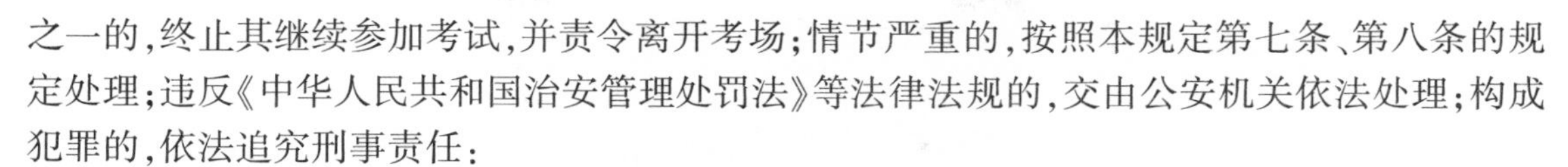

之一的，终止其继续参加考试，并责令离开考场；情节严重的，按照本规定第七条、第八条的规定处理；违反《中华人民共和国治安管理处罚法》等法律法规的，交由公安机关依法处理；构成犯罪的，依法追究刑事责任：

(1)故意扰乱考点、考场等考试工作场所秩序的；

(2)拒绝、妨碍考试工作人员履行管理职责的；

(3)威胁、侮辱、诽谤、诬陷工作人员或者其他应试人员的；

(4)其他扰乱考试管理秩序的行为。

第10条　应试人员有提供虚假证明材料或者以其他不正当手段取得相应资格证书或者成绩证明等严重违纪违规行为的，由证书签发机构宣布证书或者成绩证明无效，并按照本规定第七条处理。

第11条　在阅卷过程中发现应试人员之间同一科目作答内容雷同，并经阅卷专家组确认的，由考试机构或者考试主管部门给予其当次该科目考试成绩无效的处理。作答内容雷同的具体认定方法和标准，由省级以上考试机构确定。

应试人员之间同一科目作答内容雷同，并有其他相关证据证明其违纪违规行为成立的，视具体情形按照本规定第七条、第八条处理。

第八节　公路水运工程试验检测人员继续教育

为巩固并不断提高试验检测人员的能力和技术水平，适应公路水运工程质量检测工作发展需要，促进质量检测人员继续教育制度化、规范化、科学化，交通运输部于2011年10月发布了《公路水运工程试验检测人员继续教育办法(试行)》(厅质监字〔2011〕229号)，明确了继续教育的目的和适用范围。通过继续教育，实现公路水运工程试验检测人员知识和技能的不断更新、补充、拓展和提高，完善知识结构，提高基本素质、创新能力和职业水平。

一、总则

第2条　本办法所称试验检测人员是指取得公路水运工程试验检测工程师和试验检测员证书的从业人员。

本办法所称继续教育是指为持续提高试验检测人员的专业技术和理论水平，在规定期限内完成的教育。

第3条　接受继续教育是试验检测人员的义务和权利。试验检测人员应按照本办法规定参加继续教育。

试验检测机构应督促本单位试验检测人员按要求参见继续教育，并保证试验检测人员参加继续教育的时间，提供必要的学习条件。

二、继续教育的组织

第5条　交通运输部工程质量监督局(简称“部质监局”)主管全国公路水运工程试验检测人员继续教育工作，负责制定继续教育相关制度，确定继续教育主体内容，统一组织继续教育师资培训,监督、指导各省开展继续教育工作。部职业资格中心配合部质监局开展相关具体工作。

第6条 各省级交通运输主管部门质量监督机构(简称“省级质监机构”)负责本省范围内试验检测人员继续教育工作,负责制定本行政区域继续教育相关制度和年度计划,结合实际确定继续教育补充内容,组织、协调本省继续教育工作。

第8条 省级质监机构应选择具备以下条件的继续教育机构进行委托:

(1)具有较丰富的公路、水运工程试验检测和工程经验,能够独立按照教学计划和有关规定开展继续教育相关工作;

(2)具有独立法人资格,具备完善的教学、师资等组织管理及评价体系;

(3)有不少于10名的师资人员;

(4)有教学场所、实操场所(如租用场所应至少有三年以上的协议);

(5)收支管理规范,有收费许可证、税务登记证能够按照相关规定核算有关费用,合理确定收费项目和收费标准。

(6)师资人员一般应具备以下条件:

①具有较高的政治、业务素质,较强的政策能力,在专业技术领域内有较高的理论水平和较丰富的工程经验;

②具有相关专业高级技术职称;

③通过部质监局组织的师资培训。

三、继续教育的实施

第10条 省级质监机构应根据部质监局确定的继续教育主体内容,结合实际制定并公布本省继续教育计划和内容,指导试验检测机构合理、有序地组织试验检测人员参加继续教育。

第11条 公路水运工程试验检测继续教育采取集中面授方式,逐步推行网络教学和远程教育。

第13条 继续教育的授课内容应突出实用性、先进性、科学性,侧重试验检测工作实际需要,注重与实际操作技能相结合,一般应包括:

(1)与试验检测工作有关的法律法规、标准、规范、规程;

(2)试验检测人员职业道德教育;

(3)试验检测业务的新理论、新方法;

(4)试验检测新技术、新设备;

(5)试验检测案例分析;

(6)实际操作技能;

(7)其他有关知识。

第15条 公路水运工程试验检测继续教育周期为2年(从取得证书的次年起计算)。试验检测人员在每个周期内接受继续教育的时间累计不应少于24学时。

第17条 试验检测人员的以下专业活动可以折算为继续教育学时。每个继续教育周期内,不同形式的专业活动折算的学时可叠加。

(1)参加试验检测考试大纲及考试用书编写工作的,折算12学时;

(2)参加试验检测考试命题工作的,折算24学时;

(3)参加试验检测工程师考试阅卷工作的,折算12学时;参加试验检测员考试阅卷工作的,折算8学时;

(4)担任继续教育师资的,折算24学时;

(5)参加部组织的机构评定、试验检测专项检查等专业活动的,折算12学时;

(6)参加省组织的机构评定、试验检测专项检查等专业活动的,折算8学时。

四、继续教育的监督检查

第22条　试验检测人员在继续教育过程中有弄虚作假、冒名顶替等行为的,取消其本周期内已取得的继续教育记录,并纳入诚信记录。

第九节　工地试验室标准化建设要点

工地试验室是检测机构设置在公路水运工程施工现场,提供设备、派驻人员,承担相应质量检测业务的临时工作场所。工地试验室随建设项目的开工而建立,随建设项目的结束而撤销。工地试验室作为工程质量控制和评判的重要数据来源,是工程建设质量保证体系的重要组成部分,其建设和管理水平将直接影响质量检测数据的客观性和准确性,影响对工程建设质量的过程控制、指导和最终评判。

为进一步加强工地试验室管理,规范质量检测行为,提高质量检测数据的客观性、准确性,保证公路水运工程质量,交通运输部出台了《关于进一步加强公路水运工程工地试验室管理工作的意见》(厅质监字〔2009〕183号,以下简称《意见》)。《意见》对设立工地试验室的条件、责任、管理等方面提出了指导意见。为加快推行现代工程管理,提升工程质量、安全管理水平,交通运输部自2011年起,在全国开展高速公路施工标准化活动,并在2012年出台了《关于印发工地试验室标准化建设要点的通知》(厅质监字〔2012〕200号,以下简称《要点》)。同时,为进一步细化和统一各项标准化建设指标和要求,交通运输部组织编写了《公路工程工地试验室标准化建设指南》(以下简称《指南》),以扎实有效推动工地试验室标准化建设和管理工作。本节就工地试验室设立、管理等有关要求进行详细阐述。

一、工地试验室设立的原则和基本要求

1.工地试验室设立的原则

取得《等级证书》的检测机构,可设立工地试验室,承担相应公路水运工程的试验检测业务,并对其试验检测结果承担责任。

2.工地试验室设立的基本要求

工地试验室必须由取得《等级证书》的检测机构设立。按合同段划分单独设立,工程线路跨度较大时,应设立分支工地试验室。分支工地试验室作为工地试验室的组成部分,也应按照

标准化建设要求建设,并接受项目质监机构的监管。

工地试验室标准化建设应坚持因地制宜、量力而行、务求实效和经济适用的工作原则。各功能室分区设置,布局合理、互不干扰、经济适用,目标是保证质量检测数据的准确性和客观性,而不是过分要求加大投入,片面追求表面效应,而忽视了标准化建设本身的内涵。

工地试验室所从事的检测业务范围也必须是《等级证书》核定的检测业务范围,不能超范围开展检测工作。凡是工地试验室的母体试验检测机构(以下简称"母体")不具备《等级证书》的,其所出具的数据将不能作为公路水运工程质量评定和工程验收的依据,质监机构将不予认可。

其次,由于建设规模的差异或建设项目工地与母体相距较近,可以利用母体或距离工地现场不远的第三方检测机构完成质量检测,原则是方便服务且经济。如果需要设立,公路水运工程建设项目建设单位应在招标文件、合同文件中明确工地试验室的检测能力、人员、仪器设备配备要求,督促中标单位保证工地试验室的投入,加强对工地试验室质量检测工作的监督检查。

二、工地试验室的管理要求

(1)任何单位不得干预工地试验室独立、客观地开展试验检测活动。

(2)设立工地试验室的母体,应当在其等级证书核定的业务范围内,根据工程现场管理需要或合同约定,对工地试验室进行授权。工地试验室设立授权书包括工地试验室可开展的试验检测项目及参数、授权负责人、授权工地试验室的公章、授权期限等。授权书应加盖母体公章及等级专用标识章。

授权人应考虑被授权人的证书专业领域是否涵盖工地现场授权的参数范围,避免超领域签发报告。

(3)当工地现场需要的试验检测参数超出母体《等级证书》范围时,应当委托具有行业《等级证书》且通过计量认证的机构,参数超出《等级条件》的范围时,应当委托通过计量认证的机构。

(4)工地试验室应在母体授权的范围内,为工程建设项目提供试验检测服务,不得对外承揽试验检测业务。

工地试验室开展试验检测工作,应由具有等级的母体有效授权,并建立完善的质量保证体系和管理制度。强调母体对外派工地试验室的管理职责,通过母体对工地的管理,提高工地试验室检测水平,保障工程质量。

当母体对工地试验室检测参数采取部分授权时,未授权的参数可以由母体实施检测,也可以选择委托第三方其他等级机构实施检测。

三、工地试验室备案程序

工地试验室备案设立实行登记备案制。具体按照母体授权→工地试验室填写"公路水运工程工地试验室备案登记表"→建设单位初审→质监机构登记备案→通过时出具"公路水运

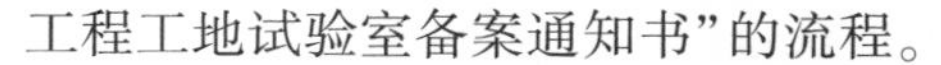

工程工地试验室备案通知书”的流程。

工地试验室被授权的试验检测项目及参数，或试验检测持证人员进行变更的，应当由母体报经建设单位同意后，向项目质监机构备案。

四、工地试验室与授权母体的关系

母体应加强对授权工地试验室的管理和指导，根据工程现场管理需要或合同约定，合理配备工地试验室试验检测人员和仪器设备，并对工地试验室试验检测结果的真实性和准确性负责。

（1）工地试验室是由母体派出，代表母体在工地现场从事检测工作，工地试验室的工作质量和管理水平直接反映母体的水平，尤其是施工单位的母体更多履行的是管理职能，其检测业绩大多是通过工地检测报告反映，需要将工地试验室的相关资料（如授权书、备案通知书、设备的使用记录、检测的原始记录、检测台账等）在工程完工后移交母体检测机构，是母体业绩的证明材料。

（2）工地试验室应按照母体质量管理体系及工地试验室管理程序的要求，建立完整的试验检测人员技术档案、仪器设备管理档案和试验检测业务档案，严格按照试验检测规程操作，并做到试验检测台账、仪器设备使用记录、试验检测原始记录、试验检测报告相互对应。记录和试验检测报告的签字人必须是专业满足签字领域的持证人员。

（3）工地试验室试验检测环境（包括所设立的养护室、样品室、留样室等）应满足试验检测规程要求和试验检测工作需要。鼓励工地试验室推行标准化、信息化管理。

（4）工地试验室出具的试验检测报告应加盖工地试验室印章，印章包含的基本信息有母体名称 + 建设项目标段名称 + 工地试验室。

五、工地试验室人员配置的要求及职责

1. 工地试验室人员配置的要求

工地试验室应根据工程内容、规模、工期要求和工作距离等因素，科学合理地配备试验检测人员数量，确保试验检测工作正常、有序开展。所有试验检测人员均应持证上岗，并在母体注册登记，不得同时受聘于两家或两家以上的工地试验室。试验检测人员专业应配置合理，能涵盖工程涉及的专业范围和内容。

工地试验室不得聘用信用较差或很差的试验检测人员担任授权负责人，不得聘用信用很差的试验检测人员从事试验检测工作。

工地试验室实行授权负责人责任制。工地试验室授权负责人对工地试验室运行管理工作和试验检测活动全面负责，授权负责人必须是母体委派的正式聘用人员，且须持有试验检测工程师证书。

2. 人员职责

授权负责人有以下职责：

（1）审定和管理工地试验室资源配置，确保工地试验室人员、设备、环境等满足试验检测

工作需要审核或签发工地试验室出具的试验检测报告，对试验检测数据及报告的真实性、准确性负责对违规人员有权辞退。

（2）建立完善的工地试验室质量保证体系和管理制度，包括人员、设备、环境以及试验检测流程、样品管理、操作规程、不合格品处理等各项制度，监督各项制度的有效执行。

（3）严格按照国家和行业标准、规范、规程以及合同的约定独立开展试验检测工作。有权拒绝影响试验检测活动公正性、独立性的外部干扰和影响，保证试验检测数据客观、公正、准确。

（4）实行不合格品报告制度，对于签发的涉及结构安全的产品或试验检测项目不合格报告，工地试验室授权负责人应在 2 个工作日之内报送试验检测委托方，抄送项目质量监督机构，并建立不合格试验检测项目台账。

3. 岗位能力要求

（1）授权负责人应掌握一定的管理知识，有较丰富的管理经验，能够合理、有效地利用工地试验室配备的各种资源熟悉质量管理体系，具有较好的组织协调、沟通以及解决和处理问题的能力。

（2）试验检测工程师应具有审核报告的能力，能够正确使用标准、规范、规程对试验结果进行分析、判断和评价，具备异常试验检测数据的分析判断和质量事故处理的能力。

（3）试验检测员应熟练掌握专业基础知识、试验检测方法和工作程序，能够熟练操作仪器设备，规范、客观准确地填写各种试验检测记录和报告。

（4）设备管理员应熟悉试验检测仪器设备的工作原理、技术指标和使用方法，具备仪器设备故障产生的原因和对试验检测数据准确性影响的分析判断能力，具有对仪器设备简单维修、维护保养的专业知识和能力。

（5）样品管理员应掌握一定的质量管理基础知识，熟悉样品管理工作流程，取、留样方法、数量和方式等，能够严格执行样品管理制度，对样品的整个流转过程进行有效控制，确保试验检测工作顺利进行。

（6）资料管理员应熟悉国家、行业和建设项目有关档案资料管理基础知识和要求，能够严格执行档案资料管理制度，及时、规范完成资料汇总和整理归档等工作，并不断完善档案资料管理。

工地试验室应根据配置人员的实际情况，可设置专职人员，也可由兼职的试验人员履行设备、样品、资料管理员相应岗位职责，前提是试验检测人员要具备相应能力。

六、工地试验室授权负责人的管理

（1）母体应制定工地试验室授权负责人管理制度，对其工作进行监督管理。

（2）质监机构应建立工地试验室授权负责人专用信息库，加强监督检查。

（3）工地试验室授权负责人变更，需由母体提出申请，经项目建设单位同意后报项目质监机构备案。擅自离岗或同时任职于两家及以上工地试验室，均视为违规行为。

第十节　检验检测机构资质认定管理

一、检验检测机构资质认定管理办法

2015 年 4 月国家质量监督检验检疫总局发布了《检验检测机构资质认定管理办法》(国家质量监督检验检疫总局令第 163 号,以下简称《办法》),并于 2015 年 8 月 1 日实施。近年来,为深入贯彻"放管服"改革要求,落实"证照分离"工作部署,依照《优化营商环境条例》(国务院令第 722 号)、《国务院办公厅关于深化商事制度改革进一步为企业松绑减负激发企业活力的通知》(国办发〔2020〕29 号)等文件要求,国家市场监督管理总局积极推动检验检测机构资质认定改革,优化检验检测机构准入服务,在 2019 年发布了《关于进一步推进检验检测机构资质认定改革工作的意见》(国市监检测〔2019〕206 号),推动实施依法界定检验检测机构资质认定范围,试点告知承诺制度,优化准入服务,便利机构取证,整合检验检测机构资质认定证书等改革措施。

随着国家"放管服"改革的深化,根据 2021 年 4 月 2 日《国家市场监管总局关于废止和修改部分规章的决定》(国家市场监督管理总局令第 61 号)再次对《办法》进行了修改。修改后的《办法》规定:"在中华人民共和国境内对检验检测机构实施资质认定,应当遵守本办法。法律、行政法规对检验检测机构资质认定另有规定的,依照其规定。"

修改后的《办法》由总则、资质认定条件和程序、技术评审管理、监督检查、附则组成。下面将《办法》修改的有关情况、主要内容介绍如下。

1. 修改的有关情况

按照实施更加规范、要求更加明确、准入更加便捷和运行更加高效的原则,对《办法》的部分条款进行了修改,内容主要涉及告知承诺制度、实施范围、优化服务、固化疫情防控措施四个方面:

(1)明确资质认定事项实行清单管理的要求。为避免重复审批,解决资质认定事项范围不统一问题,在《办法》第五条中明确规定"法律、行政法规规定应当取得资质认定的事项清单,由市场监管总局制定并公布,并根据法律、行政法规的调整实行动态管理",从制度层面明确依法界定并细化资质认定实施范围,逐步实现动态化管理。

(2)明确实施告知承诺的程序和要求。依照《优化营商环境条例》和国务院改革文件的要求,总结检验检测机构资质认定告知承诺试点情况,在《办法》第十条和第十二条,规定检验检测机构申请资质认定时,可以自主选择一般程序或者告知承诺程序。同时,在第十二条规定了资质认定部门作出许可决定前,申请人有合理理由的,可以撤回告知承诺申请。为行政相对人提供了更多选择。

(3)固化优化准入服务便利机构的措施。《办法》第一条中将"优化准入程序"作为本次修改的立法目的,并明确规定了检验检测机构资质认定工作中应当遵循"便利高效"的原则。同时,对优化准入服务,便利机构的具体措施予以固化:一是明确提出了检验检测机构资质认定推行网上审批,有条件的市场监督管理部门可以颁发资质认定电子证书;二是进一步压缩了许可时限，审批时限压缩至10个工作日内，技术评审时限压缩至30个工作日内；三是对上一许可周期内无违反市场监管法律、法规、规章行为的检验检测机构，可以采取书面审查方式，予以延续资质认定证书有效期。

(4)固化疫情防控长效化措施。为应对新冠疫情，服务复工复产，检验检测机构资质认定对现场技术评审环节进行了优化，推出了远程评审等有效措施。此次修改在涉及现场技术评审的条款中对"远程评审"的方式予以了明确，使疫情防控的有效措施长效化。同时，为应对突发事件等工作需要，增加了"因应对突发事件等需要，资质认定部门可以公布符合应急工作要求的检验检测机构名录及相关信息，允许相关检验检测机构临时承担应急工作"的条款，以保证应急所需的检验检测技术支撑。

此外，为强化检验检测机构事中事后监管，进一步规范检验检测市场，将《办法》中关于检验检测机构从业规范、监督管理、法律责任的相关内容调整至《检验检测机构监督管理办法》。

2.主要内容

第1章总则。主要规定了立法目的和依据、检验检测机构和资质认定定义、适用范围、管理体制、资质认定基本规定、资质认定基本原则等内容。检验检测机构的属性为专业技术组织，必须依法成立，开展检验检测活动必须有技术依据，利用技术条件和专业技能取得数据、结果，必须能够承担相应的法律责任。

第2章资质认定条件和程序。主要规定了资质认定分级实施、申请资质认定条件、资质认定程序、资质认定有效期及复查换证程序、需要办理变更手续事项、资质认证证书和标志、外资机构申请资质认定、检验检测机构分支机构申请资质认定等内容。检验检测机构首先是依法成立并能够承担相应法律责任的法人或者其他组织，需要具备与所开展检验检测活动相适应的人员、工作场所、仪器设备、管理体系，向国家认监委或者省级资质认定部门提交书面申请和相关材料，并对其真实性负责。

第3章技术评审管理。主要规定了技术评审的组织、要求和责任、发现不符合项时处理措施、资评审人员管理、技术评审活动监督、技术评审禁止性规定和处理措施等内容。

第4章监督检查。主要规定了监管机制、注销资质认定、撤销资质认定、对违反办法的处罚规定、举报制度等。资质认定部门应当依据本章确定的监管职责分工和监督管理方式，制定相应的监督管理制度和措施，并据此组织开展监督管理工作。检验检测机构应当结合本章的要求，完善其质量管理体系，并自觉接受资质认定部门的监督管理。

修改后的《检验检测机构资质认定管理办法》的具体内容参见其原文。

二、检验检测机构资质认定评审准则

为落实《质量强国建设纲要》关于深化检验检测机构资质审批制度改革、全面实施告知承诺和优化审批服务的要求，国家市场监督管理总局于2023年5月正式发布修订后的《检验检测机构资质认定评审准则》(国家市场监督管理总局2023年第21号公告，以下简称《评审准则》)，自2023年12月1日起施行。

《评审准则》作为技术评审活动的直接依据，需按照前述的修改后的《检验检测机构资质认定管理办法》进行调整完善，细化工作要求，增强改革政策的可操作性，提高许可的规范性和统一性,进一步减少不必要的评审,减轻机构负担。

《评审准则》由总则、评审内容与要求、评审方式与程序、附则共 4 章正文和 4 个附件组成。

(一)总则

(1)目的:依法实施《检验检测机构资质认定管理办法》相关资质认定技术评审要求。

(2)适用范围:检验检测机构资质认定技术评审(含告知承诺核查)工作。

(3)相关定义。

检验检测机构:指依法成立,对产品或者法律法规规定的特定对象进行检验检测的专业技术组织。

资质认定:指基本条件和技术能力是否符合法定要求的评价许可。依据《评审准则》由评审人员开展的技术性审查完成资质认定技术评审。

资质认定技术评审:指对检验检测机构申请的资质认定事项是否符合资质认定条件及相关要求的技术性审查。

(4)告知承诺现场核查。对于采用告知承诺程序实施资质认定的,对检验检测机构承诺内容是否属实进行现场核查的内容与程序,应当符合本准则的相关规定。

(5)实施技术评审工作的原则:统一规范、客观公正、科学准确、公开公平、便利高效。

(二)评审内容与要求

1. 机构主体

法律地位:依法成立的法人或者其他组织,对检验检测数据、结果承担法律责任。非独立法人应经所在法人单位授权。

公开自我承诺:遵守法定要求、独立公正从业、履行社会责任、严守诚实信用。

独立公正:保证检验检测数据和结果公正准确、可追溯。

保密义务:制定实施相应的保密措施。

2. 人员

建立劳动关系,并符合法律、行政法规对检验检测人员职业资格或禁止从业的规定。

人员受教育程度、专业技术背景、工作经历、资质资格、技术能力应符合工作需要。

授权签字人应具有中级及以上相关专业技术职称或同等能力并符合相关技术能力要求。

3. 场所环境

应当具有固定的工作场所,在此基础上还可以有符合标准或技术规范要求的临时、可移动或多地点的场所。

工作环境和安全条件符合检验检测活动要求。

4. 设备设施

应配备具有独立支配使用权、性能符合工作要求的设备和设施。

影响检验检测结果准确性的设备应实施检定、校准或核查,保证计量溯源性要求。

标准物质应满足计量溯源性要求。

5. 管理体系

建立依据：法律法规、国家标准、行业标准、国际标准。
建立流程：建立质量管理体系→符合自身实际情况并有效运行→质量管理体系。

6. 合同评审

开展有效合同评审，发生的偏离应征得客户同意并通知相关人员。

7. 服务和供应品采购

服务和供应品采购应符合检验检测质量工作需求。

8. 方法控制

能正确使用有效的方法开展检验检测活动。
标准方法：方法验证→正确使用有效方法；
非标准方法：方法确认→方法验证→正确使用有效方法。

9. 检测报告

客观真实、方法有效、数据完整、信息齐全、结论明确、表述清晰，使用法定计量单位。

10. 报告测量不确定度

使用的方法或判定规则有测量不确定度要求时，应报告测量不确定度。

11. 记录管理

记录管理包括记录的标识、贮存、保护、归档、处置；信息应充分、清晰、完整，保存不少于6年。

12. 结果质量控制

应实施有效的数据、结果质量控制活动。
内部质量控制活动：人员比对、设备比对、留样再测、盲样考核；
外部质量控制活动：能力验证、实验室间比对。

（三）评审方式与程序

1. 资质认定一般程序

检验检测机构资质认定一般程序的技术评审方式包括：现场评审、书面审查和远程评审，三种评审方式的适用范围、结论见表1-1-1。

资质认定一般程序的技术评审方式　　表1-1-1

技术评审方式	适用范围	结论
现场评审	适用于首次评审、扩项评审、复查换证（有实际能力变化时）评审、发生变更事项影响其符合资质认定条件和要求的变更评审	“符合”“基本符合”“不符合”三种情形

续上表

技术评审方式	适用范围	结论
书面审查	适用于已获资质认定技术能力内的少量参数扩项或变更(不影响其符合资质认定条件和要求)和上一许可周期内无违法违规行为、未列入失信名单且申请事项无实质性变化的检验检测机构的复查换证评审	“符合”“不符合”两种情形
远程评审	(1)由于不可抗力(疫情、安全、旅途限制等)无法前往现场评审; (2)检验检测机构从事完全相同的检测活动有多个地点,各地点均运行相同的质量管理体系,且可以在任何一个地点查阅所有其他地点的电子记录及数据; (3)已获资质认定技术能力内的少量参数变更及扩项; (4)现场评审后需要进行跟踪评审,但跟踪评审无法在规定时间内完成	“符合”“基本符合”“不符合”三种情形

2. 资质认定告知承诺程序

应当对检验检测机构承诺的真实性进行现场核查,现场核查程序参照一般程序的现场评审方式进行;核查结论分为“承诺属实”“承诺基本属实”“承诺严重不实/虚假承诺”三种情形;根据结论通知申请人整改或向资质认定部门作出撤销相应许可事项的建议。

新版《检验检测机构资质认定评审准则》的具体内容参见其原文。

第十一节　检验检测机构监督管理办法

《检验检测机构监督管理办法》(国家市场监督管理总局令第 39 号,以下简称《办法》)是为了加强检验检测机构监督管理工作,规范检验检测机构从业行为,营造公平有序的检验检测市场环境,依照《中华人民共和国计量法》及其实施细则、《中华人民共和国认证认可条例》等法律、行政法规而制定,于 2021 年 4 月 8 日颁布。《办法》立足于解决现阶段检验检测市场存在的主要问题,着眼于促进检验检测行业健康、有序发展,对压实从业机构主体责任、强化事中事后监管、严厉打击不实和虚假检验检测行为具有重要现实意义。

一、立法背景和目的

(1)夯实检验检测机构主体责任。党的十九届五中全会提出,坚定不移建设制造强国、质量强国,完善国家质量基础设施。《国务院关于加强质量认证体系建设促进全面质量管理的意见》(国发〔2018〕3 号)提出,要严格落实从业机构对检验检测结果的主体责任、对产品质量的连带责任,健全对参与检验检测活动从业人员的全过程责任追究机制。现有法律、行政法规对于检验检测机构主体责任和行为规范的规定较为原则,需要在部门规章中进一步明确细化。

(2)强化检验检测系统性监管。《国务院关于在市场监管领域全面推行部门联合“双随机、一公开”监管的意见》(国发〔2019〕5 号)、《国务院关于加强和规范事中事后监管的指导意见》(国发〔2019〕18号)提出,要转变政府职能,进一步加强和规范事中事后监管,以公正监管促进公平竞争。现有《检验检测机构资质认定管理办法》等规章偏重于技术准入,监管重点在于资质能力的维持,对"双随机"监管、重点监管、信用监管等新型市场监管机制要求缺乏具体规定。

(3)规范检验检测行业发展。目前,我国检验检测行业在持续高速发展的同时,存在"散而不强""管理不规范"等问题,部分领域、部分机构的不实和虚假检验检测行为,严重损害了市场竞争秩序和行业公信力。上述问题的产生,一方面有从业主体法律责任意识淡薄、恶意开展竞争、管理不规范等原因,另一方面也有法律规范滞后于"放管服"改革进程的因素。现有法律法规对于"不实报告""虚假报告"的规定不够明确,需要在部门规章中明确监管执法的操作性指引。

二、主要内容

(1)关于检验检测机构及其人员的主体责任。《办法》强调检验检测机构及其人员应当对所出具的检验检测报告负责,并明确除依法承担行政法律责任外,还须依法承担民事、刑事法律责任。作为部门规章,《办法》主要对检验检测机构及其人员违反从业规范的行政法律责任进行具体规定。而依据《中华人民共和国民法典》《中华人民共和国产品质量法》《中华人民共和国食品安全法》等规定,检验检测机构及人员对其违法出具检验检测报告造成的损害应当依法承担连带的民事责任。根据《中华人民共和国刑法》第二百二十九条"提供虚假证明文件罪""出具证明文件重大失实罪"的规定,对虚假检验检测行为要追究刑事责任。2020年12月26日,十三届全国人大常委会通过的《中华人民共和国刑法修正案(十一)》,更是将环境监测虚假失实行为明确作为《中华人民共和国刑法》第二百二十九条的适用对象。

(2)关于检验检测从业规范。《办法》对检验检测机构在取得资质许可准入后的行为规范进行了系统梳理,明确了与检验检测活动的规范性、中立性等有重大关联的义务性规定,包括检验检测活动基本要求、人员要求、过程要求、送样检测规范、分包要求、报告形式要求、记录保存要求、保密要求、社会责任及行政管理要求等。而对于检验检测资质认定许可的取得、使用及能力维持要求,仍由新修订发布的《检验检测机构资质认定管理办法》进行调整。

(3)关于打击不实和虚假检验检测行为。《办法》将严厉打击不实和虚假检验检测作为最重要的立法任务。目前,《中华人民共和国产品质量法》《中华人民共和国食品安全法》等法律、行政法规对不实和虚假检验检测作出了禁止性规定。但监管实践中难以界定并区分不实、虚假与一般性违法违规行为。因此,《办法》第十三条列举了四种不实检验检测情形、第十四条列举了五种虚假检验检测情形,充分吸收采纳了监管执法中的经验做法,有利于检验检测机构明确必须严守的行业底线,也有利于各级市场监管部门突出打击重点。

(4)关于落实新型市场监管机制要求。为加快推动新型市场监管机制建设,提升系统性监管效能,《办法》对检验检测监管体制和监管职权进行了重新梳理,对多种新型监管手段进行了规定。将"双随机、一公开"监管要求与重点监管、分类监管、信用监管有机融合。重点突出信用监管手段的运用和衔接,规定市场监管部门应当依法将检验检测机构行政处罚信息等信用信息纳入国家企业信用信息公示系统等平台,推动检验检测监管信用信息归集、公示,也为下一步将检验检测违法违规行为纳入经营异常名录和严重违法失信名单进行失信惩戒提供了依据。

(5)关于违法违规法律责任。对于检验检测机构违反义务性规定的情形,《办法》区分风险、危害程度,采取了不同的行政管理方式。一是依法严厉打击不实和虚假检验检测行为。强调对《办法》列举的不实和虚假检验检测,市场监管部门要严格按照《中华人民共和国产品质量法》《中华人民共和国食品安全法》《中华人民共和国道路交通安全法》《中华人民共和国大气污染防治法》《中华人民共和国农产品质量安全法》《医疗器械监督管理条例》《化妆品监督管理条例》等实施吊销资质或证书等行政处罚。二是督促改正较严重的违法违规行为。《办法》仅对可能损害检验检测活动委托方或不特定第三方权益、较易引发争议的一般违法行为设置处理处罚规定,包括违反国家强制性规定实施检验检测尚未对结果造成影响的、违规分包、出具检验检测报告不规范等。三是提醒纠正一般性违规事项。对于违反一般性管理要求的事项,指导监管执法人员采用《办法》第二十四条规定的"说服教育、提醒纠正等非强制性手段"。

《检验监测机构监督管理办法》的具体内容参见其原文。

练习题

1. [单选]公路水运工程试验检测继续教育周期为(　　)年,试验检测人员在每个周期内接受继续教育的时间累计不应少于(　　)学时。

A. 1;24　　B. 2;24　　C. 2;36　　D. 3;24

【答案】B

2. [判断]当工地试验室授权负责人变更时,经本人所在单位同意后,可由其本人直接向项目建设单位提出申请,经批准后报项目质监机构备案。(　　)

【答案】×

第二章 标准规范

在质量检测工作中，标准规范是指导我们进行各项质量检测工作的基础。为了提高质量检测工作的质量和效率，本章将介绍一些常用的质量检测标准和规范，以帮助读者更好地了解和掌握公路水运工程质量检测的相关要求和标准。

第一节 公路水运试验检测数据报告编制导则

交通运输部于2019年发布的《公路水运试验检测数据报告编制导则》(JT/T 828—2019，以下简称《导则》)，明确了公路水运试验检测数据报告编制的基本规定、以及记录表、检测类报告和综合评价类报告编制的要求。

一、基本规定

(1)公路水运试验检测数据报告(以下简称“数据报告”)应格式统一、形式合规，宜采用信息化方式编制。

(2)数据报告包括试验检测记录表(以下简称“记录表”)和试验检测报告(以下简称“报告”)，根据检测目的和报告内容的不同，可将报告分为检测类报告和综合评价类报告两类。《导则》对记录表、检测类报告、综合评价类报告的组成和内容编制要求进行了规定。

检测类报告和综合评价类报告是从获得检测结果的目的和报告内容侧重点进行区别，以便对两类报告的编制要求作出更符合实际的规定。检测类报告以获得测试结果为目的，是针对材料、构件、工程制品及实体的一个或多个技术指标进行检测而出具的数据结果和检测结论，一般常见于材料和工程制品的性能指标试验，如水的氯离子含量、土的含水率、水泥细度等。综合评价类报告以获得新建及既有工程性质评价结果为目的，针对材料、构件、工程制品及实体的一个或多个技术指标进行检测而出具数据结果、检测结论和评价意见，如为了评价某路面工程质量进行弯沉、平整度、厚度等参数检测；为了评价某隧道施工质量，进行支护脱空、衬砌厚度、钢筋间距等参数检测。

(3)记录表应信息齐全、数据真实可靠，具有可追溯性；报告应结论准确、内容完整。

记录表是将被测对象按照标准规范要求进行试验检测过程中产生的数据和信息，所形成的数字或文字的记载。检测单位应对记录表的信息进行有效的管理。

“信息齐全”是指记录试验过程中涉及或影响报告中检测结果、数据和结论的因素都必须完整、详细，使未参加检测的同专业人员能在审核报告时，从记录表上查得所需的全部信息。“数据真实可靠”是指如实地记录当时当地进行的质量检测的实际情况，包括质量检测过程中的数据、现象、仪器设备、环境条件等信息，确保质量检测所测得的原始数据计算、修约的正确性，以及环境条件、设备状态等信息的准确性。“具有可追溯性”是指通过记录的信息可追溯到质量检测过程的各环节及要素，并能还原整个检测过程。

(4)记录表由标题、基本信息、检测数据、附加声明、落款五部分组成。每一试验检测参数(或试验方法)可单独编制记录表。同一试验过程同时获得多个试验检测参数时，可将多个参数集成编制于一个记录表中。

(5)检测类报告由标题、基本信息、检测对象属性、检测数据、附加声明、落款六部分组成。

(6)综合评价类报告由封面、扉页、目录、签字页、正文、附件六部分组成，其中目录部分、附件部分可根据实际情况删减。

(7)数据报告的编制除应满足本标准规定外，还应符合其他标准、规范、规程等的相关规定。

二、记录表的内容和编制要求

1. 标题部分

标题部分位于记录表上方，用于表征其基本属性。标题部分由记录表名称、唯一性标识编码、检测单位名称、记录编号和页码等组成。

标题部分的固定格式分为三行(图 1-2-1)。第一行为页码，第二行为记录表名称和记录表唯一性标识编码，第三行为检测单位名称和记录编号。

第1页，共1页

土击实试验检测记录表　　JGLQ01007

检测单位名称：××××检测中心　　记录编号：JL-2018-TGJ-0001

图 1-2-1　标题组成图

标题部分的编制要求具体如下：

(1)记录表名称

位于标题部分第二行居中位置，可参考《公路水运工程试验检测等级管理要求》(JT/T 1181—2018)所示试验检测项目，宜采用“项目名称”+“参数名称”+“试验检测记录表”的形式命名。当遇下列情况时，处理方式为：

①当试验参数有多种测试方法可选择时，宜在记录表后将选用的测试方法以括号的形式加以标识。

②当同一项目中具有不同检测对象的细分条目时，宜按细分条目分别编制记录表。

③当同一样品在一次试验中得到两个以上参数值时，记录表名称宜列出全部参数名称，并用顿号分隔，参数个数不宜大于4。

④当参数名称能明确地体现测试内容时，项目名称可省略，以“参数名称”+“试验检测记录表”为记录表名称。

(2)唯一性标识编码

用于管理记录表格式的编码具有唯一性,与记录表名称同处一行,靠右对齐。记录表唯一性标识编码由9位或10位字母和数字组成(图1-2-2)。当同一记录表中包含两个及以上参数时,其唯一性标识编码由各参数对应的唯一性标识编码顺序组成。

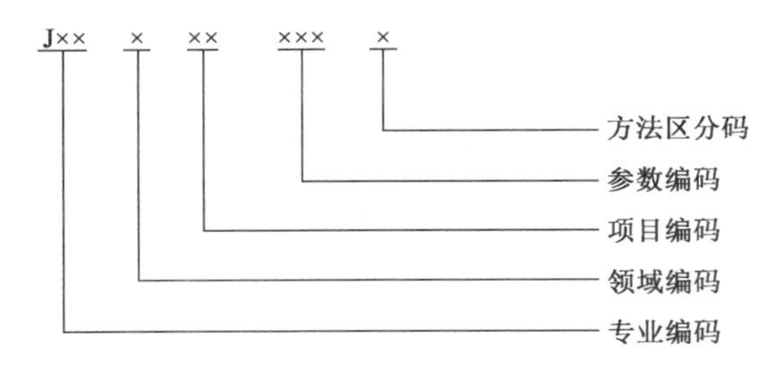

图1-2-2 记录表唯一性标识编码结构示意图

记录表唯一性标识编码各段位的编制要求如下:

①专业编码:由3位大写英文字母组成,第1位字母为J,代表记录表,第2、3位字母用于区分专业类别,GL代表公路工程专业,SY代表水运工程专业;

②领域编码:由1位大写英文字母组成,应符合JT/T 1181—2018的规定;

③项目编码:由2位数字组成,应符合JT/T 1181—2018的规定;

④参数编码:由3位数字组成,应符合JT/T 1181—2018的规定;

⑤方法区分码:由1位小写英文字母组成,应符合JT/T 1181—2018的规定,可省略。

(3)检测单位名称

位于标题部分第三行位置,靠左对齐,编制要求如下:

①当检测单位为检测机构时,应填写等级证书中的机构名称,可附加等级证书的编号;

②当检测单位为工地试验室时,应填写其授权文件上的工地试验室名称。

(4)记录编号

与“检测单位名称”同处一行,靠右对齐,用于具体记录表的身份识别,由检测单位自行编制。记录编号在确保唯一的前提下,宜简洁且易于分类管理。

(5)页码

位于标题部分第一行位置,靠右对齐,应以“第×页,共×页”的形式表示。

2. 基本信息部分

基本信息部分位于标题部分之后,用于表征质量检测的基本信息。

基本信息部分应包括工程名称、工程部位/用途、样品信息、试验检测日期、试验条件、检测依据、判定依据、主要仪器设备名称及编号。

基本信息部分的编制要求具体如下:

(1)工程名称

应为测试对象所属工程项目的名称。当涉及盲样时,可不填写。当检测机构进行盲样管理时,工程名称可不填写。当为工地试验室时,可填写对应的工程项目名称。

(2)工程部位/用途

为二选一填写项,当涉及盲样时可不填写,编制要求如下:

①当可以明确被检对象在工程中的具体位置时，宜填写工程部位名称及起止桩号。

②当被检对象为独立结构物时，宜填写结构物及其构件名称、编号等信息。成品、半成品、现场检测应填写所在的工程部位。工程部位应能追溯，如填写施工桩号、分项（分部）工程名称等。

③当指明数据报告结果的具体用途时，宜填写相关信息。材料的工程用途会影响检测依据、判定依据等信息的确定，因此，应填写其工程用途。

（3）样品信息

应包含来样时间、样品名称、样品编号、样品数量、样品状态、制样情况和抽样情况，其中制样情况和抽样情况可根据实际情况删减。编制要求如下：

①来样时间应填写检测收到样品的日期，以“YYYY 年 MM 月 DD 日”的形式表示。

②样品名称应按标准规范的要求填写。例如：“热轧带肋钢筋”“热轧光圆钢筋”，不能简单填写为“钢筋”；“板式橡胶支座”“盆式支座”，不能简单填写为“橡胶支座”。

③样品编号应由检测单位自行编制、用于区分每个独立样品的唯一性编号。同一组内的样品也应分别编号。

④样品数量宜按照检测依据规定的计量单位，如实填写。样品数量应采取合理的计量单位，避免使用 1 瓶、1 袋等不规范的用词。

⑤样品状态应描述样品的性状，如样品的物理状态、是否有污染、腐蚀等。物理状态包括结构、形状、状态、规格、颜色等。

⑥制样情况应描述制样方法及条件、养护条件、养护时间及依据等。样品制作加工的环境条件、养护条件、养护时间等在有关标准规范中有具体要求。当标准规范对制样环节无明确规定，检测单位采用作业指导书对制样环节进行控制时，也应在记录表的样品信息栏进行描述。

⑦抽样情况应描述抽样日期、抽取地点（包括简图、草图或照片）、抽样程序、抽样依据及抽样过程中可能影响检测结果解释的环境条件等。主要信息包括所用的抽样方法、抽样日期和时间、识别和描述样品的数据（如编号、数量和名称）、抽样人、所用设备、环境或运输条件、标识抽样位置的图示或其他等效方式（适当时）、与抽样方法和抽样计划的偏离或增减。

（4）试验检测日期

当日完成的质量检测工作可填写当日日期；一日以上的质量检测工作应表征试验的起止日期。日期以“YYYY 年 MM 月 DD 日”的形式表示。

某些试验检测是从样品制备开始的，应将制备样品时的时间记作试验检测开始时间，将采集数据结束并记录（现场清扫结束）时间记作试验检测结束时间。

（5）试验条件

应填写试验时的温度、湿度、照度、气压等环境条件。尤其当有关标准、规范等对环境条件或试验检测条件有明确要求时，应当进行有效监测、控制和记录；当环境条件参与试验检测结果的分析计算时，还应在试验检测数据部分如实准确地记录。

（6）检测依据

应为当次试验所依据的标准、规范、规程、作业指导书等技术文件，应填写完整的技术文件名称和代号。若技术文件为公开发布的，可只填写其代号。必要时，还应填写技术文件的方法编号、章节号或条款号等。

(7)判定依据

应为出具检测结论所依据的标准、规范、规程、设计文件、产品说明书等。

(8)主要仪器设备名称及编号

用于填写试验检测过程中主要使用的仪器设备名称及其唯一性标识。应填写参与结果分析计算的量值输出仪器、对结果有重要影响的配套设备名称及编号。

3. 检测数据部分

检测数据部分位于基本信息部分之后,用于填写采集的试验数据。检测数据部分应包括原始观测数据、数据处理过程与方法,以及试验结果等内容。

检测数据部分的编制要求具体如下:

(1)原始观测数据

应包含获取试验结果所需的充分信息,以便该试验在尽可能接近原条件的情况下能够复现,具体要求如下:

①手工填写的原始观测数据应在现场如实、完整记录,如需修改,应杠改并在修改处签字;

②由仪器设备自动采集的检测数据、试验照片等电子数据,可打印签字后粘贴于记录表中或保存电子档。

(2)数据处理过程与方法

应填写原始观测数据推导出试验结果的过程记录,宜包括计算公式、推导过程、数字修约等,必要时还应填写相应依据。

(3)试验结果

应按照检测依据的要求给出该项试验的测试结果。

4. 附加声明部分

附加声明部分位于检测数据部分之后,用于说明需要提醒和声明的事项。附加声明部分应包括:对质量检测的依据、方法、条件等偏离情况的声明;其他见证方签认;其他需要补充说明的事项。附加声明部分应根据记录内容编制,如有其他见证方签认,应有签名。

5. 落款部分

落款部分位于附加声明部分之后,用于表征记录表的签认信息。落款部分应由检测、记录、复核、日期组成。检测、记录及复核应签署实际承担相应工作的人员姓名,日期为记录表的复核日期,以“YYYY 年 MM 月 DD 日”的形式表示。对于采用信息化手段编制的记录表,可使用数字签名。

三、检测类报告的编制要求

检测类报告由标题、基本信息、检测对象属性、检测数据、附加声明、落款六部分组成。

1. 标题部分

标题部分位于检测类报告上方,用于表征其基本属性。标题部分应由报告名称、唯一性标识编码、检测单位名称、专用章、报告编号、页码组成。

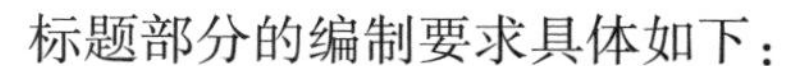

标题部分的编制要求具体如下：

（1）报告名称

位于标题部分第二行居中位置，采用以下表述方式：

①由单一记录表导出的报告，其报告名称宜采用“项目名称”+“参数名称”+“试验检测报告”的形式命名；

②由多个记录表导出的报告，依据试验参数具体组成，在不引起歧义的情况下宜优先以项目名称命名报告名称，即“项目名称”+“试验检测报告”。当同一项目内有多种类型检测报告时，可按照行业习惯分别编制，并在报告名称后添加“（一）、（二）……”加以区分。

（2）专用章

包括检测专用印章、等级专用标识章、资质认定标志等，具体要求如下：

①检测专用印章应端正地盖压在检测单位名称上；

②等级专用标识章应按照 JT/T 1181—2018 的规定使用；

③资质认定标识等应按照相关规定使用。

（3）唯一性标识编码

与报告名称同处一行，靠右对齐。由 10 位字母和数字组成。

检测类报告唯一性标识编码各段位的编制要求如下：

①专业编码：由 3 位大写英文字母组成，第 1 位字母为 B，代表报告，第 2、3 位字母用于区分专业类别：GL 代表公路工程专业，SY 代表水运工程专业；

②领域编码：由 1 位大写英文字母组成，应符合 JT/T 1181—2018 的规定；

③项目编码：由 2 位数字组成，应符合 JT/T 1181—2018 的规定；

④格式区分码：由 3 位数字组成，采用 001 ~ 999 的形式，用于区分项目内各报告格式，由检测单位自行制定；

⑤类型识别码：用“F”表示检测类报告。

（4）检测单位名称

位于标题部分第三行位置，靠左对齐。

（5）报告编号

与“检测单位名称”同处一行，靠右对齐。

（6）页码

页码位于标题部分第一行，靠右对齐，以“第 × 页，共 × 页”的形式表示。

2. 基本信息部分

基本信息部分位于标题部分之后，用于表征质量检测的基本信息。基本信息部分应包含施工/委托单位、工程名称、工程部位/用途、样品信息、检测依据、判定依据、主要仪器设备名称及编号信息。

基本信息部分的编制要求具体如下：

（1）施工/委托单位

施工/委托单位为二选一填写项，宜填写委托单位全称。工地试验室出具的报告可填写施工单位名称。

(2)工程名称

同记录表的要求。

(3)工程部位/用途

同记录表的要求。

(4)样品信息

应包含样品名称、样品编号、样品数量、样品状态。同记录表的要求。

(5)检测依据

同记录表的要求。

(6)判定依据

同记录表的要求。

(7)主要仪器设备名称及编号

同记录表的要求。

3. 检测对象属性部分

检测对象属性部分位于基本信息部分之后,用于被检对象、测试过程中有关技术信息的详细描述。检测对象属性应包括基础资料、测试说明、制样情况、抽样情况等。

对检测结果的有效性和可追溯性有重要影响的被检对象或测试过程中所特有的信息,宜在检测对象属性部分表述,其内容视报告的需求而定,可以为时间信息、抽样信息、材料或产品生产信息、材料配合比信息等,如检测日期、委托编号、检测类别、试验龄期、抽样方式、材料的产地、生产批号、各种材料用量等。

检测对象属性应能如实反映检测对象的基本情况,视报告具体内容需要确定,并具有可追溯性,具体编制要求如下:

(1)基础资料宜描述工程实体的基本技术参数,如设计参数、地质情况、成型工艺等。

(2)测试说明宜包括测试点位、测试路线、图片资料等。若对试验结果有影响时,还应说明试验后样品状态。

(3)制样情况的编制要求同记录表。

(4)抽样情况的编制要求同记录表。

4. 检测数据部分

检测数据部分位于检测对象属性部分之后,用于填写检测类报告的试验数据。检测数据部分的相关内容来源于记录表,应包含检测项目、技术要求/指标、检测结果、检测结论等内容及反映检测结果与结论的必要图表信息。检测结论应包含根据判定依据作出的符合或不符合的相关描述。当需要对检测对象质量进行判断时,还应包含结果判定信息。

示例:该硅酸盐水泥样品的强度等级(P·O 42.5)符合《通用硅酸盐水泥》(GB 175—2007)中的技术要求。

5. 附加声明部分

附加声明部分位于检测数据部分之后,用于说明需要提醒和声明的事项。

附加声明部分可用于:

(1)对质量检测的依据、方法、条件等偏离情况的声明。

(2)对报告使用方式和责任的声明。检测机构不负责抽查(当样品是客户提供时),应附加声明:结果仅适用于客户提供的样品。检测机构应做出未经本机构批准,不得复制(全文复制除外)报告或证书的声明。

(3)报告出具方联系信息。

(4)其他需要补充说明的事项。附加声明部分应根据报告内容编制。这些内容要求在《检验检测机构资质认定能力评价　检验检测机构通用要求》(RB/T 214—2017)中4.5.21有具体规定,具体如下。

当需对检验检测结果进行说明时,检验检测报告或证书中还应包括下列内容:

(1)对检验检测方法的偏离、增加或删减,以及特定检验检测条件的信息,如环境条件。

(2)适用时,给出符合(或不符合)要求或规范的声明。

(3)当测量不确定度与检验检测结果的有效性或应用有关,或客户有要求,或当测量不确定度影响到对规范限度的符合性时,检验检测报告或证书中还需要包括测量不确定度的信息。

(4)适用且需要时,提出意见和解释。

(5)特定检验检测方法或客户所要求的附加信息。报告或证书涉及使用客户提供的数据时,应有明确的标识。当客户提供的信息可能影响结果的有效性时,报告或证书中应有免责声明。

以上信息均可以在附加声明中进行编制。

(6)落款部分。

落款部分位于附加声明部分之后,用于表征签署信息。落款部分应由检测、审核、批准、日期组成。检测、审核、批准应签署实际承担相应工作的人员姓名。日期为报告的批准日期。编制要求同记录表。

检测机构出具报告,批准(签发)人应具备试验检测工程师资格,同时为检测机构的授权签字人。按照有关规定,报告应由试验检测工程师审核、批准。报告审核人应当是签字领域的持证试验检测工程师;报告批准人应当是持证试验检测工程师,且在授权的能力范围内签发检测报告。

四、综合评价类报告的编制要求

综合评价类报告由封面、扉页、目录、签字页、正文、附件六部分组成,其中目录、附件可根据实际情况删减。

1.封面部分

综合评价类报告封面部分的内容宜包括唯一性标识编码、报告编号、报告名称、委托单位、工程(产品)名称、检测项目、检测类别、报告日期及检测单位名称。

封面部分的编制要求具体如下:

(1)唯一性标识编码

位于封面部分上部右上角,靠右对齐。编码规则的编制要求同检测类报告,其类型识别码为“H”。

(2)报告编号

位于封面部分上部右上角第二行,靠右对齐。编制要求应同检测类报告。

(3)报告名称

位于封面部分"报告编号"之后的居中位置,统一为"检测报告"。

依据有关规定,检测与检验概念为:检测是依据相关标准和规范,使用仪器设备,在规定的环境条件下,按照相应程序对测试对象的属性进行测定或者验证的活动,其输出为测试数据。检验是基于测试数据或者其他信息来源,依靠人的经验和知识,对测试对象是否符合相关规定进行判定的活动,其输出为判定结论。

(4)委托单位

应填写委托单位全称。

(5)工程(产品)名称

应填写检测对象所属工程项目名称或所检测的工程产品名称。

(6)检测项目

应填写报告的具体检测项目内容,应以 JT/T 1181—2018 所示项目、参数为依据,宜采用"项目名称"+"参数名称"的形式命名,其编制要求同检测类报告。

(7)检测类别

按照不同检测工作方式和目的,可分为委托送样检测、见证取样检测、委托抽样检测、质量监督检测、仲裁检测及其他。

①委托送样检测是委托方将样品送至检测机构,检测机构未参与样品的抽取工作,检测机构出具的报告仅对委托方提供的样品负责。

②见证取样检测是在建设单位和(或)监理单位的人员见证下,由委托方现场取样送至检测机构,检测机构出具的报告仅对委托方提供的样品负责。

③委托抽样检测是检测机构参与抽样过程,按照抽样方案对样品进行抽样,检测机构出具的报告对整批样品负责。

④质量监督检测是政府行为,分为委托送样检测和委托抽样检测两种形式,检测机构应在委托合同中予以明确。

⑤仲裁检测是针对争议产品所做的检测,仲裁检测的目的是做出争议产品的质量判定,解决产品质量纠纷。有资格出具仲裁检测报告的检测机构须是经过省级以上质量技术监督部门或其授权的部门考核合格的机构,并且其仲裁检测的产品范围限制在授权其检测范围内。

(8)报告日期

报告的批准日期,其表示方法同检测类报告。

(9)检测单位名称

编制要求同检测类报告。

(10)专用章

编制要求同检测类报告。

2. 扉页部分

扉页部分宜包含报告有效性规定、效力范围申明、使用要求、异议处理方式,以及检测机构

联系信息等。

3. 目录部分

目录按照“标题名称”+“页码”的方式编写，列示出一级章节名称即可。页码宜从正文首页开始设置，宜用阿拉伯数字顺序编排。综合评价类报告涉及检测项目及检测参数较多，设置目录可清晰反映章节情况。

4. 签字页部分

签字页部分应包含工程名称、项目负责人、项目参加人员、报告编写人、报告审核人和报告批准人。宜打印姓名并手签。对于采用信息化手段编制的报告，可使用数字签名。

综合类检测项目涉及检测人员往往较多，各检测人员根据在检测项目的职责不同，大致划分为项目负责人、项目主要参加人员、报告编写人员、报告审核人员、报告批准人员。项目主要参加人员可包括报告编写人员、报告审核人员、报告批准人员。

5. 正文部分

正文部分应包含项目概况、检测依据、人员和仪器设备、检测内容与方法、检测数据分析、结论与分析评估、有关建议等内容。

正文部分的编制要求具体如下。

(1)项目概况

明确项目的工程信息，应包含但不限于如下信息：委托单位信息、项目名称、所在位置、项目建设信息、原设计情况及主要设计图示、主要技术标准、养护维修及加固情况，与检测项目及检测参数相关的设计值、规定值、项目实施情况等。明确检测目的，应包括检测参数的基本情况。

(2)检测依据

应按检测参数列出对应的检测标准、规范及设计报告等文件名称。

(3)人员和仪器设备

应列明参加检测的主要人员姓名、参与完成的工作内容等信息，明确检测用的主要仪器设备名称及编号。

(4)检测内容与方法

明确检测内容，应包括检测参数、对应的具体检测方法、测点布设、抽样情况等。对于技术复杂的检测内容，宜包括对检测技术方案的描述。

(5)检测数据分析

说明检测结果的统计和整理、检测数据分析的基本理论或方法，并阐述利用实测数据进行推演计算的过程。还宜包括推演计算结果与设计值、理论值、标准规范规定值、历史检测结果的对比分析。必要时，可采用图表表达数据变化的趋势和规律。

(6)结论与分析评估

宜包括各检测结果与设计值、理论值、标准规范规定值、历史检测结果的对比分析结论及必要的原因分析评估。如需要，应给出各检测结果是否满足设计文件或评判标准要求的结论。

结论与分析评估是综合评价类报告的重中之重。报告正文之前篇幅均为结论与分析评估

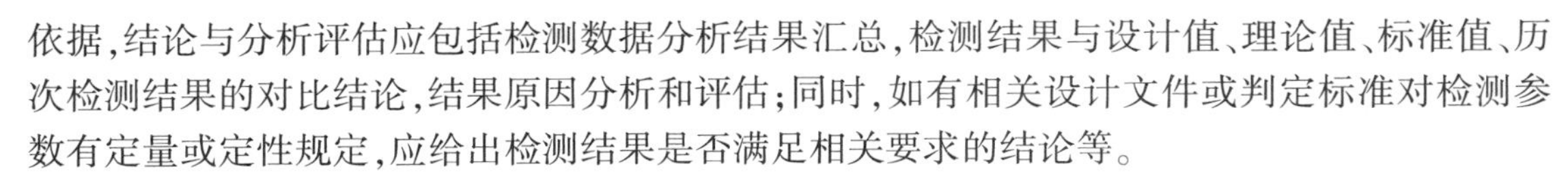

依据,结论与分析评估应包括检测数据分析结果汇总,检测结果与设计值、理论值、标准值、历次检测结果的对比结论,结果原因分析和评估;同时,如有相关设计文件或判定标准对检测参数有定量或定性规定,应给出检测结果是否满足相关要求的结论等。

(7)有关建议

可根据检测结论和分析评估,提出项目在下一工序、服役阶段应采取的处置措施或注意事项等建议。

6. 附件部分

当有必要使用检测过程中采集的试验数据、照片等资料及质量检测记录表,对检测结论进行支撑和证明时,可将该类资料编入附件部分。

第二节　公路水运工程试验检测等级管理要求

《公路水运工程试验检测等级管理要求》(JT/T 1181—2018,以下简称《管理要求》)依据《公路水运工程试验检测管理办法》(交通运输部令 2016 年第 80 号)、《交通运输部关于公布〈公路水运工程试验检测机构等级标准〉及〈公路水运工程试验检测机构等级评定及换证复核工作程序〉的通知》(交安监发〔2017〕113 号)等编制。

《管理要求》由范围、规范性引用文件、术语与定义、基本规定、试验检测分类及代码、等级标准应用说明、等级评定及换证复核工作程序应用说明、检测机构运行通用要求共 8 章正文和 7 个附录组成。

(1)“范围”对本标准的内容和适用范围进行了规定。

(2)“规范性引用文件”阐明了本标准制定依据和参考的主要文件。

(3)“术语和定义”对涉及的 10 个概念进行了释义。

(4)“基本规定”对公路水运工程持证检测人员的职业资格专业、公路水运工程检测机构的分类、相关单位的工作职责进行了规定。

(5)“试验检测分类及代码”规定了试验检验能力的 4 个层次。

(6)“等级标准应用说明”规定了试验检测能力及仪器设备、持证检测人员、检测环境的具体要求。

(7)“等级评定及换证复核工作程序应用说明”规定了等级评定及换证复核的受理和初审、现场评审、评定、公示与公布、评审纪律的具体要求和流程。

(8)“检测机构运行通用要求”规定了检测机构运行的基本要求、信息化建设与管理的具体要求。

7 个附录分别是公路水运工程试验检测机构等级证书样式、公路水运工程试验检测机构标识章样式、公路水运工程试验检测参数代码及试验方法要求公路水运工程试验检测项目(参数)变更公告格式、公路水运工程试验检测项目(参数)统计表、公路水运工程试验检测机构等级评定及换证复核工作用表、试验检测机构基础信息数据元定义及其数据交换格式示例。

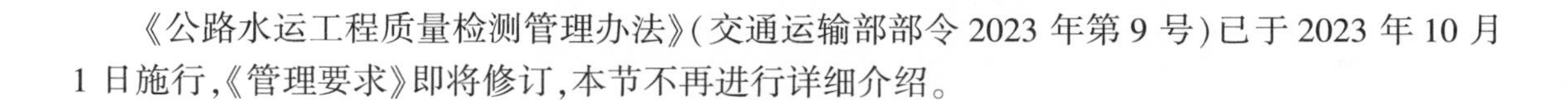

《公路水运工程质量检测管理办法》(交通运输部部令2023年第9号)已于2023年10月1日施行,《管理要求》即将修订,本节不再进行详细介绍。

第三节　公路工程试验检测仪器设备服务手册

为有效服务质量检测机构和公路工程项目建设从业单位开展仪器设备的溯源管理,指导各地交通运输主管部门加强仪器设备的监督检查,提升工程质量检测准确性,降低质量风险,交通运输部于2019年发布了《公路工程试验检测仪器设备服务手册》(交办安监函〔2019〕66号,以下简称《服务手册》)。本节将介绍《服务手册》的部分内容。

一、编号

"编号"是《服务手册》所列仪器设备的唯一标识,统一采用字母加数字的10位字符编码,其对应关系如图1-2-3所示。

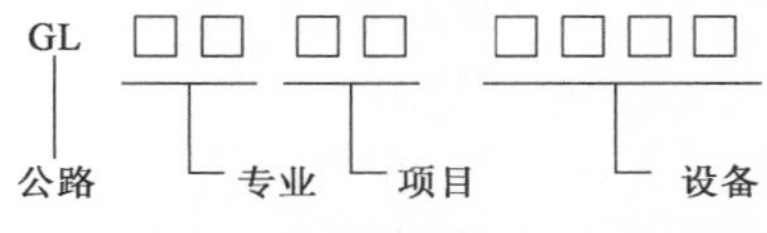

图1-2-3　公路工程仪器设备编号组成图

10位编码中,除表示公路行业的"GL"为英文字母外,其余均为数字,字母后两位表示仪器设备使用时所归属的专业,共分为三个专业:道路工程专业(01)、桥隧工程专业(02)和交通工程专业(03)。"项目"是指仪器设备所属"专业"中"试验检测项目"的顺序号,其中道路工程专业项目为01~13、20,桥隧工程专业为01~14,交通工程专业为01~07。最后四位编码按照《等级条件》中公路甲级及专项的仪器设备配置顺序依次编排,方便使用。当《服务手册》中出现相同仪器设备时,采用首次出现时定义的编号,未重复仪器设备编号顺延。

二、溯源类别

"溯源类别"中,道路工程专业、桥隧工程专业、交通工程专业内容与《等级条件》中的"质量检测项目"对应。《服务手册》中,编号GL0101~GL0113、GL0120对应《等级条件》中甲级"质量检测能力基本要求及主要仪器设备"的第1~13及20项;编号GL0201~GL0214对应《等级条件》中桥梁隧道工程专项"质量检测能力基本要求及主要仪器设备"的第1~14项;编号GL0301~GL0307对应《等级条件》中交通工程专项"质量检测能力基本要求及主要仪器设备"的第1~7项。

三、设备名称

指具体的仪器设备在交通运输行业内所使用的名称。原则上与《等级条件》中"仪器设备配置"中的名称一致。

四、溯源方式

公路专用质量检测设备近600余种，根据溯源方式将其分为通用类、专用类和工具类三类，按照行业习惯，分类一般用Ⅰ类、Ⅱ类和Ⅲ类表示。按照量值溯源适用的技术文件情况，采取以下方式进行溯源：

(1)具有公开发布的国家或交通运输部部门计量检定规程及校准规范的仪器设备，在“依据标准”中标明具体文件。建议质量检测机构将此类仪器设备送至交通运输行业国家或地方专业计量技术机构溯源，根据“依据标准”和“检验参数”所示内容进行检定/校准。共计97种，其管理类别用“Ⅱ-1”表示。

(2)无公开发布的国家或交通运输部部门计量检定规程及校准规范的仪器设备，在“依据标准”中为空白栏。这类仪器设备的检定/校准目前尚没有可直接依据的公开发布的技术文件，在行业检测中对结果影响重大，需要编制国家或交通运输部部门计量检定规程及校准规范。检测机构可将设备送至有技术能力的计量机构，按检测标准/规范要求，对影响检测的主要参数进行检定/校准。共计128种，其管理类别用“Ⅱ-2”表示，待国家或行业公开发布有直接依据的技术文件后，按照“Ⅱ-1”类别进行管理。

(3)对于Ⅰ类264种通用类设备和Ⅲ类85种工具类设备，暂未列入《服务手册》，建议质量检测机构依据国家公开发布的技术规范开展检验，由社会公用计量技术机构负责溯源，或由使用单位自行开展检验工作，均应确保设备功能正常。

五、检验参数

指除外观质量等目测、手感项目之外的，影响仪器设备量值准确性的技术参数。当“依据标准”为计量检定规程时，列出检定规程中首次检定和后续检定的全部项目；当“依据标准”为校准规范时，列出全部校准项目；当“依据标准”为多个技术文件时，按照行业需求列出检定/校准项目；当无“依据标准”时，则根据公路工程质量检测专业特点并结合其他公开发布的技术文件，列出推荐校准项目。

对仪器设备进行检定时，若设备为首次检定，检定参数为全部项目；若设备为后续检定，检定参数为非下划线项目。对仪器设备进行校准，可根据仪器设备实际使用的需要，校准全部或部分必要的检验参数。

六、附加说明

主要包括的说明类型如下：

(1)对仪器设备的附加说明；

(2)对尚无“依据标准”的设备，给出参考性的技术文件，包括国家及其他部委部门计量检定规程、产品标准和检测规范等。

第四节　水运工程试验检测仪器设备检定/校准指导手册

交通运输部在2018年发布了《水运工程试验检测仪器设备检定/校准指导手册》(交办安监〔2018〕33号,以下简称《指导手册》),适用于工程质量监督机构对质量检测行业的计量管理,指导水运工程质量检测机构(含工地试验室)和水运工程水文勘察测绘机构开展仪器设备的检定/校准工作。本节将介绍《指导手册》的部分内容。

一、编号

"编号"是对本《指导手册》所列仪器设备的唯一标识,统一采用字母加数字的10位字符编码,其对应关系如图1-2-4所示。

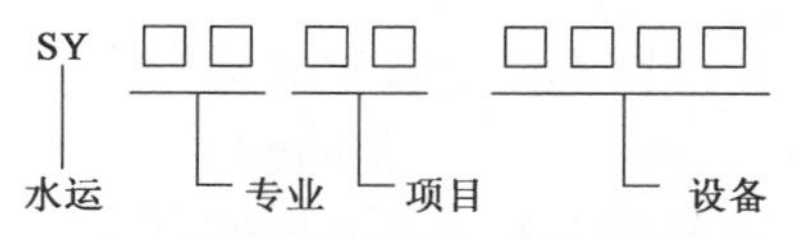

图1-2-4　水运工程仪器设备编号组成图

10位编码中,除表示水运行业的"SY"为英文字母外,其余均为数字,字母后两位表示仪器设备使用时所归属的专业,共分为三个专业:材料检测专业(01)、结构(地基)检测专业(02)和水文地质测绘专业(03)。"项目"编码是指仪器设备所属"专业"中"试验检测项目"的顺序号,其中材料检测专业项目为01~19,结构(地基)检测专业项目为01~06,水文地质测绘专业项目为01~04。最后四位编码按照《等级条件》中"仪器设备配置"的顺序以及其他参照文件仪器设备名称依次编排,方便使用。当《指导手册》中出现相同设备时,采用首次出现时定义的编号,未重复设备序号顺延。

二、项目类别

"项目类别"中材料检测专业和结构(地基)检测专业内容与《等级条件》中的"质量检测项目"对应。《指导手册》中,编号SY0101~SY0119对应《等级条件》"表2-1 质量检测能力基本要求及主要仪器设备"中的1~19项;编号SY0201~SY0206对应《等级条件》"表2-4 质量检测能力基本要求及主要仪器设备"中的1~6项。"项目类别"中,水文地质测绘专业内容与《测绘资质分级标准》中海洋工程测量仪器设备对应。《指导手册》中,编号SY0301~SY0304对应水文地质测绘专业仪器设备4个分类。

三、设备名称

指具体的仪器设备在交通运输行业内所使用的名称。原则上与《等级条件》中"仪器设备配置"中的名称一致。

四、管理类别

指仪器设备量值溯源的具体方式。分为如下三类：

Ⅰ类：共计126种。有公开发布的国家计量检定规程及校准规范，一般应送至质量技术监督部门依法设置的计量检定单位（如国家、省、市、县计量院、所）或具备相应仪器设备计量能力的专业计量站、校准实验室进行检定/校准，并取得检定证书或校准证书。

Ⅱ类：共计118种。指水运行业计量管理的专业检测仪器设备，分下列两种情况进行管理：

Ⅱ-1：共计42种，有公开发布的国家或交通运输部部门计量检定规程及校准规范的仪器设备，在“依据标准”中标明具体文件。建议质量检测机构将此类仪器设备送至国家水运工程检测设备计量站（或参加其集中检定/校准活动），或地方交通运输专业检定机构进行检定/校准，如以上计量机构不具备某项仪器计量标准授权，则可将该仪器送至有技术能力的计量机构，根据“依据标准”和“计量参数”所示内容进行检定/校准。

Ⅱ-2：共计76种，无公开发布的国家或交通运输部部门计量检定规程及校准规范的仪器设备，在“依据标准”中为空白栏。这类仪器设备的检定/校准目前尚没有可直接依据的公开发布的技术文件，在行业检测中对结果影响重大，需要编制国家或交通运输部部门计量检定规程及校准规范。检测机构可将设备送至有技术能力的计量机构，按检测标准/规范要求，对影响检测的主要参数进行检定/校准；待国家或行业公开发布有直接依据的技术文件后，按照Ⅱ-1进行管理。

Ⅲ类：共计74种。此类仪器设备应开展内部校准或自行维护。

检测机构根据计量参数，定期实施内部校准，保证检测结果准确；根据仪器设备产品标准、质量检测方法等技术文件，定期对仪器设备进行功能核查，保证其功能运转正常，并留存相应技术和管理记录。

五、依据标准

指对仪器设备进行检定/校准时，应依据的技术文件。包括以下公开发布的技术文件：

（1）国家计量检定规程及校准规范；

（2）交通运输部部门计量检定规程及校准规范。

六、计量参数

指除外观质量等目测、手感项目之外的，影响仪器设备量值准确性的技术参数。当“依据标准”为计量检定规程时，列出检定规程中首次检定和后续检定的全部项目；当“依据标准”为校准规范时，列出全部校准项目；当无“依据标准”时，则根据水运工程质量检测专业特点并结合其他公开发布的技术文件，列出推荐校准项目。

对仪器设备进行检定时，若设备为首次检定，检定参数为全部项目；若设备为后续检定，检定参数为非下划线项目。对仪器设备进行校准，可根据仪器设备使用场合的实际需要，校准全部或部分必要的计量参数。

七、建议检定/校准周期

Ⅰ类和Ⅱ-1类仪器设备中,“依据标准”为计量检定规程的仪器设备,采用计量检定规程中要求的检定周期;“依据标准”为校准规范的仪器设备,校准规范中有建议校准周期的,采用建议的校准周期;无建议校准周期的,根据仪器设备量值溯源的需要给出建议校准周期。

Ⅱ-2类仪器设备,根据仪器设备量值溯源的需要,给出建议的溯源周期。

八、备注

指附加说明,主要包括的说明类型如下:

(1)对仪器设备的附加说明;

(2)对尚无“依据标准”的设备,给出参考性的技术文件,包括国家及其他部委部门计量检定规程、产品标准和检测规范等;

(3)对Ⅲ类设备给出了维护保养方法或内部校准的建议。

第五节 检验检测机构资质认定能力评价 检验检测机构通用要求

为了保障资质认定科学、规范的实施,并为检验检测机构资质行政许可提供依据,国家认证认可监督管理委员会在2017年10月发布了《检验检测机构资质认定能力评价 检验检测机构通用要求》(RB/T 214—2017,以下简称《通用要求》),作为资质认定管理办法的配套实施性行业标准。《通用要求》是各行业质量检测机构管理的通用要求,交通运输行业的检测机构应结合行业特点建立符合《通用要求》和行业管理要求的管理体系,并实施管理。

《通用要求》由前言、引言、范围、规范性引用文件、术语和定义、要求、参考文献组成。

一、前言

对《通用要求》的起草依据、提出及归口机构、起草单位及起草人等进行了规定。

二、引言

对《通用要求》制定的由来、定位和作用进行了规定。凡是在中华人民共和国境内向社会出具具有证明作用数据、结果的检验检测机构应取得资质认定。检验检测机构资质认定是一项确保检验检测数据、结果的真实、客观、准确的行政许可制度。凡是在中华人民共和国境内向社会出具具有证明作用数据、结果的检验检测机构应自觉贯彻实施。

三、范围

对《通用要求》的内容范围和适用范围进行了规定。覆盖范围包括在对中华人民共和国境内向社会出具具有证明作用数据、结果的检验检测机构进行资质认定能力评价时,对其机构、人员、场所环境、设备设施、管理体系等方面评审的通用要求，也适用于检验检测机构的内部审核和管理评审等方式的自我评价。

四、规范性引用文件

阐明了《通用要求》制定依据和参考的主要文件。

五、术语和定义

(1)检验检测机构：是对从事检验、检测和检验检测活动机构的总称。检验检测机构取得资质认定后，可根据自身业务特点，对外出具检验、检测或者检验检测报告、证书。

(2)资质认定：国家对检验检测机构进入检验检测行业的一项行政许可制度，依据《中华人民共和国计量法》《中华人民共和国农产品质量安全法》《中华人民共和国食品安全法》《中华人民共和国认证认可条例》和《医疗器械监督管理条例》等法律法规设立和实施。国家认监委和省级质量技术监督部门(市场监督管理部门)在上述有关法律法规的要求下，按照标准或者技术规范的规定，对检验检测机构的基本条件和技术能力是否符合法定要求实施的评价许可。

(3)资质认定评审：国家认监委和省级质量技术监督部门(市场监督管理部门)依据《中华人民共和国行政许可法》的有关规定，自行或者委托专业技术评价机构，组织评审人员，依据《通用要求》和相关专业补充要求，对检验检测机构的基本条件和技术能力实施的评审活动。

(4)公正性：检验检测活动不存在利益冲突。

客观性的存在。客观性意味着不存在或已解决利益冲突，不会对检验检测机构的活动产生不利影响。其他可用于表示公正性要素的术语有：无利益冲突、没有成见、没有偏见、中立、公平、思想开明、不偏不倚、不受他人影响、平衡。

(5)投诉：任何人员或组织向检验检测机构就其活动或结果表达不满意，并期望得到回复的行为。

投诉分为有效投诉和无效投诉。有效投诉为检验检测机构的责任，应该采取纠正措施。检验检测机构应该识别风险，防止此类问题发生。无效投诉一般是客户的原因，也应按规定的程序及时处理。

(6)能力验证：一般由权威机构组织(如国家认监委)，依据预先制定的准则，采用检验检测机构间比对的方式，评价参加者的能力。

能力验证是外部质量控制，是内部质量控制的补充，不是替代。它是与现场评审同样重要的、评价机构能力的一种方法。虽然没有强制规定，但检验检测机构应积极参加国家认监委和省级质量技术监督部门(市场监督管理部门)组织的能力验证。

(7)判定规则：当检验检测机构需要做出与规范或标准符合性的声明时，描述如何考虑测量不确定度的规则。

这是《检测和校准实验室能力的通用要求》(ISO/IEC 17025:2017)的新要求。但是对检验检测机构资质认定不是强制性要求。若检验检测机构申请资质认定的检验检测项目中无测量不确定度的要求时，检验检测机构可不制定该程序。

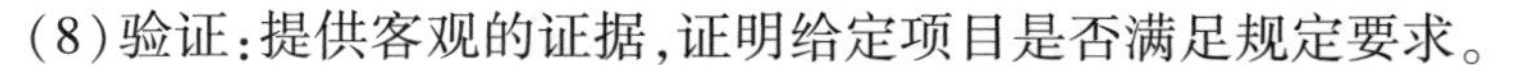

(8)验证:提供客观的证据,证明给定项目是否满足规定要求。

检验检测机构在进行检验检测之前,应验证其能够正确地运用相应标准方法。如果标准方法发生了变化,应重新进行验证。

《检测和校准实验室能力的通用要求》(ISO/IEC 17025:2017)中规定,检验检测机构在引入方法前,应验证能够正确地运用该方法,以确保实现所需的方法性能。应保存验证记录。如果发布机构修订了方法,应根据修订的内容重新进行验证。

(9)确认:对规定要求是否满足预期用途的验证。

确认是针对非标准方法的验证。检验检测机构应首先确认该方法能不能使用,然后验证能够正确地运用这些非标准方法。当修改已确认过的非标准方法时,应确定这些修改的影响。当发现影响原有的确认时,应重新进行方法确认。

当按照预期用途去评估非标准方法的性能特性时,应确保与客户需求相关,并符合规定要求。

六、要求

依据《检验检测机构资质认定管理办法》第九条规定的申请资质认定的检验检测机构应当符合的基本条件,包括 4.1 机构、4.2 人员、4.3 场所环境、4.4 设备设施、4.5 管理体系 5 个方面(见表 1-2-1)。其中,关于样品管理、设备设施的具体内容详见本部分第三章第三节、第四节。

《通用要求》中要求的内容构成表　　表 1-2-1

4　要求	
4.1　机构(4.1.1~4.1.5)	
4.2　人员(4.2.1~4.2.7)	
4.3　场所环境(4.3.1~4.3.4)	
4.4　设备设施(4.4.1~4.4.6)	
设备设施的配备(4.4.1)	
设备设施的维护(4.4.2)	
设备管理(4.4.3)	
设备控制(4.4.4)	
故障处理(4.4.5)	
标准物质(4.4.6)	
4.5　管理体系(4.5.1~4.5.27)	
总则(4.5.1)	测量不确定度(4.5.15)
方针目标(4.5.2)	数据信息管理(4.5.16)
文件控制(4.5.3)	抽样(4.5.17)
合同评审(4.5.4)	样品处置(4.5.18)
分包(4.5.5)	结果有效性(4.5.19)
采购(4.5.6)	结果报告(4.5.20)
服务客户(4.5.7)	结果说明(4.5.21)

续上表

投诉(4.5.8)	抽样结果(4.5.22)
不符合工作控制(4.5.9)	意见和解释(4.5.23)
纠正措施、应对风险和机遇的措施和改进(4.5.10)	分包结果(4.5.24)
记录控制(4.5.11)	结果传送和格式(4.5.25)
内部审核(4.5.12)	修改(4.5.26)
管理评审(4.5.13)	记录和保存(4.5.27)
方法的选择、验证和确认(4.5.14)	

七、参考文献

列出了制定《通用要求》参考和依据的法规性文件及有关标准共8条5项。特别吸纳了《检验检测机构诚信基本要求》(GB/T 31880—2015)中关于"检验检测机构依法依规诚信检验检测的从业行为要求"。

《通用要求》的全部条款和内容参见其原文。

练习题

1. [单选]检验检测机构(　　)是一项确保检验检测数据、结果的真实、客观、准确的行政许可制度,凡是在中华人民共和国境内向社会出具具有(　　)作用数据、结果的检验检测机构应取得该资质。

A. 资质认定,公证　　B. 资质认定,证明

C. 实验室认可和检验机构认可,证明　　D. 实验室认可和检验机构认可,公证

【答案】B

2. [多选]试验检测记录表是试验检测报告制作的基础,更是检测活动复现的依据,记录表应由(　　)等组成。

A. 标题　　B. 基本信息　　C. 检测数据　　D. 附加声明

E. 落款

【答案】ABCDE

第三章　其他基础知识

第一节　计量知识

国家法定计量单位(简称法定单位)是政府以命令的形式明确规定要在全国采用的计量单位制度。凡属法定单位,在一个国家的任何地区、部门、机构和个人,都必须严格遵守,正确使用。我国的法定单位是于 1984 年 2 月 27 日发布的,其具体应用形式就是系列国家标准 GB 3100、GB 3101、GB 3102,这是我国各行各业都必须执行的强制性、基础性标准。

一、法定计量单位

1984 年 2 月 27 日,国务院发布《关于在我国统一实行法定计量单位的命令》,要求"我国的计量单位一律采用《中华人民共和国法定计量单位》""我国目前在人民生活中采用的市制计量单位,可以延续使用到 1990 年,1990 年底以前要完成向国家法定计量单位的过渡"。同时强调"计量单位的改革是一项涉及到各行各业和广大人民群众的事,各地区、各部门务必充分重视,制定积极稳妥的实施计划,保证顺利完成"。关于法定计量单位,《通用计量术语及定义》(JJF 1001—2011)中解释为"国家法律、法规规定使用的测量单位",也就是国家法律承认、具有法定地位的允许在全国范围内统一使用的计量单位。每个国家有自己的法定计量单位,其任何地区、部门、单位和个人都必须毫无例外地遵照执行。一个国家颁布统一采用的计量单位时,无论是否冠以"法定"的名称,其实质上已经成为法定计量单位。

二、我国法定计量单位

《中华人民共和国计量法》第三条规定:"国际单位制计量单位和国家选定的其他计量单位,为国家法定计量单位。"我国法定计量单位是以国际单位制为基础,包括国际单位制的所有单位和国家选定的国际计量局规定可与国际单位制单位并用的 16 个非国际单位制单位。

1. 国际单位制(SI)

国际单位制是国际计量大会(CGPM)采纳和推荐的一种一贯单位制。在国际单位制中,将单位分成三类:基本单位、辅助单位和导出单位,具体内容见表 1-3-1 ~ 表 1-3-3。

国际单位制的基本单位

表 1-3-1

量的名称	单位名称	单位符号
长度	米	m
质量	千克	kg
时间	秒	s
电流	安[培]	A
热力学温度	开[尔文]	K
物质的量	摩[尔]	mol
发光强度	坎[德拉]	cd

国际单位制的辅助单位

表 1-3-2

量的名称	单位名称	单位符号
平面角	弧度	rad
立体角	球面度	sr

国际单位制具有专门名称的导出单位

表 1-3-3

量的名称	单位名称	单位符号
频率	赫[兹]	Hz
力、重力	牛[顿]	N
压力、压强、重力	帕[斯卡]	Pa
能[量]、功、热量	焦[耳]	J
功率,辐[射能]通量	瓦[特]	W
电荷[量]	库[仑]	C
电压、电动势、电位、(电势)	伏[特]	V
电容	法[拉]	F
电阻	欧[姆]	Ω
电导	西[门子]	S
磁通[量]	韦[伯]	Wb
磁通[量]密度、磁感应强度	特[斯拉]	T
电感	亨[利]	H
摄氏温度	摄氏度	℃
光通量	流[明]	lm
(光)照度	勒[克斯]	lx

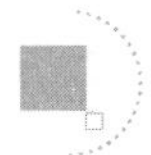

2. 国家选定的非国际单位制单位

国家选定的非国际单位制单位见表 1-3-4。

国家选定的非国际单位制单位　　表 1-3-4

量的名称	单位名称	单位符号
时间	分	min
	[小]时	h
	天(日)	d
平面(角)	度	(°)
	[角]分	(′)
	[角]秒	(″)
体积、容积	升	L(l)
质量	吨	(t)
	原子质量单位	μ
旋转速度	转每分	r/min
长度	海里	n mile
速度	节	kn
能	电子伏	eV
级差	分贝	dB
线密度	特[克斯]	tex

3. 由以上单位构成的组合形式的单位

如:速度单位米每秒(m/s)、比热容单位焦每千克开[J/(kg·K)]、[动力]黏度单位帕秒(Pa·s)等。

4. 由词头和以上单位所构成的十进倍数和分数单位

如:长度单位千米(km)、压力单位兆帕(MPa)、频率单位吉赫(GHz)、电压单位微伏(μV)、电容单位皮法(pF)等。

第二节　数理统计知识

一、常用数值运算知识

在运算中,经常有不同有效位数的数据参加运算。在这种情况下,需将有关数据进行适当的处理。

1. 加减运算

当几个数据相加或相减时,它们的小数点后的数字位数及其和或差的有效数字的保留,应以小数点后位数最少(即绝对误差最大)的数据为依据,如图1-3-1所示。

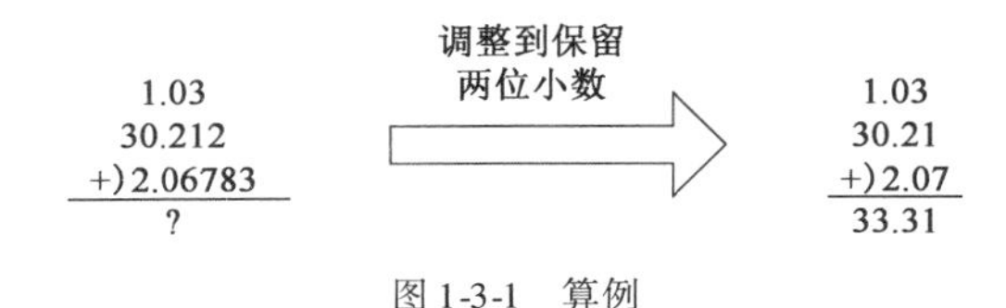

图1-3-1　算例

如果数据的运算量较大时,为了使误差不影响结果,可以对参加运算的所有数据多保留一位数据进行运算。

2. 乘除运算

当几个数据相乘或相除时,各参加运算数据所保留的位数,以有效数字位数最少的为标准,其积或商的有效数字也依此为准。例如,当0.0121×30.64×2.05782时,其中0.0121的有效数字位数最少,所以,其余两数应修约成30.6和2.06与之相乘,即:0.0121×30.6×2.06=0.763。

二、数值修约知识

数值修约就是通过省略原数值的最后若干位数字,调整所保留的末位数字,使最后所得到的值最接近原数值的过程。经数值修约后的数值称为(原数值的)修约值。

修约间隔是指修约值的最小数值单位。修约间隔的数值一经确定,修约值即为该数值的整数倍,举例如下。

例1-3-1　如指定修约间隔为0.1,修约值应在0.1的整数倍中选取,相当于将数值修约到一位小数。

例1-3-2　如指定修约间隔为100,修约值应在100的整数倍中选取,相当于将数值修约到"百"数位。

数值修约规则如下:

1. 确定修约间隔

(1)指定修约间隔为10^{-n}(n为正整数),或指明将数值修约到n位小数。

(2)指定修约间隔为1,或指明将数值修约到"个"数位。

(3)指定修约间隔为10^n(n为正整数),或指明将数值修约到10^n数位,或指明将数值修约到"十""百""千"……数位。

2. 进舍规则

(1)拟舍弃数字的最左一位数字小于5,则舍去,保留其余各位数不变。

例1-3-3　将12.1498修约到个数位,得12;将12.14988修约到一位小数,则得12.1。

例1-3-4　某沥青针入度测试值为70.1、69.5、70.8(0.1mm),则该沥青试验结果为先算得平均值为70.1,然后进行取整(即修约到个数位),得针入度试验结果是70(0.1mm)。

(2)拟舍弃数字的最左一位数字大于5,则进一,即保留数字的末位数字加1。

例1-3-5　将1268修约到"百"数位,得13×10^2(特定场合可写为1300);将1268修约到

“十”数位，得 12.7×10^2（特定场合可写为1270）。

说明：“特定场合”系指修约间隔明确时。

(3)拟舍弃数字的最左一位数字是5，且其后有非0数字时进一，即保留数字的末位数字加1。

例 1-3-6　将10.5002修约到个数位，得11。

(4)拟舍弃数字的最左一位数字为5，且其后无数字或皆为0时，若所保留的末位数字为奇数(1,3,5,7,9)则进一，即保留数字的末位数字加1；若所保留的末位数字为偶数(0,2,4,6,8)，则舍去。即“奇进偶不进”。

例 1-3-7　将12.500修约到个位数，得12。

将13.500修约到个位数，得14。

例 1-3-8　修约间隔为0.1（或 10^{-1}）。

拟修约数值	修约值
1.050	10×10^{-1}（特定场合可写成为1.0）
0.35	4×10^{-1}（特定场合可写成为0.4）

例 1-3-9　修约间隔为1000（或 10^3）

拟修约数值	修约值
2500	2×10^3（特定场合可写成为2000）
3500	4×10^3（特定场合可写成为4000）

例 1-3-10　数值准确至三位小数（修约间隔为0.001或 10^{-3}）。

某沥青密度试验测试值分别为1.034、1.031(g/cm^3)，则该沥青密度试验结果为：先算得平均值为1.0325，修约后试验结果是1.032g/cm^3。

(5)负数修约时，先将它的绝对值按上述的规定进行修约，然后在所得值前面加上负号。

例 1-3-11　将下列数值修约到“十”数位。

拟修约数值	修约值
-355	-36×10（特定场合可写成为-360）
-325	-32×10（特定场合可写成为-320）

例 1-3-12　将下列数值修约到三位小数，即修约间隔为 10^{-3}。

拟修约数值	修约值
-0.0365	-36×10^{-3}（特定场合可写成为-0.036）

3. 不允许连续修约

拟修约数字应在确定修约间隔或指定修约数位后一次修约获得结果，不得多次按"进舍规则"连续修约。

例 1-3-13 修约 97.46，修约间隔为 1。

正确的做法：97.46→97。

不正确的做法：97.46→97.5→98。

例 1-3-14 修约 15.4546，修约间隔为 1。

正确的做法：15.4546→15。

不正确的做法：15.4546→15.455→15.46→15.5→16。

在具体实施中，有时测试与计算部门先将获得数值按指定的修约数位多一位或几位报出，而后由其他部门判定。为避免产生连续修约的错误，应按下述步骤进行：

①报出数值最右的非零数字为 5 时，应在数值右上角加"+"或加"-"或不加符号，分别表明已进行过舍、进或未舍未进。

例 1-3-15 16.50^{+}表示实际值大于 16.50，经修约舍弃为 16.50；16.50^{-}表示实际值小于 16.50，经修约进一为 16.50。

②如对报出值需进行修约，当拟舍弃数字的最左一位数字为 5，且其后无数字或皆为零时，数值右上角有"+"者进一，有"-"者舍去，其他仍按"进舍规则"的规定进行。

例 1-3-16 将下列数值修约到个数位（报出值多留一位至一位小数）

实测值	报出值	修约值
15.454 6	15.5^{-}	15
-15.454 6	-15.5^{-}	-15
16.520 3	16.5^{+}	17
-16.520 3	-16.5^{+}	-17
17.500 0	17.5	18

4. 0.5 单位修约与 0.2 单位修约

在对数值进行修约时，若有必要，也可采用 0.5 单位修约或 0.2 单位修约。

（1）0.5 单位修约（半个单位修约）

0.5 单位修约是指按指定修约间隔对拟修约的数值 0.5 单位进行的修约。

0.5 单位修约方法如下将拟修约数值 X 乘以 2，按指定修约间隔对 $2X$ 依"进舍规则"进行修约，所得数值（$2X$ 修约值）再除以 2。

例 1-3-17 将下列数字修约到"个"数位的 0.5 单位修约。

拟修约数值 X	$2X$	$2X$ 修约值	X 修约值
60.25	120.5	120	60.0
60.38	120.76	121	60.5
60.28	120.56	121	60.5
-60.75	-121.50	-122	-61.0

例 1-3-18　某沥青软化点试验测试值为:48.2℃、48.7℃,结果准确至0.5℃。则该沥青软化点试验结果为:先算得平均值为48.45℃,修约后试验结果如下:

拟修约数值 X	$2X$	$2X$ 修约值	X 修约值
48.45	96.9	97	48.5

(2)0.2 单位修约

0.2 单位修约是指按指定修约间隔对拟修约的数值0.2单位进行的修约。

0.2 单位修约方法如下将拟修约数值 X 乘以5,按指定修约间隔对 $5X$ 依“进舍规则”进行修约,所得数值($5X$ 修约值)再除以5。

例 1-3-19　将下列数字修约到“百”数位的0.2单位修约。

拟修约数值 X	$5X$	$5X$ 修约值	X 修约值
830	4150	4200	840
842	4210	4200	840
832	4160	4200	840
-930	-4650	-4600	-920

三、误差计算知识

1. 测量误差

在一定的环境条件下,材料的某些物理量应当具有一个确定的值。但在实际测量中,要准确测定这个值是十分困难的。因为尽管测量环境条件、测量仪器和测量方法都相同,但由于测量仪器计量不准,测量方法不完善以及操作人员水平等各种因素的影响,各次各人的测量值之间总有不同程度的偏离,不能完全反映材料物理量的确定值(真值)。测量值 X 与真值 X_0 之间存在的这一差值 Y,称为测量误差,其关系为:

$$X_0 = X + Y \tag{1-3-1}$$

大量实践表明,一切实验测量结果都具有这种误差。

了解误差基本知识的目的在于分析这些误差产生的原因,以便采取一定的措施,最大限度地加以消除,同时科学地处理测量数据,使测量结果最大限度地反映真值。因此,由各测量值的误差积累,计算出测量结果的精确度,可以鉴定测量结果的可靠程度和测量者的实验水平。根据生产、科研的实际需要,预先定出测量结果的允许误差,可以选择合理的测量方法和适当的仪器设备,规定必要的测量条件,可以保证测量工作的顺利完成。

2. 测量误差的分类

根据误差产生的原因,按照误差的性质,可将测量误差分为系统误差、随机误差和过失误差。

系统误差是指人机系统产生的误差,是由一定原因引起的,在相同条件下多次重复测量同一物理量时,使测量结果总是朝一个方向偏离,其绝对值大小和符号保持恒定,或按一定规律变化,因此有时称之为恒定误差。系统误差主要由下列原因引起。

(1)仪器误差

仪器误差是指由于测量工具、设备、仪器结构上的不完善,电路的安装、布置、调整不得当,仪器刻度不准或刻度的零点发生变动,样品不符合要求等原因所引起的误差。

(2)人为误差

人为误差是指由观察者感官的最小分辨力和某些固有习惯引起的误差。例如,由于观察者感官的最小分辨力不同,在测量玻璃软化点和玻璃内应力消除时,不同人观测就有不同的误差。某些人的固有习惯,例如在读取仪表读数时总是把头偏向一边等,也会引起误差。

(3)外界误差

外界误差也称环境误差,是由于外界环境(如温度、湿度等)的影响而造成的误差。

(4)方法误差

方法误差是指由于测量方法的理论根据有缺点,或引用了近似公式,或实验室的条件达不到理论公式所规定的要求等造成的误差。

(5)试剂误差

在材料的成分分析及某些性质的测定中,有时要用一些试剂,当试剂中含有被测成分或含有干扰杂质时,也会引起测量误差,这种误差称为试剂误差。

一般地说,系统误差的出现是有规律的,其产生原因往往是可知的或可掌握的。只要仔细观察和研究各种系统误差的具体来源,就可设法消除或降低其影响。

随机误差是由不能预料、不能控制的原因造成的。例如实验者对仪器最小分度值的估读,很难每次严格相同;测量仪器的某些活动部件所指示的测量结果,在重复测量时很难每次完全相同,尤其是使用年久的或质量较差的仪器时更为明显。

无机非金属材料的许多物化性能都与温度有关。在实验测定过程中,温度应控制恒定,但温度恒定有一定的限度,在此限度内总有不规则的变动,导致测量结果发生不规则的变动。此外,测量结果与室温、气压和湿度也有一定的关系。由于上述因素的影响,在完全相同的条件下进行重复测量时,测量值或大或小、或正或负,起伏不定。这种误差的出现完全是偶然的,无规律性,所以有时称之为偶然误差。

随机误差的特点就个体而言是不确定的。产生的这种误差的原因是不固定的，它的来源往往也一时难以察觉，可能是由于测定过程中外界的偶然波动、仪器设备及检测分析人员某些微小变化等所引起的，误差的绝对值和符号是可变的，检测结果时大时小、时正时负，带有偶然性。但当进行很多次重复测定时，就会发现，随机误差具有统计规律性，即服从于正态分布。

过失误差也叫错误，是一种与事实不符的显然误差。这种误差是由于实验者粗心，不正确的操作或测量条件突然变化所引起的。例如仪器放置不稳，受外力冲击产生毛病测量时读错数据、记错数据；数据处理时单位搞错、计算出错等。显然，过失误差在实验过程中是不允许的。

3. 误差表示方法

为了表示误差，工程上引入了精密度、准确度和精确度的概念。精密度表示测量结果的重演程度，精密度高表示随机误差小；准确度指测量结果的正确性，准确度高表示系统误差小；精确度（又称精度）包含精密度和准确度两者的含义，精确度高表示测量结果既精密又可靠。根据这些概念，误差的表示方法有以下三种。

（1）极差

极差是指测量最大值与最小值之差，即：

$$R = X_{max} - X_{min} \tag{1-3-2}$$

式中：R——极差，表示测量值的分布区间范围；

X_{max}——同一物理量的最大测量值；

X_{min}——同一物理量的最小测量值。

极差可以粗略地说明数据的离散程度，既可以表征精密度，也可以用来估算标准偏差。

（2）绝对误差

绝对误差是指测量值与真值间的差异，即：

$$\Delta X_i = X_i - X_0 \tag{1-3-3}$$

式中：ΔX_i——绝对误差；

X_i——第 i 次测量值；

X_0——真值。

（3）相对误差

相对误差是指绝对误差与真值的比值，一般用百分比表示，即：

$$\varepsilon = \frac{\Delta X_i}{X_0} \tag{1-3-4}$$

相对误差 ε 既反映测量的准确度，又反映测量的精密度。

绝对误差和相对误差是误差理论的基础，在测量中已广泛应用，但在具体使用时要注意它们之间的差别与使用范围。在某些实验测量及数据处理中，不能单纯从误差的绝对值来衡量数据的精确程度，因为精确度与测量数据本身的大小也很有关系。例如，在称量材料的重量时，如果重量接近 10t，准确到 100kg 就够了，这时的绝对误差虽然是 100kg，但相对误差只有 1%；而称量的量总共不过 20kg，即使准确到 0.5kg 也不能算精确，因为这时的绝对误差虽然是 0.5kg，相对误差却有 2.5%。经对比可见，后者的绝对误差虽然比前者小 200 倍，相对误差却比前者大2.5倍。相对误差是测量单位所产生的误差,因此,不论是比较各测量值的精度还是评定测量结果的质量,采用相对误差更为合理。

在实验测量中应当注意到,虽然用同一仪表对同一物质进行重复测量时,测量的可重复性越高就越精密,但不能肯定准确度一定高,还要考虑到是否有系统误差存在(如仪表未经校正等);否则,虽然测量很精密也可能不准确。因此,在实验测量中要获得很高的精确度,必须有高的精密度和高的准确度来保证。

四、常用统计基础知识

(一)基本概念

1. 事件和随机事件

事件是指观测或试验的一种结果。例如,测量零件的半径所得的结果为4.51mm、4.52mm、4.53mm、…,这里每个可能出现的测量结果都称为事件。

在客观世界中,我们可以把事件大致分为确定性和不确定性两类。

试验可以在相同的条件下重复进行,每次试验的可能结果不止一个,并在事先能明确所有出现的结果,但是在试验之前不能确定哪一个结果会出现,满足这些条件的试验称为随机试验。

概率论和数理统计就是从两个不同侧面来研究这类不确定性事件的统计规律性。在概率统计中,把客观世界可能出现的事件区分为最典型的3种情况:

(1)必然事件——在一定条件下必然出现的事件,用U表示。

(2)不可能事件——在一定条件下不可能出现的事件,用V表示。

(3)随机事件——在随机试验中,对一次试验可能出现也可能不出现,而在多次重复试验中却具有某种规律的事件。随机事件是概率论的研究对象,常用A、B、C、…表示。随机事件即是随机现象的某种结果。

2. 随机变量

如果某一变量(例如测量结果)在一定条件下,取某一值或在某一范围内取值是一个随机事件,则这样的量叫作随机变量。

按照随机变量所取数值的分布情况不同,可将随机变量分为以下两种:

(1)连续性随机变量。若随机变量X可在坐标轴上某一区间内取任一数值,即取值布满区间或整个实数轴,则称X为连续型随机变量。例如,打靶命中点的可能值是充满整个靶面的,属于连续型随机变量。

(2)离散型随机变量。若随机变量X的取值可离散地排列为x_1、x_2、…,而且X以各种确定的概率取这些不同的值,即只取有限个或可数个实数值,则称X为离散型随机变量。

3. 分布函数

随机变量的特点是以一定的概率取值,但并不是所有的观测或试验都能以一定的概率取某一个固定值。例如,对某工件的直径,作为被测量最佳估计值的测量结果是随机变量,记作

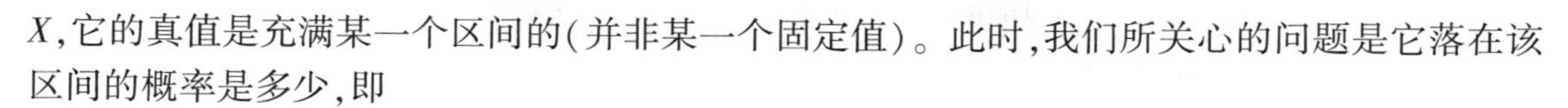

X,它的真值是充满某一个区间的(并非某一个固定值)。此时,我们所关心的问题是它落在该区间的概率是多少,即

$$P(a \leqslant X \leqslant b) = ?$$

根据概率加法定理有:

$$P(a \leqslant X \leqslant b) = P(X < b) - P(X < a) \tag{1-3-5}$$

显然,只要求出 $P(X<b)$ 及 $P(X<a)$ 即可,这要比 $P(a \leqslant X \leqslant b)$ 的计算简单许多,因为它们只依赖一个参数。

对于任何实数 x,事件 $(X \leqslant x)$ 的概率当然是一个 x 的函数。令 $F(x) = P(X < x)$,这里 $F(x)$ 即为随机变量 X 的分布函数。分布函数 $F(x)$ 完全决定了事件 $(a \leqslant X \leqslant b)$ 的概率,或者说,分布函数 $F(x)$ 完整地描述了随机变量 X 的统计特性。

(二)常见随机变量的概率分布

1. 均匀分布

均匀分布是一种简单的概率分布,分为离散型均匀分布和连续型均匀分布,见图 1-3-2。

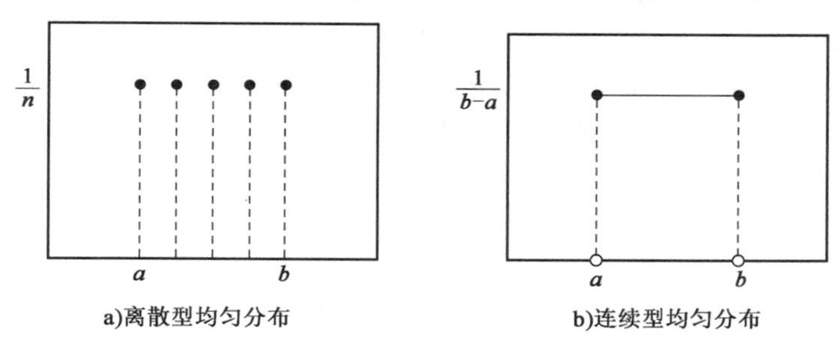

图 1-3-2　均匀分布

2. 正态分布

正态分布是数理统计中一种重要的理论分布,是许多统计方法的理论基础,见图 1-3-3。

3. t 分布

在概率论和统计学中,学生 t-分布经常应用于对呈正态分布的总体的均值进行估计,它是对两个样本均值差异进行显著性测试的学生 t 测定的基础,见图 1-3-4。

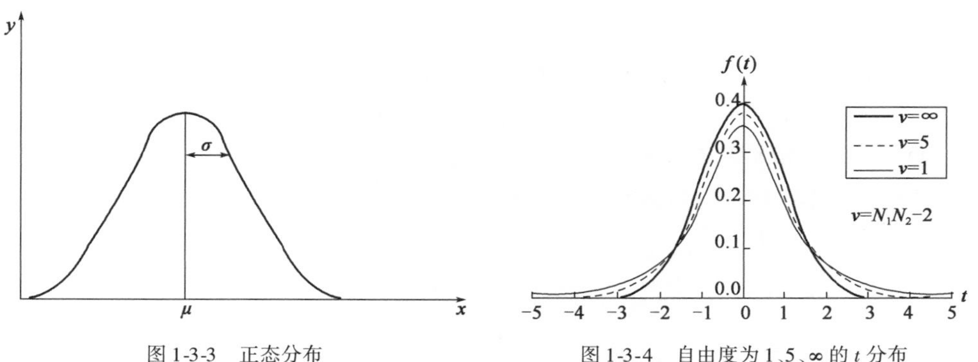

图 1-3-3　正态分布

图 1-3-4　自由度为 1、5、∞ 的 t 分布

(三)常用数理统计工具

1. 调查表

在进行统计工作时,首先要收集数据,收集来的数据要规范化、表格化。统计分析用的调查表,是利用统计表对数据进行整理和初步分析原因的一种工具。针对不同的需要,常用的格式有以下几种:

(1)不合格项目分类统计调查表。如混凝土施工可按配合比、拌和、运输、浇筑、振捣逐一统计;也可统计不合格的频率及百分比,并可分析不合格的原因。

(2)工序质量特性分布统计分析调查表。可以对各种参数分别进行统计分析,找出产生问题的主要原因。

(3)调查缺陷位置的统计分析调查表。

2. 分层法

分层法是将所有收集的数据按照来源、性质、使用目的和要求,分类加以归纳、总结和分析,然后再用其他统计分析方法将分类后的数据加工成图标。

分层法是数据分析的一项基础工作。分层的好坏直接影响着后期分析的结果。例如,直方图分层不好时,就会出现峰型和平顺型;排列图分层不好时,矩形高度差不多,无法分清因素的主次。

3. 因果图

因果图又称"特性要因图",也有人根据其图形如鱼骨状或树枝状,称其为"鱼骨图"或"树枝图"。这是一种逐步深入研究和讨论质量问题的图示方法。它把对质量问题有影响的一些重要因素加以分析和分类,依照这些原因的大小次序在同一张图上分别用主干、大枝和小枝图形表示出来,即为因果图。有了因果图,就可以对因果做出明确而系统的整理,从而可一目了然、系统地观察所产生质量问题的原因,有利于研究解决的办法。

在进行因果分析过程中,对那些认为比较重要的因素,要用特殊记号标注说明,然后根据查找出来的问题,从大到小,通过研究绘制对策表,针对查找出的影响质量的因素,制定对策,落实解决的办法。

4. 直方图

直方图是通过对数据的加工处理,从而分析和掌握质量数据的分布和估算工序不合格品率的一种方法。直方图有频数直方图和频率直方图两种,其中以频数直方图使用较多。样本数据频数直方图,是指将样本观测值 X_1、X_2、…、X_n进行适当的分组,然后计算各组中数据的个数。以样本取值范围为横坐标,以频数为纵坐标,将按样本序列划分的组及其频率的柱状图连续画在图中而得,见图 1-3-5。

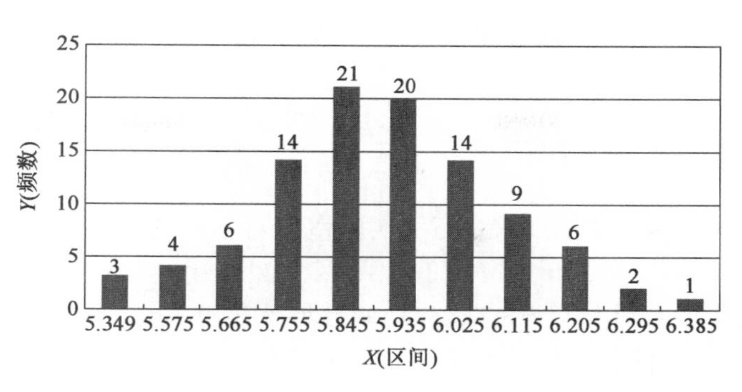

图 1-3-5　直方图

第三节　样品管理知识

《检验检测机构资质认定能力评价　检验检测机构通用要求》(RB/T 214—2017)中规定：“检验检测机构应建立和保持样品管理程序，以保护样品的完整性并为客户保密。检验检测机构应有样品的标识系统，并在检验检测整个期间保留该标识。在接收样品时，应记录样品的异常情况或记录对检验检测方法的偏离。样品在运输、接收、处置、保护、存储、保留、清理或返回过程中应予以控制和记录。当样品需要存放或养护时，应维护、监控和记录环境条件。”

本章节主要阐述取样、样品确认和残样管理三个方面。

一、取样方法知识

取样是指从总体中抽取个体或样品的过程，也即对总体进行试验或观测的过程。取样分为随机抽样和非随机抽样两种类型。前者指遵照随机化原则从总体中抽取样本的抽样方法，它不带任何主观性，包括简单随机抽样、系统抽样、整群抽样和分层抽样。后者是一种凭研究者的观点、经验或者有关知识来抽取样本的方法，带有明显的主观色彩。

国内涉及取样的比较重要的两部标准是《计数抽样检验程序　第 1 部分：按接收质量限(AQL)检索的逐批检验抽样计划》(GB/T 2828.1—2012)、《计量抽样检验程序　第 1 部分：按接收质量限(AQL)检索的对单一质量特性和单个 AQL 的逐批检验的一次抽样方案》(GB/T 6378.1—2008)，同时有很多产品标准对抽样方法、数量等作出了具体规定。一般情况下，应采用产品标准中规定抽样方法抽样，不同时考虑其他通用抽样标准；特定情况下，也可按照双方商定的抽样方法和数量抽取样品。

二、样品确认知识

接收样品和领取样品时，应检查样品是否符合规范要求，对样品的符合性进行确认。接收样品时，样品应由样品管理人员和送样人员共同确认，确认内容包括样品及其配件、资料的数量、质量及其完整性等与规范要求的符合性；如样品出现与规范要求不符的情形，应在委托单或合同单上予以准确描述。领取样品时，样品应由检测人员和样品管理人员共同确认，按照任务单确认样品的符合性;出现与任务单不一致的情况时,应由样品管理人员按照委托单进行确认。

三、留样与残样管理知识

留样应根据样品检测方法的要求执行。实验室应对各种留样进行整理,并做好留样登记台账。

检测完毕后的样品原则上不予长期保存,如有特殊要求,由样品管理员将其隔离存放,并做好相应记录,危险品的储存须符合有关规定。通常检后样品的处理分为"客户取回""逾期报废"两种方式,应与客户协商进行并在合同或委托单上注明。

(1)客户选择取回样品时,填写"样品交割单"后由客户自行取回。

(2)对逾期报废的样品,一般由样品管理员提出申请后,汇总并下发处置单,由管理者批准后实施。

第四节 质量检测仪器设备知识

一、仪器设备管理

《检验检测机构资质认定能力评价 检验检测机构通用要求》(RB/T 214—2017)中规定:"检验检测机构应配备满足检验检测标准或者技术规范的设备和设施,确保仪器设备的使用和维护满足检验检测工作要求,并正确开展仪器设备的标识管理、期间核查与量值溯源等。"

本节重点介绍仪器设备的维护保养、期间核查及量值溯源。

二、仪器设备维护保养

《检验检测机构资质认定能力评价 检验检测机构通用要求》(RB/T 214—2017)中,对设备设施维护的要求为:"检验检测机构应建立和保持检验检测设备和设施管理程序,以确保设备和设施的配置、使用和维护满足检验检测工作需要。"

1. 维护保养要求及内容

检验检测机构应对大型仪器设备制定维护保养计划,指定授权操作人员按计划进行维护保养,并填写维护保养记录。

维护保养的主要内容包括:主机及配件完整性检查、外观清洁、端口清理、连接线整理、供电单元查验、性能校核等;必要时,可请仪器设备厂家或专业仪器设备维护服务提供者开展维护保养工作。

携带仪器设备到现场检验检测(或检定/校准)时,应将仪器设备置于稳固的包装箱内,并在运输过程中避免强烈振动。到达现场后,应检查环境条件,符合要求后开机,对其功能和状态进行核查并记录。

2. 异常情况处理

仪器设备核查出现不符合或者异常现象,可按照如下方式进行处理:

(1)操作人员及时通知设备管理员,由设备管理员对该仪器设备予以隔离并加贴停用标识。

(2)操作人员分析产生原因,核查这些缺陷对先前的检测结果是否存在影响;若存在影响,应对其进行修正或作为异常值不予采用。

(3)操作人员将设备故障情况报告设备管理员、提出维修申请,并填写仪器设备维修记录表,作为设备异常记录交由设备管理员,由设备管理员按照机构内部程序要求完成维修。

(4)对于修复后可能影响量值准确性的仪器设备需经检定/校准,且确认合格后再行使用。

三、仪器设备期间核查

(一)期间核查的概念及目的

依据《通用计量术语及定义》(JJF 1001—2011),期间核查是根据规定程序,为了确定计量标准、标准物质或其他测量仪器是否保持其原有状态而进行的操作。期间核查的概念可以表述为测量设备在使用过程中或在相邻两次检定/校准之间,按照规定程序验证其功能或计量特性能否持续满足方法要求或规定要求而进行的操作。

在日常工作中,需要经常对测量设备的性能进行期间核查,及时识别可能发生超出预期范围的情况,以便确认其性能是否得到有效维持或是否满足其使用要求,而不会使测量设备得到非预期的使用。

(二)期间核查的对象

按照《检测和校准实验室能力的通用要求》(ISO/IEC 17025:2017)和《法定计量检定机构考核规范》(JJF 1069—2012)以及《检验检测机构资质认定能力评价　检验检测机构通用要求》(RB/T 214—2017)的要求,校准实验室和法定计量检定机构及检验检测机构必须对其计量标准和标准物质进行期间核查。

期间核查适用于所有设备,但不是所有设备均需要进行期间核查,对于无法寻找核查标准(物质)(如破坏性试验)的设备就无法进行期间核查。对于可以进行期间核查的设备,检验检测机构应制定期间核查计划,明确期间核查的方法与周期,必要时制定相应的作业指导书,保存期间核查记录并归档到相应设备档案中。

判断设备是否需要期间核查,至少需考虑以下因素:

(1)设备校准周期。因设备使用频率较低,校准周期长于校准规范规定的时间。

(2)历次校准结果。历次校准结果的数值相差较大,设备稳定性较差。

(3)质量控制结果。用于质量控制活动的设备如参加能力验证、试验室间比对,其结果不稳定或误差较大。

(4)设备使用频率。

(5)设备维护情况。
(6)设备操作人员及环境的变化。
(7)设备使用范围的变化。
期间核查的重点仪器设备有:
(1)性能不稳定,漂移率大的。
(2)使用非常频繁的。
(3)经常携带到现场检测的。
(4)在恶劣环境下使用的。
(5)曾经过载或怀疑有质量问题的。
(6)因设备使用频率较低,校准周期长于校准规范规定的时间。

(三)期间核查常用方法

期间核查的常用方法有仪器设备间比对、标准物质法、留样再测法、方法比对,下面逐一介绍这几种方法。

1.仪器设备间比对

(1)传递测量法

当对计量标准进行核查时,如果实验室内具备高一等级的计量标准,则可方便地对用其被核查计量标准的功能和范围进行检查,当结果表明被核查的相关特性符合其技术指标时,可认为核查通过。如利用高精度的万分之一电子天平检查其他较低精度的天平,将万分之一电子天平称量的物质放在低精度天平称量,看其是否满足相应天平精度的要求。

当对其他测量设备进行核查时,如果实验室具备更高准确度等级的同类测量设备或可以测量同类参数的设备,当这类设备的测量不确定度不超过被核查设备不确定度的1/3时,则可以用其对被核查设备进行检查,当结果表明被核查的相关特性符合其技术指标时,认为核查通过。当测量设备属于标准信号源时,也可以采用此方法。

(2)多台(套)设备测量法

当实验室没有高一等级的计量标准或其他测量设备,但具有多台(套)同类的具有相同准确度等级的计量标准或测量设备时,可以采用这一方法。

首先,用被核查的测量设备对核查标准进行测量,得到的测量值为 y_1;然后,用其他几台设备分别对核查标准进行测量,得到的测量值分别为 y_1、y_2、y_3、…、y_n,计算其平均值为 $\bar{y}$,则当 $|y_1-\bar{y}|\leqslant\sqrt{\frac{n-1}{n}}U$ 时,认为核查结果满意(式中,U 为用被核查设备对核查标准进行测量时的扩展不确定度)。

(3)两台(套)设备比对法

当实验室只有两台(套)同类测量设备时,可用它们对核查标准进行测量,得到的测量值分别为 y_1、y_2。假设它们的测量不确定度分别为 U_1 和 U_2,则当满足 $|y_1-y_2|\leqslant\sqrt{U_1^2-U_2^2}$ 时,认为核查结果满意。如实验室用于钢筋试验的万能试验机可采用上述方法进行比对,但选择的钢筋一定是在同一根上截取的。

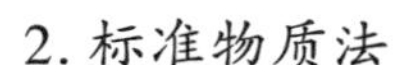

2. 标准物质法

当实验室具有被核查设备的标准物质时,可用标准物质作为核查标准。若用标准物质去检查被核查设备的参数,得到的测量值为 y,判别准则为:

$$\left|\frac{y-Y}{\Delta}\right|\leqslant 1 \tag{1-3-6}$$

式中:y——测量值;

Y——标准物质代表的值;

Δ——与被核查设备准确度等级对应的允差限。

用于期间核查的标准物质应能溯源至 SI,或是在有效期内的有证标准物质。

当无标准物质时,可用已经定值的标准溶液对测量设备进行核查。如 pH 计、离子计、电导仪等可用定值溶液进行核查。

3. 留样再测法

留样再测法又称为稳定性实验法、重复测量法。

当测量设备经检定或校准得到其性能数据后,立即用其对核查标准进行测量,把得到的测量值 y_1 作为参考值。这时的核查标准可以是测量设备,也可以是实物样品。然后在规定条件下保存好该核查标准,并尽可能不作他用。在规定或计划的核查频次上,用测量设备分别对该核查标准进行测量,得到测量值 y_1、y_2、y_3、…、y_n。判别准则为:

$$\begin{cases}|y_1-y_2|\leqslant\sqrt{2}U\\|y_1-y_3|\leqslant\sqrt{2}U\\\quad\cdots\\|y_1-y_n|\leqslant\sqrt{2}U\end{cases} \tag{1-3-7}$$

式中:U——扣除由系统效应引起的标准不确定度分量后的扩展不确定度。

用于钢筋试验的万能试验机可按照上述方法进行期间核查。在同一根钢筋上截取样品分阶段进行试验,比较在设备检定后立即测量的力值和使用一段时间测得的力值的变化情况。

4. 方法比对

可以采用不同的方法对测量设备进行核查。当两种方法的两次测量是在不同测量设备上进行的,可按留样再测法进行判别。

检验检测机构进行期间核查后,应对数据进行分析,确认设备的稳定性。经分析发现仪器设备已出现较大偏离,可能导致检测结果不准确时,应按照相关规定处理(包括重新检定/校准),直到确认设备数据稳定后才可再使用。

(四)期间核查实例

下面举例介绍采用留样再测法对电子万能材料试验机进行期间核查。

电子万能材料试验机期间核查作业指导书

1. 被核查设备

设备名称:电子万能材料试验机;规格型号:××××。

2. 核查环境条件

试验应在10～35℃的室温进行;对温度有严格要求的试验,试验温度应为23℃ ±5℃。

3. 核查内容及方法

用同一个金属样品加工成两组力学试件,按照《金属材料　拉伸试验　第1部分:室温试验方法》(GB/T 228.1—2021)规定的方法进行拉伸试验。对两次试验所得的最大荷载值进行对比,从而判断所核查的电子万能材料试验机性能是否正常。

4. 核查频次

在前、后两次校准之间进行,具体日期按照年度期间核查计划,并可根据设备运行状况适时增加。

5. 核查程序

(1)选定一个金属样品加工10件力学试件并对它们进行编号,取1、3、5、7、9号作为初期核查组,2、4、6、8、10号作为中期核查组。

(2)在被核查试验机校准完成后15个工作日内,用其测试初期核查组试件的最大荷载值,取其算数平均值作为本次试验的结果 y_1。

(3)中期核查组试件抹油封存保管。

(4)在两次校准周期的中期,用被核查试验机测试中期核查组试件的最大荷载值,取其算数平均值作为本次试验的结果 y_2。

(5)核查结果判定:若 $|y_1 - y_2| \leq \sqrt{2}U$,则核查结果满足要求;否则不满足要求。式中,$U$ 为扣除由系统效应引起的标准不确定度分量后的扩展不确定度。

6. 核查结果处理

(1)若核查结果满足要求,被核查试验机则可继续使用。

(2)若核查结果不满足要求,被核查试验机应立刻停止使用并进行再校准;若影响到已出具报告结果有效性时,应采取相应的补救措施。

四、仪器设备量值溯源

(一)计量溯源有关概念

计量标准:指为了定义、实现、保存或复现量的单位或一个或多个量值,依据一定标准技术文件,建立的一套用作参考的实物量具、测量仪器、参考(标准)物质或测量系统。

计量参数:指除外观质量等目测、手感项目外的影响仪器设备量值准确性的技术参数。当

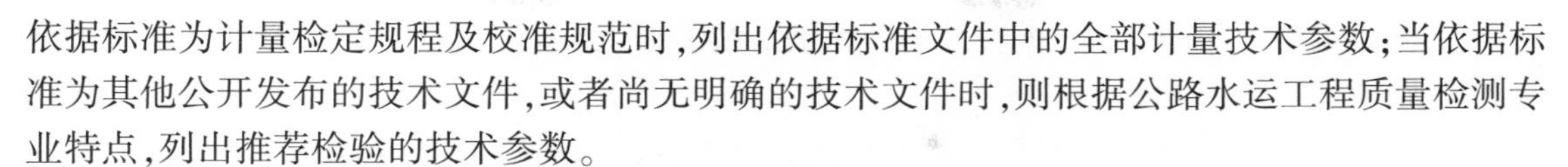

依据标准为计量检定规程及校准规范时,列出依据标准文件中的全部计量技术参数;当依据标准为其他公开发布的技术文件,或者尚无明确的技术文件时,则根据公路水运工程质量检测专业特点,列出推荐检验的技术参数。

《公路工程试验检测仪器设备服务手册》中所列计量参数,是对仪器设备质量、功能及性能的全面衡量。在实际校准、测试工作中,还应根据具体试验检测工作的需要,有选择性地检验,以免造成不必要的资源浪费。如土工试验用烘箱,一般检验温度偏差、湿度偏差、温度均匀度 3 项计量参数,即可满足质量检测工作需求,而相应依据标准列出的温度波动度、湿度波动度等参数,虽然也是衡量烘箱质量性能的技术参数,但并不影响土工质量检测结果,可不检验。

量值传递:指通过测量仪器的校准或检定,将国家测量标准所实现的单位量值通过各等级的测量标准传递到工作测量仪器的活动,以保证测量所得量值的准确统一。

计量溯源性:指通过文件规定的不间断校准链,将测量结果与参照对象联系起来的特性。每次校准均会引入测量不确定的度。

计量溯源链:简称溯源链,用于将测量结果与参照对象联系起来的测量标准和校准次序。计量溯源链是通过校准等级关系规定的,用于建立测量结果的计量溯源性。两台测量标准之间的比较,如果用于对其中一台测量标准进行核查以及必要时修正量值并出测量不确定度,则可视为一次校准。

下面介绍常见的两种溯源方式检定和校准的概念、适用范围、区别。

(二)概念与适用范围

1. 检定

计量器具和测量仪器的检定简称计量检定。

国际计量组织对"检定"给出的定义是"查明和确认测量仪器符合法定要求的活动,它包括检查、加标记和(或)出具检定证书"。对仪器设备进行检定时,一般应检验列出的全部计量参数。

凡列入《中华人民共和国依法管理的计量器具目录》,直接用于贸易结算、安全防护、医疗卫生、环境检测方面的工作计量器具,必须定点、定期送检,如玻璃液体温度计、天平、流量计、压力表等实行强制检定,取得检定证书的设备均为合格设备。

2. 校准

校准是指在规定条件下,为确定计量仪器或测量系统的示值或实物量具或标准物质所代表的值与相对应的被测量的已知值之间关系的一组操作。

校准可以用文字说明、校准函数、校准图、校准曲线或校准表格的形式表示,某些情况下,可以包含示值的具有测量不确定度的修正值或修正因子。对仪器设备进行校准时,可根据仪器设备使用场合的实际需要,检验必要的全部或部分计量参数。

(1)设备校准的基本要求

《测量设备校准周期的确定和调整方法指南》(CNAS-TRL-004:2017)规定,实验室应制定设备校准方案,校准方案应包括设备的准确度要求、校准参量、校准点/校准范围、校准周期等信息。制定校准方案时,实验室应参考检测/校准方法对设备的要求、实际使用需求、成本和风险、历次校准结果的趋势、期间核查结果等因素。必要时,实验室应对已制定的校准方案进行复评和调整。

设备送校准时,实验室应对校准服务机构进行评价,校准服务机构应满足《测量结果的计量溯源性要求》(CNAS-CL01-G002:2018)的相关规定。实验室应将校准方案的详细需求传达至校准服务机构。

收到校准证书后,实验室应进行计量确认,确认的内容包括校准结果的完整性、校准结果与所开展项目方法要求及使用要求的符合性判定等。

(2)设备校准周期的确定

设备初始校准周期的确定应由具备相关测量经验、设备校准经验或了解其他实验室设备校准周期的一个或多个人完成。确定设备初始校准周期时,实验室可参考计量检定规程/校准规范、所采用的方法和《公路工程试验检测仪器设备服务手册》《水运工程试验检测仪器设备检定/校准指导手册》等文件信息。

此外,实验室可综合考虑以下因素:

①预期使用的程度和频次;

②环境条件的影响;

③测量所需的不确定度;

④最大允许误差;

⑤设备调整(或变化);

⑥被测量的影响(如高温对热电偶的影响);

⑦相同或类似设备汇总或已发布的测量数据;

⑧设备后续校准周期的调整。

过长的校准周期,会导致设备失准或失效;过短的校准周期,会增加校准费用及成本。因此,合理的校准周期非常有必要。设备的校准周期以及后续校准周期的调整,一般均应由实验室(设备使用者)自己来确定,即使校准证书给出了校准周期的建议,也不宜直接采用。设备后续校准周期的调整,一般应考虑以下因素:

①实验室需要或声明的测量不确定度;

②设备超出最大允许误差限值使用的风险;

③实验室使用不满足要求设备所采取纠正措施的代价;

④设备的类型;

⑤磨损和漂移的趋势;

⑥制造商的建议;

⑦使用的程度和频次;

⑧使用的环境条件(气候条件、振动、电离辐射等);

⑨历次校准结果的趋势;

⑩维护和维修的历史记录;

⑪与其他参考标准或设备相互核查的频率;

⑫期间核查的频率、质量及结果;

⑬设备的运输安排及风险;

⑭相关测量项目的质量控制情况及有效性；

⑮操作人员的培训程度。

并非实验室的每台设备都需要校准，实验室应评估该设备对最终结果的影响，分析其不确定度对总不确定度的贡献，合理地确定是否需要校准。对不需要校准的设备，实验室应核查其状态是否满足使用要求。对需要校准的设备，实验室应在校准前确定该设备校准的参数、范围、不确定度等，以便送校时提出明确的、有针对性的要求。实验室应根据校准证书的信息，判断设备是否满足试验方法或试验规程要求。

3. 检定和校准的区别

(1)校准不具法制性，是企业的自愿行为；检定具有法制性，属于计量管理范畴的执法行为。

(2)校准主要确定测量器具的示值误差；检定是对测量器具的计量特性及技术要求的全面评定。

(3)校准的依据是校准规范、校准方法，可做统一规定，也可自行制定；检定的依据是检定规程。

(4)校准不判定测量器具合格与否，但当需要时，可确定测量器具的某一性能是否符合预期的要求；检定要对所检测量器具作出合格与否的结论。

(5)校准结果通常是发校准证书或校准报告；检定结果合格的发检定证书，不合格的发不合格通知书。

(三)计量结果的确认与运用

1. 计量确认的定义

计量确认是指为保证测量设备处于满足预期使用要求的状态所需要的一组操作。

2. 计量确认的要求

对作为计量溯源性证据的文件(如校准证书)进行确认。确认应至少包含以下几个方面(以校准证书为例)：

(1)校准证书的完整性和规范性；

(2)根据校准结果作出与预期使用要求的符合性判定；

(3)适用时，根据校准结果对相关设备进行调整、导入校准因子或在使用中修正。

计量确认的依据既不是计量检定规程，也不是设备的使用说明书，而是预期的使用要求，往往是依据试验规程。因此，仪器设备在检定或校准之前应依据试验规程或规范，明确提出设备使用的量值、测量范围和精度要求。

依据校准结果判断设备是否满足方法要求是实验室自身的工作，不宜由校准服务提供者来做出。必须经技术负责人或设备的使用人对证书或报告的数据进行确认，判定有无偏差，并对偏差进行修正，只有这样，才可确保校准结果的正确使用。

近些年来，随着计算机技术的快速发展，智能化设备的使用越来越普遍，实验室所使用的软件也被视为实验室的设备，因此需要对所有设备及其相应软件进行确认。

确认结果除在设备档案中归档外，还应留存一份放置在设备间，方便设备操作人员使用。

(四)检定/校准报告结果确认示例

以试验样品烘干或加热用烘箱的校准报告温度结果(图1-3-6)确认为例，如依据《公路土工试验规程》(JTG 3430—2020)的规定，当用作土或集料的烘干用途时，试验常用的烘箱温度范围为105～110℃。

布点图

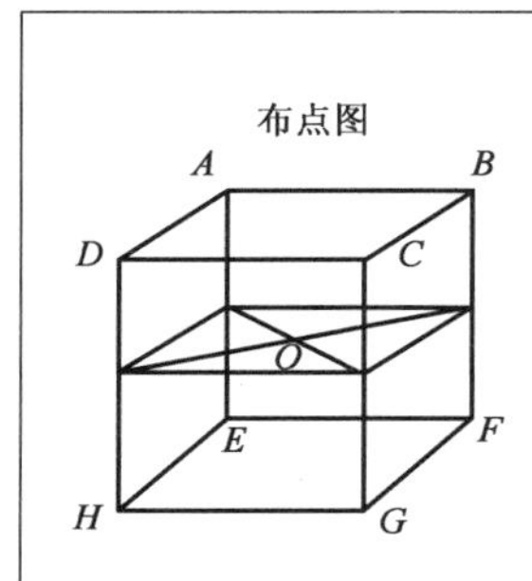

标称温度：105(℃)

实测值(℃)：

布点	A	B	C	D	O	E	F	G	H
最大值	110.4	110.7	110.5	110.6	110.8	110.9	111.1	110.7	110.6
最小值	108.2	108.5	108.3	108.3	108.6	108.7	108.9	108.5	108.4

温度偏差：-3.7℃

温度波动度：±1.1℃

温度均匀度：0.7℃

本次校准结果的不确定度：

U=1℃，k=2(校准温度点：105℃)

图1-3-6　烘箱校准报告结果

烘箱标称温度为105℃，根据校准报告，温度偏差为－3.7℃，因此设定温度应修正为105＋3.7＝108.7(℃)。考虑温度波动度±1.1℃后，温度最高点F为111.1＋1.1＝112.2(℃)，温度最低点A为108.2－1.1＝107.1(℃)。为满足规程要求的使用范围(105～110℃)，该设备温度设定值宜为108.7－(107.1－105)＝106.6(℃)，而此时温度最高点为112.2－2.1＝110.1(℃)，基本满足要求。

因此，烘箱的校准结论为：设定温度为106.6℃，满足试验规程中105～110℃的要求。

(五)仪器设备标识管理

《检验检测机构资质认定能力评价　检验检测机构通用要求》(RB/T 214—2017)中规定：用于检验检测并对结果有影响的设备及其软件，如有可能，应加以唯一性标识。检验检测机构

所有的仪器设备实施标识管理。所有仪器设备及其软件、标准物质均应有明显的标识来表明其检定/校准状态，除表明计量检定/校准合格证校准状态标识外，还应有资产管理标识卡。

1.仪器设备的状态标识

仪器设备的状态标识可分为“合格”“准用”和“停用”三种，通常以“绿”“黄”“红”三种颜色表示。

(1)合格标志(绿色)：仪器设备经校准、检定或验证(比对)合格，确认其符合检验检测技术规范规定的使用要求。

(2)准用标志(黄色)：仪器设备存在部分缺陷，但在限定范围内可以使用的(即受限使用的)，包括多功能检测设备，某些功能丧失，但检验检测所用功能正常，且校准、检定或验证(比对)合格者测试设备某一量程准确度不合格，但检验检测所用量程合格者降等降级后使用的仪器设备。

(3)停用标志(红色)：仪器设备目前状态不能使用，但经校准或核查证明合格或修复后可以使用的，不是检验检测机构不需要的废品杂物。废品杂物应予清理，以保持检验检测机构的整洁。停用包含：

①仪器设备损坏者；

②仪器设备经校准、检定或比对不合格者；

③仪器设备性能暂时无法确定者；

④仪器设备超过周期未校准、检定或比对者；

⑤不符合检验检测技术规范规定的使用要求者。

(4)状态标识中应包含必要的信息，如上次校准的日期、再校准或失效日期。

仪器状态合格证标识的格式内容(参考)如下：

①检定/校准日期；

②检定/校准单位；

③设备自编号；

④有效期。

2.仪器设备资产管理标识

仪器设备资产管理标识是指通过设备名称、型号规格、生产厂家、出厂编号、设备管理编号等信息表明设备资产管理状态的标识，其格式内容参考表1-3-5。

仪器设备资产管理标识　　表1-3-5

名称		型号/规格	
生产厂商		购置价格	
出厂编号		购置日期	
管理编号		启用日期	
存放地点		管理人	
(单位名称)____________检测中心			

3. 张贴状态标识的注意事项

常见的表明设备使用状态的标识，一般张贴在设备的显著位置，方便使用者查看。特殊设备状态标识通常包括以下几种情况：当设备出现使用标签将会影响设备的准确性；设备的使用环境或介质不允许加贴标签或标记；设备太小无法使用标签或进行标记；有些设备是由几部分组成，且测试数据部分可以根据需要更换，如测力环、传感器等，还有一部分设备加贴标识会影响使用，如玻璃器皿、土壤密度计等。

结合交通运输行业的具体设备，下面就一些特殊设备状态标识的张贴方法给出一些建议，供实际工作中参考。

(1) 路强仪标识

路强仪常见的结构形式有两种，一种是测力架加应力环，另一种为测力架加传感器。当使用有应力环的路强仪时，标识应贴在应力环上，同时标识上应标明应力环的编号，避免不同量程应力环用错回归方程；使用直读式传感器路强仪时，可将标识贴在传感器上，使用时注意传感器的精度。

(2) 玻璃器皿标识

玻璃仪器贴状态标识会给设备的使用带来不便，常见的有密度计、滴定管、比重瓶等，需根据具体玻璃仪器的使用区别对待。所有玻璃仪器均需编号，做到每个仪器对应唯一的编号，即使规格相同的同样仪器，也不可共用一个编号。玻璃仪器用来量取溶液体积时需要读取数据，如量筒、移液管、滴定管等，必须通过检定合格后加贴绿色标识；用作盛装溶液无须读取数据的容器时，如烧杯、三角瓶等，可通过核查使用功能，完好加贴标识。由于玻璃器皿需要冲洗且标识易脱落，可根据编号的区别将标识集中贴在方便查阅处，如贴在相应墙面或塑料文件夹中，做到标识与玻璃器具的编号一一对应即可。密度计可以通过在包装盒上加贴标识并严格实施包装盒与密度计的对应管理来实现；比重瓶标识同量筒。

(3) 水泥混凝土试模、钢尺标识

由于水泥混凝土试模数量较多，且校准费用较高，许多实验室试模校准采用“抽样调查”，校准报告中所有试模使用同一编号，无法确定所用试模是否符合要求。由于无编号，导致标识无法和试模一一对应。对于混凝土试模、钢尺等可以编号后通过使用吊牌张贴标识实现一一对应管理，也可通过刻码或喷码的方式进行标识管理。

(4) 负压筛析仪标识

负压筛析仪由负压筒和筛子两部分组成。由于水泥细度试验规程中，对压力和筛孔尺寸都有要求，两部分应分别校准，分别贴标识。许多试验人员误将规程中筛余系数的修正当作筛孔尺寸的校准，往往忽略筛孔尺寸的校准。用标准粉修正，是对在筛孔尺寸符合要求的前提下，由于使用过程中筛子未清洗干净而产生的误差进行的修正。在实际工作中，建议将负压筛的修正系数也以合适的方式标识在筛子上。

(5) 千分表、百分表标识

由于千分表、百分表、传感器属于精密设备，出厂编号是唯一的，使用后放回包装盒时会出现盒子与表不对应。应将标识贴在千分表、百分表的背面，且标识标号、校准报告中设备编号、千分表与百分表出厂编号三者应一致。

第五节　质量检测安全知识

一、安全基础知识

(一)用电基础知识

实验室是科学研究和技术开发的重要场所,其中电气设备是实验室不可或缺的部分。在实验室中使用电气设备需要掌握一定的基础知识,以确保设备的安全运行和人员的人身安全。

1. 基本要求

各类用电人员应掌握安全用电基本知识和所用仪器设备的性能,电工必须经过按国家现行标准考核合格后,持证上岗工作;其他用电人员必须通过相关安全教育培训和技术交底,考核合格后方可上岗工作。

2. 电气安全知识

在实验室中使用电气设备时,需要掌握以下电气安全知识:

(1)接地保护。实验室所有电气设备都必须接地,防止漏电或触电事故的发生。

(2)绝缘保护。所有电气设备必须具有足够的绝缘性能,特别是高压电源,以防止漏电或触电事故的发生。

(3)防护罩。对于容易接触到电源的设备,如开关、插座等,应该安装防护罩以避免意外触电。

(4)手持式电动工具及其用电安全装置应符合国家现行有关强制性标准的规定,且具有产品合格证和使用说明书,并定期检查和维修保养;使用手持式电动工具时,必须按规定穿戴绝缘防护用品。

(5)在使用电气设备时,必须遵循操作规程,严格按照标识和说明书指示进行操作,避免误操作引起的危险;定期检查电气设备,如开关、插头、电缆等,发现问题及时进行维修或更换,确保设备处于良好状态。

3. 电力负载知识

在实验室中,电力负载是指各种设备和实验在运行过程中所需的电能。应该对电力负载进行合理分配,避免超负荷工作,从而导致设备故障或其他安全事故的发生。另外,还需要注意以下几点:

(1)合理规划用电。在使用电气设备时,需要根据设备功率、类型和工作时间等因素,合理规划用电,以避免出现负载不均衡或电力过载等情况。

(2)预测电力需求。在试验或活动前,应提前预测电力需求,并做好充足的准备,确保电力供应满足需求。

(3)降低能耗。在试验过程中,应尽可能采用节能措施,如合理调整设备运行参数、优化设备使用时间等,从而降低能耗和电费开支。

(4)安全保护。在使用高压电源时,必须安装相应的保护装置,如过载保护、短路保护等,以保障设备和人员的安全。

4. 紧急事故处理

在电气设备使用过程中,可能会出现一些突发情况,需要进行紧急处理。一旦发生电气事故,应立即停止电源并采取以下措施:

(1)立即切断电源。在电气事故发生后,首先要立即切断电源,避免意外触电或火灾事故的发生。

(2)防止扩散。对于引起电气事故的原因,应该立即找到并处理,以防止事故扩大和加剧。

(3)救援措施。针对不同的电气事故,采取相应的救援措施,并及时通知相关人员进行协助。

(4)事故报告。对于电气事故的发生,应及时向相关部门和上级领导报告,以便统一协调和处理。

(二)用水基础知识

实验室用水是指在科学研究、工程设计、生产制造等领域中所需的用水。实验室用水对于实验结果的准确性和可靠性至关重要,因此其质量和纯度要求非常高。以下介绍实验室用水的基础知识。

1. 实验室用水的分类

实验室用水可以分为以下几种:

(1)实验室自来水。即普通自来水,通常用于药品配制、常规实验、玻璃器皿洗涤等。

(2)蒸馏水。通过蒸馏、凝结、去离子或混床法处理而成的水,一般用于高精度仪器的清洗和实验。

(3)离子交换水。利用离子交换树脂把水中的无机盐和有机物去除,制备出极端纯净的水,一般用于分析试剂和高灵敏仪器的使用。

(4)超纯水。采用多级反渗透技术制取的水,含溶解固体小于10ppb(10^{-6}g/L),一般用于化学分析、生物医学研究和纳米技术等领域。

2. 实验室用水的质量要求

实验室用水的质量要求非常高,主要包括以下几个方面:

(1)纯度。应尽量去除水中的杂质、离子和有机物,以保证结果的准确性和可靠性。

(2)pH值。应保持在中性范围内,一般在6.5~8.5之间。

(3)电导率。应控制在较低水平,一般在1~10μS/cm之间。

(4)溶氧量。应保持在适当水平,一般在7~9mg/L之间。

(5)微生物。应保持微生物数量在安全水平内,一般不超过100CFU/mL。

3. 实验室用水的处理方法

根据实验室用水的需要和要求,可以采用不同的水处理方法,主要包括以下几种:

(1)蒸馏法。将自来水加热至沸点,蒸发后冷却凝结,得到蒸馏水。该方法能够去除水中的大部分杂质和溶解固体,但不能完全去除一些特殊的有机物和无机盐。

(2)反渗透法。通过反渗透膜的过滤作用,将自来水中的溶解固体和离子去除,得到高纯度的水。

(3)离子交换法。利用离子交换树脂将水中的无机盐和有机物去除,得到高纯度的水。

(4)活性炭吸附法。将自来水通过活性炭吸附器处理,可以去除水中的有机污染物和异味。

(5)电解法。利用电解技术将水中的溶解固体和离子去除,得到极端纯净的水。

4. 实验室用水的保存和使用

实验室用水应保存在干燥、清洁、密闭的容器中,以防止水质受到外界污染。在使用时,应注意以下几点:

(1)避免将其他物质(如试剂)倒入水中,以免污染水质。

(2)不要直接用手触摸容器内的水,以防止细菌和杂质感染。

(3)不要将已经使用过的水倒回容器中,以免污染水质。

(4)所有的实验器皿和仪器应在使用前清洗干净并彻底漂洗,以保证试验结果的准确性和可靠性。

5. 实验室用水的安全知识

实验室用水安全是日常管理中的关键环节,以下是一些实验室用水安全基础知识:

(1)实验室用水的来源。用水可以来自自来水管道、超纯水机、反渗透设备等。在选择用水来源时,需要充分了解水质情况,确保符合实验要求和安全标准。

(2)检测水质。为保障实验数据的准确性和化学品的稳定性,用水需要进行严格的水质检测。常见的指标包括 pH 值、电导率、溶氧量、重金属含量等。

(3)用水设施的维护。用水设施的维护对水质的保障至关重要。需要定期清洗和消毒水槽、水龙头等设施,并及时更换滤芯和其他易损件。

(4)废水的处理。用水后产生的废水需要得到妥善处理,以减少对环境的影响。废水可以通过化学、物理等方法进行处理,也可以委托专业公司进行处理。

(三)实验室用火基础知识

实验室用火是指在科学研究、工程设计、生产制造等领域中所需的使用火焰或高温设备。实验室用火的作用非常广泛,可以用于物质变化反应、样品分析、催化合成、加热干燥等过程。以下介绍实验室用火的基础知识。

1. 实验室用火的分类

实验室用火可以分为以下几种:

(1)明火。即直接使用明火进行加热和燃烧,如酒精灯、喷灯、气焊枪等。

(2)电热。即使用电能加热,如电炉、热板、热枪等。

(3)高压氧气火焰。利用高压氧气和乙炔混合后点火产生的火焰进行加热和燃烧,主要用于金属加工和焊接。

(4)等离子弧焊。利用等离子弧的高温和高能量进行加热和熔化，主要用于金属加工和焊接。

2.实验室用火的安全注意事项

实验室用火具有较高的危险性，因此必须严格按照安全规范操作。以下是实验室用火的安全注意事项：

(1)选择设备。应根据实验需要和环境条件，选择合适的加热设备，并确保其质量和性能符合标准要求。

(2)环境检查。在使用前，应对实验区域进行彻底的环境检查，确保没有可燃物、易爆物等危险物质存在，同时应配备相关的灭火器材和制定相应的紧急处理预案。

(3)操作注意。在使用过程中，必须严格按照操作规范进行操作，避免出现疏忽大意或操作不当导致的事故。

(4)防护措施。应佩戴防护眼镜、手套、口罩等防护用品，以及穿戴适当的工作服装。

(5)禁止单人操作。进行高温操作时，禁止单人操作，必须配备有经过专业培训并具有操作资格的工作人员。

3.实验室用火的应用

实验室用火可以广泛应用于化学分析、催化合成、物质变化反应、样品干燥等领域。以下是一些常见的应用场景：

(1)加热反应。可以使用明火、电热等设备进行加热反应，如化学合成反应、材料制备等。

(2)燃烧分析。可以使用高压氧气火焰或其他燃烧仪器进行燃烧分析，如含碳物质燃烧分析、元素分析等。

(3)样品分析。可以使用火焰原子吸收光谱仪等仪器进行样品分析，如金属离子浓度的测定等。

(4)干燥处理。可以使用电热干燥箱、真空干燥箱等设备进行干燥处理，如样品干燥、材料干燥等。

二、机械损伤基础知识

实验室机械损伤是指在试验过程中，由于机械原因引起设备或工件部分或全部破坏的现象。机械损伤是实验室安全问题的重要组成部分，掌握实验室机械损伤基础知识，可以有效降低试验安全事故的发生率，提高试验工作效率。

(一)机械损伤类型与原因

机械损伤主要包括以下几种类型：

(1)拉伸断裂。材料在受到拉力作用下出现破裂现象，多见于金属材料的试验过程中。

(2)压缩破坏。材料在受到压力作用下出现破坏现象，如混凝土的抗压强度试验。

(3)弯曲破坏。材料在受到弯曲作用下出现破坏现象，如钢筋的弯曲试验。

(4)剪切破坏。材料在受到剪切力作用下出现破坏现象,如钢板的剪切试验。

机械损伤的原因主要包括以下几种:

(1)机械结构设计问题。试验设备的结构设计不合理,导致试验过程中出现失控破坏。

(2)试验参数设置问题。试验参数设置不当,如负荷、速度等过大或过小,超出了试验设备的承受范围,导致破坏。

(3)试件准备问题。试件的制备不规范或存在缺陷,如材料不均匀、表面有裂纹等,容易在试验过程中发生破坏。

(4)操作问题。人员在试验过程中操作不规范,如未按要求使用保护装置、试验过程中干预设备等,容易引起破坏。

(二)机械损伤防范措施

为了有效避免实验室机械损伤事故的发生,可以采取以下防范措施:

(1)加强设备维护。定期对试验设备进行检查和维护,确保设备运行正常,避免由于设备老化或故障导致事故发生。

(2)保证试验参数正确设置。根据试验要求合理设置试验参数,避免过大或过小的试验参数导致设备失控,从而引起破坏。

(3)认真准备试件。对试件进行认真的制备过程中,在保证试件质量的同时,避免试件表面存在缺陷或裂纹等问题。

(4)注意操作规范。在试验过程中,严格按照标准操作流程进行操作,不随意干预试验设备,确保试验安全。

(5)完善安全保护体系。建立完善的安全保护体系,如装置安全保护、紧急停车装置等,防范机械损伤事故的发生。

(三)机械损伤应急措施

即使采取了相应的防范措施,仍有可能发生机械损伤事故。在机械损伤事故发生后,需要采取以下应急措施:

(1)立即停止试验。一旦发现试验设备出现异常情况,立即停止试验并切断电源,避免继续扩大事故范围。

(2)组织救援。立即通知救援人员前来处置,同时对现场进行有效的封锁和警示,确保安全救援。

(3)记录现场情况。对现场情况进行详细记录和拍照,包括事故发生时间、地点、机械损伤类型、受伤人员情况等。

(4)调查原因。对机械损伤事故的原因进行调查,找出事故根源,及时进行整改和防范措施,避免类似事件再次发生。

三、消防安全基础知识

实验室是进行科学研究和实验的重要场所,由于实验涉及易燃易爆物品、高温高压、电气设备等诸多因素,因此,实验室消防安全成为实验室日常管理中至关重要的一环。下面简要介绍实验室消防安全基础知识、实验室消防设备配置、消防应急预案编制、消防演习等相关知识。

1. 实验室消防安全基础知识

(1)实验室消防安全法律法规:建立健全消防安全管理体系是保障实验室消防安全的根本。根据《中华人民共和国消防法》的规定,在实验室内必须配备相应的消防器材,并对使用人员进行消防知识培训,确保实验室的消防安全达到标准。

(2)应急疏散通道:实验室内应当设置清晰明确的应急疏散通道,以便在发生火灾或其他危险情况时,人员能够迅速疏散并逃生,减少人员和财产损失。

(3)火灾危险区域:实验室内的火灾危险区域包括易燃易爆、有毒、腐蚀等区域。在这些区域内必须严格遵守防火、防爆、防毒等安全措施,防止火灾事故的发生。

(4)易燃物品存放:在实验室中使用易燃物品时,应当存放于专门的柜子或容器中,并定期检查是否存在泄漏、破损等情况,以确保实验室的消防安全。

(5)电气设备:实验室内的电气设备应当定期进行维护、检修,确保其正常运行。同时,在使用电气设备时,要注意防止漏电、短路等情况的发生,以免引发火灾事故。

2. 实验室消防设备配置

(1)消防器材:实验室内应配备常规灭火器、消防栓、灭火器车、消防水枪、灭火毯等消防器材,以满足不同火灾场景下的需求。

(2)自动消防设备:自动消防设备包括火灾报警器、自动喷水灭火系统、烟雾探测器等。这些设备能够在火灾发生时及时发出警报并采取适当的措施,保障实验室内人员和设备的安全。

(3)安全门窗:实验室内设置安全门窗,可以有效地防止火灾蔓延,并且在紧急情况下保证人员的安全疏散。

3. 消防应急预案编制

(1)队伍组建:制定完善的消防应急预案,需要组建专业队伍,对自身素质和技能进行提升,确保在火灾事故发生时能够作出正确的判断和处理。

(2)应急预案制定:应急预案应涵盖火灾报警、疏散、灭火、救援、排烟等方面。预案中应注明不同火灾场景下的处理方法和步骤,并加以演练,提高员工的应急响应能力。

(3)消防知识培训:对实验室人员进行消防知识的培训,使其了解基本的消防安全知识,提高对火灾的预防和应急处理能力。

4. 消防演习

(1)消防演习目的:消防演习是检验实验室消防安全工作是否到位的重要手段。通过模拟不同的火灾场景,检验应急预案的可行性,同时也可以提高员工的消防安全意识和应急处理能力。

(2)演习周期:消防演习应当定期进行,通常每年至少进行一次。演习前需要制定详细的方案,并根据实际情况进行调整和完善。

(3)演习内容:消防演习内容应根据实验室内的具体情况进行制定,包括火灾报警、疏散、灭火、救援等环节,以达到检验应急预案的目的。

四、应急知识

实验室是科学研究、工程设计、生产制造等领域中不可或缺的重要场所，但同时也存在一些安全隐患。在日常操作中，如果出现意外事故，就需要快速、有效地应对和处理，以防止事态的进一步恶化。下面简要介绍实验室的应急知识。

(一)实验室应急预案

实验室应急预案是指建立一套针对实验室内可能发生的各种突发事件的预先规定程序，以确保实验过程中的安全和稳定进行。应急预案应根据实验室的特点和实际情况而制定，包括以下几个方面：

(1)事件分类。根据事件性质和危害程度，将可能发生的突发事件分为火灾、泄漏、爆炸、意外伤害等类别。

(2)应急程序。制定针对每种事件的应急预案和操作程序，如火灾时的紧急报警、人员疏散、灭火等措施。

(3)应急设备。配备必要的应急设备，包括消防器材、急救箱、通风设备、气体检测仪等。

(4)应急演练。定期进行应急演练，提高工作人员的应急处理能力和反应速度。

(二)常见突发事件的应急处理方法

1. 火灾

当实验室出现火灾时，必须立即采取措施控制火源，并根据火势大小和所在位置选择不同的灭火方式。如果无法控制火源或者火势太大，应立即报警并疏散人员，等待消防队员前来扑灭火源。在灭火过程中，必须注意安全，避免烟雾、毒气等有害物质对人员产生伤害。

2. 化学物品泄漏

当实验室出现化学物品泄漏时，必须立即采取措施防止泄漏物质进一步扩散，并通知专业人员进行清理。如果泄漏涉及有毒、易燃、易爆等物质，应立即停止实验操作，疏散人员，并密切关注泄漏物质的浓度和扩散范围。

3. 气体泄漏

当实验室出现气体泄漏时，必须立即关闭气源，并通风换气，以避免有毒气体对人员的伤害。如果涉及有毒、易燃、易爆等有毒气体，应立即采取措施疏散人员，并通知专业人员进行处理。

4. 意外伤害

当实验室出现意外伤害时，必须立即停止试验操作，进行急救处理，并安排医疗救护车前来治疗。在急救过程中，必须注意保护伤者的生命安全，确保及时有效地进行救治。

(三)实验室的日常安全管理

为了减少突发事件的发生，实验室的日常安全管理非常重要。以下是一些常见的日常安全管理措施：

(1)做好实验室内环境的维护和清洁工作，保持干燥、通风、无尘等条件。

(2)对于高危化学品和易燃、易爆物品，应单独存放并设置标识，严格控制使用和操作。

(3)在使用明火和高温设备时，必须加强安全检查和防范措施，并严格控制操作人员数量。

(4)对实验室工作人员进行安全培训，并制定相关的安全操作规程和标准流程。

练习题

1. [单选]某沥青软化点试验测试值为：48.2℃、48.7℃，结果准确至0.5℃。则该沥青软化点试验结果为(　　)。

A. 48.45℃　　B. 48.5℃　　C. 48.4℃　　D. 48.6℃

【答案】B

2. [单选]以下说法不正确的是(　　)。

A. 化学品储存前应标识清楚，分类存放，并按照相关要求进行分类编号，方便管理

B. 开展危险化学品试验时，人员应佩戴防护口罩过滤有毒有害气体，对毒性较强的气体应佩戴防护服、防护口罩、防护眼罩

C. 不同性质和性质相近的化学品可以放在同一个储藏柜中，只要分开摆放、标识清楚即可

D. 化学品储存区域内不得使用明火进行任何操作

【答案】C

3. [判断]我国实行法定计量单位，以国际单位制为基础，包括国际单位制的所有计量单位和国家选定的其他计量单位。(　　)

【答案】✓

4. [判断]当确认仪器设备的检定/校准证书结果是否符合预期使用要求时，确认依据是仪器设备的检定规程或校准规范。(　　)

【答案】×

5. [判断]手持式电动工具及其用电安全装置符合相应的国家现行有关强制性标准的规定，且具有产品合格证和使用说明书，并定期检查和维修保养。(　　)

【答案】✓

6. [多选]接收和领取样品时，应对样品的符合性进行确认，确认内容包括样品、配件和资料的(　　)。

A. 数量　　B. 质量

C. 完整性　　D. 与规范要求的符合性

【答案】ABCD

7. [多选]随机抽样方法包括(　　)。

A. 随机抽样　　B. 系统抽样　　C. 整群抽样　　D. 分层抽样

【答案】ABCD

8. [多选]期间核查的重点测量设备有(　　)。

A. 体积较大的

B. 使用非常频繁的

C. 经常携带到现场检测的

D. 曾经过载或怀疑有质量问题的

E. 因设备使用频率较低,校准周期长于校准规范规定时间的

【答案】BCDE

附录一 《公路水运工程质量检测管理办法》修订变化

《公路水运工程质量检测管理办法》修订变化　　附表 1-1

《公路水运工程质量检测管理办法》 （交通运输部令 2023 年第 9 号）	《公路水运工程试验检测管理办法》 （交通运输部令 2019 年第 38 号）
第一章　总则	第一章　总则
第一条　为了加强公路水运工程质量检测管理，保证公路水运工程质量及人民生命和财产安全，根据《建设工程质量管理条例》，制定本办法。	**第一条**　为规范公路水运工程试验检测活动，保证公路水运工程质量及人民生命和财产安全，根据《建设工程质量管理条例》，制定本办法。
第二条　公路水运工程质量检测机构、质量检测活动及监督管理，适用本办法。	**第二条**　从事公路水运工程试验检测活动，应当遵守本办法。
第三条　本办法所称公路水运工程质量检测，是指按照本办法规定取得公路水运工程质量检测机构资质的公路水运工程质量检测机构（以下简称检测机构），根据国家有关法律、法规的规定，依据相关技术标准、规范、规程，对公路水运工程所用材料、构件、工程制品、工程实体等进行的质量检测活动。	**第三条**　本办法所称公路水运工程试验检测，是指根据国家有关法律、法规的规定，依据工程建设技术标准、规范、规程，对公路水运工程所用材料、构件、工程制品、工程实体的质量和技术指标等进行的试验检测活动。 本办法所称公路水运工程试验检测机构（以下简称检测机构），是指承担公路水运工程试验检测业务并对试验检测结果承担责任的机构。 本办法所称公路水运工程试验检测人员（以下简称检测人员），是指具备相应公路水运工程试验检测知识、能力，并承担相应公路水运工程试验检测业务的专业技术人员。
第四条　公路水运工程质量检测活动应当遵循科学、客观、严谨、公正的原则。	**第四条**　公路水运工程试验检测活动应当遵循科学、客观、严谨、公正的原则。
第五条　交通运输部负责全国公路水运工程质量检测活动的监督管理。 县级以上地方人民政府交通运输主管部门按照职责负责本行政区域内的公路水运工程质量检测活动的监督管理。	**第五条**　交通运输部负责公路水运工程试验检测活动的统一监督管理。交通运输部工程质量监督机构（以下简称部质量监督机构）具体实施公路水运工程试验检测活动的监督管理。 省级人民政府交通运输主管部门负责本行政区域内公路水运工程试验检测活动的监督管理。省级交通质量监督机构（以下简称省级交通质监机构）具体实施本行政区域内公路水运工程试验检测活动的监督管理。 部质量监督机构和省级交通质监机构以下称质监机构。
第二章　检测机构资质管理	第二章　检测机构等级评定
第六条　检测机构从事公路水运工程质量检测（以下简称质量检测）活动，应当按照资质等级对应的许可范围承担相应的质量检测业务。	

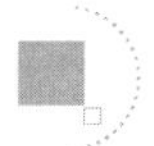

续上表

《公路水运工程质量检测管理办法》 （交通运输部令2023年第9号）	《公路水运工程试验检测管理办法》 （交通运输部令2019年第38号）
第七条 检测机构资质分为公路工程和水运工程专业。 公路工程专业设甲级、乙级、丙级资质和交通工程专项、桥梁隧道工程专项资质。 水运工程专业分为材料类和结构类。水运工程材料类设甲级、乙级、丙级资质。水运工程结构类设甲级、乙级资质。	**第六条** 检测机构等级，是依据检测机构的公路水运工程试验检测水平、主要试验检测仪器设备及检测人员的配备情况、试验检测环境等基本条件对检测机构进行的能力划分。 检测机构等级，分为公路工程和水运工程专业。公路工程专业分为综合类和专项类。公路工程综合类设甲、乙、丙3个等级。公路工程专项类分为交通工程和桥梁隧道工程。 水运工程专业分为材料类和结构类。水运工程材料类设甲、乙、丙3个等级。水运工程结构类设甲、乙2个等级。 检测机构等级标准由部质量监督机构另行制定。
第八条 申请公路工程甲级、交通工程专项，水运工程材料类甲级、结构类甲级检测机构资质的，应当按照本办法规定向交通运输部提交申请。 申请公路工程乙级和丙级、桥梁隧道工程专项，水运工程材料类乙级和丙级、结构类乙级检测机构资质的，应当按照本办法规定向注册地的省级人民政府交通运输主管部门提交申请。	**第七条** 部质量监督机构负责公路工程综合类甲级、公路工程专项类和水运工程材料类及结构类甲级的等级评定工作。 省级交通质监机构负责公路工程综合类乙、丙级和水运工程材料类乙、丙级、水运工程结构类乙级的等级评定工作。
第九条 申请检测机构资质的检测机构（以下简称申请人）应当具备以下条件： （一）依法成立的法人； （二）具有一定数量的具备公路水运工程试验检测专业技术能力的人员（以下简称检测人员）； （三）拥有与申请资质相适应的质量检测仪器设备和设施； （四）具备固定的质量检测场所，且环境条件满足质量检测要求； （五）具有有效运行的质量保证体系。	
第十条 申请人可以同时申请不同专业、不同等级的检测机构资质。	**第八条** 检测机构可以同时申请不同专业、不同类别的等级。 检测机构被评为丙级、乙级后须满1年且具有相应的试验检测业绩方可申报上一等级的评定。
第十一条 申请人应当按照本办法规定向许可机关提交以下申请材料： （一）检测机构资质申请书； （二）检测人员、仪器设备和设施、质量检测场所证明材料； （三）质量保证体系文件。 申请人应当通过公路水运工程质量检测管理信息系统提交申请材料，并对其申请材料实质内容的真实性负责。许可机关不得要求申请人提交与其申请资质无关的技术资料和其他材料。	**第九条** 申请公路水运工程试验检测机构等级评定，应向所在地省级交通质监机构提交以下材料： （一）《公路水运工程试验检测机构等级评定申请书》； （二）质量保证体系文件。

续上表

《公路水运工程质量检测管理办法》 （交通运输部令2023年第9号）	《公路水运工程试验检测管理办法》 （交通运输部令2019年第38号）
	第十条 公路水运工程试验检测机构等级评定工作分为受理、初审、现场评审3个阶段。
	第十一条 省级交通质监机构认为所提交的申请材料齐备、规范、符合规定要求的，应当予以受理；材料不符合规定要求的，应当及时退还申请人，并说明理由。 所申请的等级属于部质量监督机构评定范围的，省级交通质监机构核查后出具核查意见并转送部质量监督机构。
第十二条 许可机关受理申请后，应当组织开展专家技术评审。 专家技术评审由技术评审专家组（以下简称专家组）承担，实行专家组组长负责制。 参与评审的专家应当由许可机关从其建立的质量检测专家库中随机抽取，并符合回避要求。 专家应当客观、独立、公正开展评审，保守申请人商业秘密。	
第十三条 专家技术评审包括书面审查和现场核查两个阶段，所用时间不计算在行政许可期限内，但许可机关应当将专家技术评审时间安排书面告知申请人。专家技术评审的时间最长不得超过60个工作日。	
第十四条 专家技术评审应当对申请人提交的全部材料进行书面审查，并对实际状况与申请材料的符合性、申请人完成质量检测项目的实际能力、质量保证体系运行等情况进行现场核查。	**第十二条** 初审主要包括以下内容： （一）试验检测水平、人员及检测环境等条件是否与所申请的等级标准相符； （二）申报的试验检测项目范围及设备配备与所申请的等级是否相符； （三）采用的试验检测标准、规范和规程是否合法有效； （四）检定和校准是否按规定进行； （五）质量保证体系是否具有可操作性； （六）是否具有良好的试验检测业绩。
	第十三条 初审合格的进入现场评审阶段；初审认为有需要补正的，质监机构应当通知申请人予以补正直至合格；初审不合格的，质监机构应当及时退还申请材料，并说明理由。
	第十四条 现场评审是通过对申请人完成试验检测项目的实际能力，检测机构申报材料与实际状况的符合性、质量保证体系和运转等情况的全面核查。 现场评审所抽查的试验检测项目，原则上应当覆盖申请人所申请的试验检测各大项目。抽取的具体参数应当通过抽签方式确定。

续上表

《公路水运工程质量检测管理办法》（交通运输部令2023年第9号）	《公路水运工程试验检测管理办法》（交通运输部令2019年第38号）
	第十五条　现场评审由专家评审组进行。 专家评审组由质监机构组建，3人以上单数组成（含3人）。评审专家从质监机构建立的试验检测专家库中选取，与申请人有利害关系的不得进入专家评审组。 专家评审组应当独立、公正地开展评审工作。专家评审组成员应当客观、公正地履行职责，遵守职业道德，并对所提出的评审意见承担个人责任。
第十五条　专家组应当在专家技术评审时限内向许可机关报送专家技术评审报告。 专家技术评审报告应当包括对申请人资质条件等事项的核查抽查情况和存在问题，是否存在实际状况与申请材料严重不符、伪造质量检测报告、出具虚假数据等严重违法违规问题，以及评审总体意见等。 许可机关可以将专家技术评审情况向社会公示。	**第十六条**　专家评审组应当向质监机构出具《现场评审报告》，主要内容包括： （一）现场考核评审意见； （二）公路水运工程试验检测机构等级评分表； （三）现场操作考核项目一览表； （四）两份典型试验检测报告。
第十六条　许可机关应当自受理申请之日起20个工作日内作出是否准予行政许可的决定。 许可机关准予行政许可的，应当向申请人颁发检测机构资质证书；不予行政许可的，应当作出书面决定并说明理由。	**第十七条**　质监机构依据《现场评审报告》及检测机构等级标准对申请人进行等级评定。 质监机构的评定结果，应当通过交通运输主管部门指定的报刊、信息网络等媒体向社会公示，公示期不得少于7天。 公示期内，任何单位和个人有权就评定结果向质监机构提出异议，质监机构应当及时受理，核实和处理。 公示期满无异议或者经核实异议不成立的，由质监机构根据评定结果向申请人颁发《公路水运工程试验检测机构等级证书》（以下简称《等级证书》）；经核实异议成立的，应当书面通知申请人，并说明理由，同时应当为异议人保密。 省级交通质监机构颁发证书的同时应当报部质量监督机构备案。
第十七条　检测机构资质证书由正本和副本组成。 正本上应当注明机构名称，发证机关，资质专业、类别、等级，发证日期，有效期，证书编号，检测资质标识等；副本上还应当注明注册地址、检测场所地址、机构性质、法定代表人，行政负责人、技术负责人、质量负责人、检测项目及参数、资质延续记录、变更记录等。 检测机构资质证书分为纸质证书和电子证书。纸质证书与电子证书全国通用，具有同等效力。	**第十八条**　《公路水运工程试验检测机构等级评定申请书》和《等级证书》由部质量监督机构统一规定格式。 《等级证书》应当注明检测机构从事公路水运工程试验检测的专业、类别、等级和项目范围。
第十八条　检测机构资质证书有效期为5年。 有效期满拟继续从事质量检测业务的，检测机构应当提前90个工作日向许可机关提出资质延续申请。	**第十九条**　《等级证书》有效期为5年。 《等级证书》期满后拟继续开展公路水运工程试验检测业务的，检测机构应提前3个月向原发证机构提出换证申请。

续上表

《公路水运工程质量检测管理办法》（交通运输部令2023年第9号）	《公路水运工程试验检测管理办法》（交通运输部令2019年第38号）
第十九条 申请人申请资质延续审批的，应当符合第九条规定的条件。	**第二十条** 换证的申请、复核程序按照本办法规定的等级评定程序进行，并可以适当简化。在申请等级评定时已经提交过且未发生变化的材料可以不再重复提交。
第二十条 申请人应当按照本办法第十一条规定，提交资质延续审批申请材料。	
第二十一条 许可机关应当对申请资质延续审批的申请人进行专家技术评审，并在检测机构资质证书有效期满前，作出是否准予延续的决定。 符合资质条件的，许可机关准予检测机构资质证书延续5年。	
第二十二条 资质延续审批中的专家技术评审以专家组书面审查为主，但申请人存在本办法第四十八条第三项、第五十二条、第五十三条第五项和第五十五条规定的违法行为，以及许可机关认为需要核查的情形，应当进行现场核查。	**第二十一条** 换证复核以书面审查为主。必要时，可以组织专家进行现场评审。 换证复核的重点是核查检测机构人员、仪器设备、试验检测项目，场所的变动情况，试验检测工作的开展情况，质量保证体系文件的执行情况，违规与投诉情况等。
	第二十二条 换证复核合格的，予以换发新的《等级证书》。不合格的，质监机构应当责令其在6个月内进行整改，整改期内不得承担质量评定和工程验收的试验检测业务。整改期满仍不能达到规定条件的，质监机构根据实际达到的试验检测能力条件重新作出评定，或者注销《等级证书》。 换证复核结果应当向社会公布。
第二十三条 检测机构的名称、注册地址、检测场所地址、法定代表人，行政负责人、技术负责人和质量负责人等事项发生变更的，检测机构应当在完成变更后10个工作日内向原许可机关申请变更。 发生检测场所地址变更的，许可机关应当选派2名以上专家进行现场核查，并在15个工作日内办理完毕；其他变更事项许可机关应当在5个工作日内办理完毕。 检测机构发生合并、分立、重组、改制等情形的，应当按照本办法的规定重新提交资质申请。	**第二十三条** 检测机构名称、地址、法定代表人或者机构负责人、技术负责人等发生变更的，应当自变更之日起30日内到原发证质监机构办理变更登记手续。
第二十四条 检测机构需要终止经营的，应当在终止经营之日15日前告知许可机关，并按照规定办理有关注销手续。	**第二十四条** 检测机构停业时，应当自停业之日起15日内向原发证质监机构办理《等级证书》注销手续。
第二十五条 许可机关开展检测机构资质行政许可和专家技术评审不得收费。	**第二十五条** 等级评定不得收费，有关具体事务性工作可以通过政府购买服务等方式实施。

续上表

《公路水运工程质量检测管理办法》 （交通运输部令2023年第9号）	《公路水运工程试验检测管理办法》 （交通运输部令2019年第38号）
第二十六条 检测机构资质证书遗失或者污损的，可以向许可机关申请补发。	**第二十六条** 《等级证书》遗失或者污损的，可以向原发证质监机构申请补发。
	第二十七条 任何单位和个人不得伪造、涂改、转让、租借《等级证书》。
第三章 检测活动管理	第三章 试验检测活动
	第二十八条 取得《等级证书》，同时按照《计量法》的要求经过计量行政部门考核合格的检测机构，可在《等级证书》注明的项目范围内，向社会提供试验检测服务。
第二十七条 取得资质的检测机构应当根据需要设立公路水运工程质量检测工地试验室（以下简称工地试验室）。 工地试验室是检测机构设置在公路水运工程施工现场，提供设备、派驻人员，承担相应质量检测业务的临时工作场所。 负有工程建设项目质量监督管理责任的交通运输主管部门应当对工地试验室进行监督管理。	**第二十九条** 取得《等级证书》的检测机构，可设立工地临时试验室，承担相应公路水运工程的试验检测业务，并对其试验检测结果承担责任。 工程所在地省级交通质监机构应当对工地临时试验室进行监督。
第二十八条 检测机构和检测人员应当独立开展检测工作，不受任何干扰和影响，保证检测数据客观、公正、准确。	**第三十条** 检测机构应当严格按照现行有效的国家和行业标准、规范和规程独立开展检测工作，不受任何干扰和影响，保证试验检测数据客观、公正、准确。
第二十九条 检测机构应当保证质量保证体系有效运行。 检测机构应当按照有关规定对仪器设备进行正常维护，定期检定与校准。	**第三十一条** 检测机构应当建立严密、完善、运行有效的质量保证体系。应当按照有关规定对仪器设备进行正常维护，定期检定与校准。
第三十条 检测机构应当建立样品管理制度，提倡盲样管理。	**第三十二条** 检测机构应当建立样品管理制度，提倡盲样管理。
第三十一条 检测机构应当建立健全档案制度，原始记录和质量检测报告内容必须清晰、完整、规范，保证档案齐备和检测数据可追溯。	
第三十二条 检测机构应当重视科技进步，及时更新质量检测仪器设备和设施。 检测机构应当加强公路水运工程质量检测信息化建设，不断提升质量检测信息化水平。	**第三十三条** 检测机构应当重视科技进步，及时更新试验检测仪器设备，不断提高业务水平。
	第三十四条 检测机构应当建立健全档案制度，保证档案齐备，原始记录和试验检测报告内容必须清晰、完整、规范。

续上表

《公路水运工程质量检测管理办法》（交通运输部令2023年第9号）	《公路水运工程试验检测管理办法》（交通运输部令2019年第38号）
第三十三条 检测机构出具的质量检测报告应当符合规范要求，包括检测项目、参数数量（批次）、检测依据、检测场所地址、检测数据、检测结果等相关信息。 检测机构不得出具虚假检测报告，不得篡改或者伪造检测报告。	
第三十四条 检测机构在同一公路水运工程项目标段中不得同时接受建设、监理、施工等多方的质量检测委托。	**第三十五条** 检测机构在同一公路水运工程项目标段中不得同时接受业主、监理、施工等多方的试验检测委托。
第三十五条 检测机构依据合同承担公路水运工程质量检测业务，不得转包、违规分包。	**第三十六条** 检测机构依据合同承担公路水运工程试验检测业务，不得转包、违规分包。
第三十六条 在检测过程中发现检测项目不合格且涉及工程主体结构安全的，检测机构应当及时向负有工程建设项目质量监督管理责任的交通运输主管部门报告。	
第三十七条 检测机构的技术负责人和质量负责人应当由公路水运工程试验检测师担任。 质量检测报告应当由公路水运工程试验检测师审核、签发。	**第三十七条** 检测人员分为试验检测师和助理试验检测师。 检测机构的技术负责人应当由试验检测师担任。 试验检测报告应当由试验检测师审核、签发。
第三十八条 检测机构应当加强检测人员培训，不断提高质量检测业务水平。	**第三十八条** 检测人员应当重视知识更新，不断提高试验检测业务水平。
	第三十九条 检测人员应当严守职业道德和工作程序，独立开展检测工作，保证试验检测数据科学、客观、公正，并对试验检测结果承担法律责任。
第三十九条 检测人员不得同时在两家或者两家以上检测机构从事检测活动，不得借工作之便推销建设材料、构配件和设备。	**第四十条** 检测人员不得同时受聘于两家以上检测机构，不得借工作之便推销建设材料、构配件和设备。
第四十条 检测机构资质证书不得转让、出租。	
第四章 监督管理	第四章 监督检查
第四十一条 县级以上人民政府交通运输主管部门（以下简称交通运输主管部门）应当加强对质量检测工作的监督检查，及时纠正、查处违反本办法的行为。	**第四十一条** 质监机构应当建立健全公路水运工程试验检测活动监督检查制度，对检测机构进行定期或不定期的监督检查，及时纠正、查处违反本规定的行为。

续上表

《公路水运工程质量检测管理办法》 （交通运输部令2023年第9号）	《公路水运工程试验检测管理办法》 （交通运输部令2019年第38号）
第四十二条 交通运输主管部门开展监督检查工作，主要包括下列内容： （一）检测机构资质证书使用的规范性，有无转包、违规分包、超许可范围承揽业务、涂改和租借资质证书等行为； （二）检测机构能力的符合性，工地试验室设立和施工现场检测情况； （三）原始记录、质量检测报告的真实性、规范性和完整性； （四）采用的技术标准、规范和规程是否合法有效，样品的管理是否符合要求； （五）仪器设备的运行、检定和校准情况； （六）质量保证体系运行的有效性； （七）检测机构和检测人员质量检测活动的规范性、合法性和真实性； （八）依据职责应当监督检查的其他内容。	**第四十二条** 公路水运工程试验检测监督检查，主要包括下列内容： （一）《等级证书》使用的规范性，有无转包、违规分包、超范围承揽业务和涂改、租借《等级证书》的行为； （二）检测机构能力变化与评定的能力等级的符合性； （三）原始记录、试验检测报告的真实性、规范性和完整性； （四）采用的技术标准、规范和规程是否合法有效，样品的管理是否符合要求； （五）仪器设备的运行、检定和校准情况； （六）质量保证体系运行的有效性； （七）检测机构和检测人员试验检测活动的规范性、合法性和真实性； （八）依据职责应当监督检查的其他内容。
第四十三条 交通运输主管部门实施监督检查时，有权采取以下措施： （一）要求被检查的检测机构或者有关单位提供相关文件和资料； （二）查阅、记录、录音、录像、照相和复制与检查相关的事项和资料； （三）进入检测机构的检测工作场地进行抽查； （四）发现有不符合有关标准、规范、规程和本办法的质量检测行为，责令立即改正或者限期整改。 检测机构应当予以配合，如实说明情况和提供相关资料。	**第四十三条** 质监机构实施监督检查时，有权采取以下措施： （一）查阅、记录、录音、录像、照相和复制与检查相关的事项和资料； （二）进入检测机构的工作场地（包括施工现场）进行抽查； （三）发现有不符合国家有关标准、规范、规程和本办法规定的试验检测行为时，责令即时改正或限期整改。
第四十四条 交通运输部、省级人民政府交通运输主管部门应当组织比对试验，验证检测机构的能力，比对试验情况录入公路水运工程质量检测管理信息系统。 检测机构应当按照前款规定参加比对试验并按照要求提供相关资料。	**第四十四条** 质监机构应当组织比对试验，验证检测机构的能力。 部质量监督机构不定期开展全国检测机构的比对试验。各省级交通质监机构每年年初应当制定本行政区域检测机构年度比对试验计划，报部质量监督机构备案，并于年末将比对试验的实施情况报部质量监督机构。 检测机构应当予以配合，如实说明情况和提供相关资料。
第四十五条 任何单位和个人都有权向交通运输主管部门投诉或者举报违法违规的质量检测行为。 交通运输主管部门收到投诉或者举报后，应当及时核实处理。	**第四十五条** 任何单位和个人都有权向质监机构投诉或举报违法违规的试验检测行为。 质监机构的监督检查活动，应当接受交通运输主管部门和社会公众的监督。

续上表

《公路水运工程质量检测管理办法》 （交通运输部令2023年第9号）	《公路水运工程试验检测管理办法》 （交通运输部令2019年第38号）
第四十六条　交通运输部建立健全质量检测信用管理制度。 质量检测信用管理实行统一领导，分级负责。各级交通运输主管部门依据职责定期对检测机构和检测人员的从业行为开展信用管理，并向社会公开。	
第四十七条　检测机构取得资质后，不再符合相应资质条件的，许可机关应当责令其限期整改并向社会公开。检测机构完成整改后，应当向许可机关提出资质重新核定申请。	**第四十六条**　质监机构在监督检查中发现检测机构有违反本规定行为的，应当予以警告、限期整改，情节严重的列入违规记录并予以公示，质监机构不再委托其承担检测业务。 实际能力已达不到《等级证书》能力等级的检测机构，质监机构应当给予整改期限。整改期满仍达不到规定条件的，质监机构应当视情况注销《等级证书》或者重新评定检测机构等级。重新评定的等级低于原来评定等级的，检测机构1年内不得申报升级。被注销等级的检测机构，2年内不得再次申报。 质监机构应当及时向社会公布监督检查的结果。
	第四十七条　质监机构在监督检查中发现检测人员违反本办法的规定，出具虚假试验检测数据或报告的，应当给予警告，情节严重的列入违规记录并予以公示。
	第四十八条　质监机构工作人员在试验检测管理活动中，玩忽职守、徇私舞弊、滥用职权的，应当依法给予行政处分。
第五章　法律责任	
第四十八条　检测机构违反本办法规定，有下列行为之一的，其检测报告无效，由交通运输主管部门处1万元以上3万元以下罚款；造成危害后果的，处3万元以上10万元以下罚款；构成犯罪的，依法追究刑事责任： （一）未取得相应资质从事质量检测活动的； （二）资质证书已过有效期从事质量检测活动的； （三）超出资质许可范围从事质量检测活动的。	
第四十九条　检测机构隐瞒有关情况或者提供虚假材料申请资质的，许可机关不予受理或者不予行政许可，并给予警告；检测机构1年内不得再次申请该资质。	
第五十条　检测机构以欺骗、贿赂等不正当手段取得资质证书的，由许可机关予以撤销；检测机构3年内不得再次申请该资质；构成犯罪的，依法追究刑事责任。	

续上表

《公路水运工程质量检测管理办法》 （交通运输部令2023年第9号）	《公路水运工程试验检测管理办法》 （交通运输部令2019年第38号）
第五十一条 检测机构未按照本办法第二十三条规定申请变更的，由交通运输主管部门责令限期办理；逾期未办理的，给予警告或者通报批评。	
第五十二条 检测机构违反本办法规定，有下列行为之一的，由交通运输主管部门责令改正，处1万元以上3万元以下罚款；造成危害后果的，处3万元以上10万元以下罚款；构成犯罪的，依法追究刑事责任： （一）出具虚假检测报告，篡改、伪造检测报告的； （二）将检测业务转包、违规分包的。	
第五十三条 检测机构违反本办法规定，有下列行为之一的，由交通运输主管部门责令改正，处5000元以上1万元以下罚款： （一）质量保证体系未有效运行的，或者未按照有关规定对仪器设备进行正常维护的； （二）未按规定进行档案管理，造成检测数据无法追溯的； （三）在同一工程项目标段中同时接受建设、监理、施工等多方的质量检测委托的； （四）未按规定报告在检测过程中发现检测项目不合格且涉及工程主体结构安全的； （五）接受监督检查时不如实提供有关资料，或者拒绝、阻碍监督检查的。	
第五十四条 检测机构或者检测人员违反本办法规定，有下列行为之一的，由交通运输主管部门责令改正，给予警告或者通报批评： （一）未按规定进行样品管理的； （二）同时在两家或者两家以上检测机构从事检测活动的； （三）借工作之便推销建设材料、构配件和设备的； （四）不按照要求参加比对试验的。	
第五十五条 检测机构违反本办法规定，转让、出租检测机构资质证书的，由交通运输主管部门责令停止违法行为，收缴有关证件，处5000元以下罚款。	
第五十六条 交通运输主管部门工作人员在质量检测管理工作中，有下列情形之一的，依法给予处分；构成犯罪的，依法追究刑事责任： （一）对不符合法定条件的申请人颁发资质证书的； （二）对符合法定条件的申请人不予颁发资质证书的； （三）对符合法定条件的申请人未在法定期限内颁发资质证书的； （四）利用职务上的便利，索取、收受他人财物或者谋取其他利益的； （五）不依法履行监督职责或者监督不力，造成严重后果的。	

续上表

《公路水运工程质量检测管理办法》 （交通运输部令2023年第9号）	《公路水运工程试验检测管理办法》 （交通运输部令2019年第38号）
第六章　附则	第五章　附则
第五十七条　检测机构资质等级条件、专家技术评审工作程序由交通运输部另行制定。	
第五十八条　检测机构资质证书由许可机关按照交通运输部规定的统一格式制作。	
	第四十九条　本办法施行前检测机构通过的资质评审，期满复核时应当按照本办法的规定进行《等级证书》的评定。
第五十九条　本办法自2023年10月1日起施行。交通部2005年10月19日公布的《公路水运工程试验检测管理办法》（交通部令2005年第12号），交通运输部2016年12月10日公布的《交通运输部关于修改〈公路水运工程试验检测管理办法〉的决定》（交通运输部令2016年第80号），2019年11月28日公布的《交通运输部关于修改〈公路水运工程试验检测管理办法〉的决定》（交通运输部令2019年第38号）同时废止。	**第五十条**　本办法自2005年12月1日起施行。交通部1997年12月10日公布的《水运工程试验检测暂行规定》（交基发〔1997〕803号）和2002年6月26日公布的《交通部水运工程试验检测机构资质管理办法》（交通部令2002年第4号）同时废止。

附录二　公路水运工程质量检测机构资质等级条件

一、公路工程质量检测机构资质等级条件

人员配备要求(公路工程)　　附表 2-1

项目	甲级	乙级	丙级	交通工程专项	桥梁隧道工程专项
持试验检测人员证书总人数	**≥50 人**	**≥23 人**	**≥9 人**	**≥28 人**	**≥30 人**
持试验检测师证书人数	**≥20 人**	**≥8 人**	**≥4 人**	**≥13 人**	**≥15 人**
持试验检测师证书专业配置	道路工程≥10 人 桥梁隧道工程≥7 人 交通工程≥3 人	道路工程≥6 人 桥梁隧道工程≥2 人	道路工程≥3 人 桥梁隧道工程≥1 人	交通工程≥13 人	道路工程≥3 人 桥梁隧道工程≥12 人
相关专业高级职称(持试验检测师证书)人数及专业配置	**≥12 人** 道路工程≥6 人 桥梁隧道工程≥5 人 交通工程≥1 人	**≥3 人** 道路工程≥2 人 桥梁隧道工程≥1 人	—	**≥8 人** 交通工程≥8 人	**≥8 人** 道路工程≥1 人 桥梁隧道工程≥7 人
技术负责人	**1. 相关专业高级职称;** **2. 持试验检测师证书;** 3. 8 年以上试验检测工作经历	**1. 相关专业高级职称;** **2. 持试验检测师证书;** 3. 5 年以上试验检测工作经历	**1. 相关专业中级职称;** **2. 持试验检测师证书;** 3. 5 年以上试验检测工作经历	**1. 相关专业高级职称;** **2. 持交通工程试验检测师证书;** 3. 8 年以上试验检测工作经历	**1. 相关专业高级职称;** **2. 持桥梁隧道工程试验检测师证书;** 3. 8 年以上试验检测工作经历
质量负责人	**1. 相关专业高级职称;** **2. 持试验检测师证书;** 3. 8 年以上试验检测工作经历	**1. 相关专业高级职称;** **2. 持试验检测师证书;** 3. 5 年以上试验检测工作经历	**1. 相关专业中级职称;** **2. 持试验检测师证书;** 3. 5 年以上试验检测工作经历	**1. 相关专业高级职称;** **2. 持试验检测师证书;** 3. 8 年以上试验检测工作经历	**1. 相关专业高级职称;** **2. 持试验检测师证书;** 3. 8 年以上试验检测工作经历

注:1. 表中黑体字为强制性要求,一项不满足视为不通过。非黑体字为非强制性要求,不满足按扣分处理。
2. 试验检测人员证书名称及专业遵循国家设立的公路水运工程试验检测专业技术人员职业资格制度相关规定。

质量检测能力基本要求及主要仪器设备(示例) 附表2-2

序号	试验检测项目	主要试验检测参数	仪器设备配置
1	土	**含水率,密度,比重,颗粒组成,界限含水率,天然稠度,击实试验(最大干密度、最佳含水率),承载比(CBR),粗粒土和巨粒土最大干密度**,回弹模量,固结试验(压缩系数、压缩模量、压缩指数、固结系数),内摩擦角、凝聚力,自由膨胀率,烧失量,有机质含量,酸碱度,易溶盐总量,砂的相对密度	**烘箱,天平,电子秤,环刀,储水筒,灌砂仪,比重瓶,恒温水槽,砂浴,标准筛,摇筛机,密度计,量筒,液塑限联合测定仪,收缩皿,标准击实仪,CBR试验装置(路面材料强度仪或其他荷载装置),表面振动压实仪(或振动台),脱模器**,杠杆压力仪,千分表,承载板,固结仪,变形量测设备,应变控制式直剪仪(或三轴仪),百分表(或位移传感器),自由膨胀率测定仪,高温炉,油浴锅,酸度计,电动振荡器,水浴锅,瓷蒸发皿,相对密度仪
2	集料	(1)**粗集料:颗粒级配,密度,吸水率,含水率,含泥量,泥块含量,针片状颗粒含量,坚固性,压碎值,洛杉矶磨耗损失,磨光值,碱活性**,硫化物及硫酸盐含量,有机物含量,软弱颗粒含量,破碎砾石含量; (2)**细集料:颗粒级配,密度,吸水率,含水率,含泥量,泥块含量,坚固性,压碎指标,砂当量,亚甲蓝值,氯化物含量,棱角性,碱活性**,硫化物及硫酸盐含量,云母含量,轻物质含量,贝壳含量; (3)**矿粉:颗粒级配,密度,含水率,亲水系数,塑性指数,加热安定性**	**标准筛,摇筛机,天平,电子秤,溢流水槽,容量瓶,容量筒,烘箱,针状规准仪、片状规准仪,游标卡尺,烧杯,量筒,压碎值试验仪,压力试验机,洛杉矶磨耗试验机,加速磨光试验机,摆式摩擦系数测定仪,饱和面干试模,标准漏斗,细集料压碎值试模,砂当量试验仪,钢板尺,李氏比重瓶,恒温水槽,液塑限联合测定仪,蒸发皿(或坩埚),测长仪,百分表,贮存箱(碱骨料试验箱),细集料流动时间测定仪(含秒表),叶轮搅拌器,滴定设备**,高温炉,软弱颗粒测试装置,放大镜,比重计
3	岩石	**单轴抗压强度,含水率,密度,毛体积密度,吸水率**,抗冻性,坚固性	**压力试验机,切石机,磨平机,游标卡尺,角尺,天平,烘箱,密度瓶,砂浴,恒温水浴,抽气设备,破碎研磨设备**,煮沸水槽,低温试验箱,放大镜,密度计

注:1. 所列的仪器设备功能、量程、准确性,以及配套设备设施均应符合所测参数现行依据标准的要求。
2. 表中黑体字标注的参数和仪器设备为必须满足的要求,任意一项不满足视为不通过。
3. 可选参数(非黑体)的申请数量应不低于本等级可选参数总量的60%。

质量检测环境要求(公路工程) 附表2-3

项目	甲级	乙级	丙级	交通工程专项	桥梁隧道工程专项
试验检测用房使用面积(不含办公面积)(m^2)	**≥1300**	**≥700**	**≥400**	**≥900**	**≥900**
	试验检测环境应满足所开展检测参数要求,布局合理、干净整洁				

注:此表内容为强制性要求。

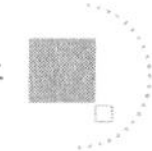

二、水运工程质量检测机构资质等级条件

人员配备要求(水运工程)　　附表 2-4

项目	材料甲级	材料乙级	材料丙级	结构甲级	结构乙级
持试验检测人员证书总人数	**≥26 人**	**≥11 人**	**≥7 人**	**≥22 人**	**≥9 人**
持试验检测师证书人数	**≥10 人**	**≥4 人**	**≥2 人**	**≥8 人**	**≥3 人**
持试验检测师证书专业配置	水运材料≥10 人	水运材料≥4 人	水运材料≥2 人	水运结构与地基≥8 人	水运结构与地基≥3 人
相关专业高级职称(持试验检测师证书)人数及专业配置	**≥5 人** 水运材料≥5 人	**≥2 人** 水运材料≥2 人	—	**≥4 人** 水运结构与地基≥4 人	**≥1 人** 水运结构与地基≥1 人
技术负责人	**1. 相关专业高级职称;** **2. 持水运材料试验检测师证书;** 3. 8 年以上试验检测工作经历	**1. 相关专业高级职称;** **2. 持水运材料试验检测师证书;** 3. 5 年以上试验检测工作经历	**1. 相关专业中级职称;** **2. 持水运材料试验检测师证书;** 3. 5 年以上试验检测工作经历	**1. 相关专业高级职称;** **2. 持水运结构与地基试验检测师证书;** 3. 8 年以上试验检测工作经历	**1. 相关专业高级职称;** **2. 持水运结构与地基试验检测师证书;** 3. 5 年以上试验检测工作经历
质量负责人	**1. 相关专业高级职称;** **2. 持试验检测师证书;** 3. 8 年以上试验检测工作经历	**1. 相关专业高级职称;** **2. 持试验检测师证书;** 3. 5 年以上试验检测工作经历	**1. 相关专业中级职称;** **2. 持试验检测师证书;** 3. 5 年以上试验检测工作经历	**1. 相关专业高级职称;** **2. 持试验检测师证书;** 3. 8 年以上试验检测工作经历	**1. 相关专业高级职称;** **2. 持试验检测师证书;** 3. 5 年以上试验检测工作经历

注:1. 表中黑体字为强制性要求,一项不满足视为不通过。非黑体字为非强制性要求,不满足按扣分处理。

2. 试验检测人员证书名称及专业遵循国家设立的公路水运工程试验检测专业技术人员职业资格制度相关规定。

质量检测环境要求(水运工程)　　附表 2-5

项目	材料甲级	材料乙级	材料丙级	结构甲级	结构乙级
试验检测用房使用面积(不含办公面积)(m^2)	**≥900**	**≥600**	**≥200**	**≥500**	**≥200**
	试验检测环境应满足所开展检测参数要求,布局合理、干净整洁				

注:此表内容为强制性要求。

第二部分　专 业 知 识

第一章　水　　泥

第一节　水泥的组分与材料

一、水泥的分类

水泥是土木工程中应用最广的人造水硬性无机胶凝材料，按《水泥的命名原则和术语》（GB/T 4131—2014）的规定：一种细磨材料，与水混合形成塑性浆体后，能在空气中水化硬化，并能在水中继续硬化保持强度和体积稳定性的无机水硬性胶凝材料，称为水泥。通俗讲就是，水泥加水搅拌后成浆体，能在空气中硬化或者在水中硬化，并能把砂、石等材料牢固地胶结在一起。水泥经过多年的发展，已形成众多品种。从组成上有硅酸盐类水泥、铝酸盐类水泥、硫铝酸盐类水泥等系列；从用途和性能上又可分为通用水泥、特种水泥。

目前水泥品种已达100余种，尽管水泥类型众多，但土木工程中涉及的水泥品种主要是通用硅酸盐类水泥。依据《通用硅酸盐水泥》（GB 175—2023），按水泥熟料在磨细过程中掺入的混合材料的品种和掺量，通用硅酸盐水泥分为下述6个品种：

（1）硅酸盐水泥：指在水泥熟料中掺入0～<5%的石灰石或粒化高炉矿渣/矿渣粉等混合材料，以及适量石膏混合磨细制成的水泥。其中完全不掺混合材料的称为Ⅰ型硅酸盐水泥（代号P·Ⅰ），掺入量<5%混合材料的称为Ⅱ型硅酸盐水泥（代号P·Ⅱ）。

（2）普通硅酸盐水泥：指在硅酸盐水泥熟料中掺入6%～<20%的粒化高炉矿渣/矿渣粉、粉煤灰、火山灰质混合材料（替代材料可用<5%石灰石）及适量石膏加工磨细后制成的硅酸盐水泥（代号P·O）。

（3）矿渣硅酸盐水泥：指在硅酸盐水泥熟料中掺入21%～<70%的粒化高炉矿渣/矿渣粉（替代材料可用<8%粉煤灰或火山灰、石灰石）和适量石膏加工磨细制成的水泥。当矿渣掺入量为21%～<50%，为A型矿渣硅酸盐水泥（代号P·S·A）；当矿渣掺入量为51%～<70%，为B型矿渣硅酸盐水泥（代号P·S·B）。

（4）粉煤灰硅酸盐水泥：指在硅酸盐水泥熟料中掺入21%～<40%的粉煤灰（替代材料可用<5%石灰石）和适量石膏加工磨细制成的硅酸盐水泥（代号P·F）。

（5）火山灰质硅酸盐水泥：指在硅酸盐水泥熟料中掺入21%～<40%的火山灰质混合材料（替代材料可用<5%石灰石）和适量石膏加工磨细制成的硅酸盐水泥（代号P·P）。

（6）复合硅酸盐水泥：指在硅酸盐水泥熟料中掺入三种及以上的粒化高炉矿渣/矿渣粉、粉煤灰、火山灰质混合材料、石灰石（不大于水泥质量15%）、砂岩等混合材料，掺入量为21%～

<50%，与适量石膏加工制得的硅酸盐水泥(代号P·C)。

二、水泥的生产工艺及组分

1.水泥的生产工艺

生产水泥的原材料主要是石灰质原料(如石灰石、白云石等)和黏土质原料(如黏性土、黄土等)，前者为水泥提供所需的氧化钙(CaO)，后者为水泥提供所需的二氧化硅(SiO_2)、氧化铝(Al_2O_3)以及氧化铁(Fe_2O_3)等成分，必要时添加一些诸如铁矿石之类的校正材料。

水泥工艺简称“两磨一烧”，即将原料按一定的比例掺配，混合磨细成为水泥生料。该生料在水泥烧制窑中经大约1300～1450℃的高温煅烧(为达到最佳的熟料煅烧效果，煅烧温度的控制需要综合考虑多种因素)，形成以硅酸钙为主要成分的水泥熟料。随后在熟料中添加3%左右的石膏以及不同类型和不同数量的外掺料，二次加工磨细，就得到所谓的通用硅酸盐水泥。

在水泥熟料中加入石膏用来调节水泥的凝结速度，使水泥水化反应速度的快慢适应实际应用的需要。因此，石膏是水泥组合中必不可少的缓凝剂，并能一定程度上提高早期强度和耐久性。但添加前应经过试验证明对水泥性能无害，且石膏的用量必须严格控制，否则过量石膏会在水泥水化过程中产生不良影响，造成体积不安定现象。

2.水泥掺料的种类

水泥熟料中或多或少要掺入一些混合材料，这些外加混合材料所起的作用是在增加水泥产量、降低生产成本的同时，改善水泥的品质。如掺入一定量混合材料的水泥不仅可以促进水泥后期强度的提高，而且还能有效降低水泥的水化热，非常适合大体积混凝土施工和结构形成的需要，同时还可改善水泥对环境的适应性，提高水泥及其构造物的耐久性。

水泥混合材料有5类14种，即矿渣、粉煤灰、火山灰质混合材、石灰石、砂岩5类，火山灰质混合材又分为天然5种(天然火山灰、凝灰岩、沸石岩、浮石、硅藻土或硅藻石)和人工5种(烧煤矸石、烧黏土、烧页岩、煤渣、硅质渣)。

三、硅酸盐水泥的矿物成分

水泥中的主要矿物成分是硅酸三钙($3CaO \cdot SiO_2$，简写成C_3S)、硅酸二钙($2CaO \cdot SiO_2$，简写成C_2S)、铝酸三钙($3CaO \cdot Al_2O_3$，简写成C_3A)和铁铝酸四钙($4CaO \cdot Al_2O_3 \cdot Fe_2O_3$，简写成$C_4AF$)，这些矿物成分的性能和数量，直接决定了水泥的特点。表2-1-1归纳出四种水泥矿物成分的特点。

水泥矿物成分性能特点 表2-1-1

性能	矿物成分及含量(%)			
	硅酸三钙(C_3S)	硅酸二钙(C_2S)	铝酸三钙(C_3A)	铁铝酸四钙(C_4AF)
	63～67	21～24	4～7	2～4
水化反应速度	快	慢	快	中
水化热	高	低	高	中

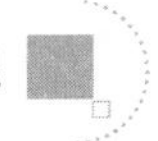

续上表

性能		矿物成分及含量(%)			
		硅酸三钙(C_3S)	硅酸二钙(C_2S)	铝酸三钙(C_3A)	铁铝酸四钙(C_4AF)
		63~67	21~24	4~7	2~4
干缩性		中	小	大	小
抗化学侵蚀性		中	良	差	优
水化物强度	早期	高	低	中	中
	后期	高	高	低	中

第二节　水泥强度等级划分

水泥强度包括抗折和抗压两方面,根据现行标准方法测出指定龄期水泥的抗压强度和抗折强度,以 MPa 计,以此进行强度等级的划分。不同品种水泥有不同的强度等级,同一等级的水泥还可依据早期强度的高低,分为早强型(R 型)和普通型。根据《通用硅酸盐水泥》(GB 175—2023)的规定,强度等级划分如下:

(1)硅酸盐水泥、普通硅酸盐水泥分为 42.5、42.5R、52.5、52.5R、62.5、62.5R 六个等级。

(2)矿渣硅酸盐水泥、火山灰质硅酸盐水泥、粉煤灰硅酸盐水泥分为 32.5、32.5R、42.5、42.5R、52.5、52.5R 六个等级。

(3)复合硅酸盐水泥分为 42.5、42.5R、52.5、52.5R 四个等级。

第三节　水泥检测物理指标

一、水泥的物理性质

水泥的物理性质包括:密度、细度(筛余值、比表面积)、标准稠度、凝结时间、安定性、强度(抗折强度、抗压强度)、放射性核素限量[《通用硅酸盐水泥》(GB 175—2023)增加]。

1. 密度

水泥密度是水泥单位体积的质量。检测方法是用液体排代法(李氏比重瓶法),测定时在恒定的温度下,用李氏瓶细颈部分容积刻度量出加入一定重量水泥时的体积,将水泥加入装有一定量液体介质的李氏瓶内,并使液体介质充分地浸透水泥颗粒。根据阿基米德定律,水泥的体积等于它所排开的液体体积,从而算出水泥单位体积的质量即为密度。为使测定的水泥不产生水化反应,液体介质采用无水煤油。

2. 细度

水泥细度是用规定筛网上筛余物的质量占试样原始质量的百分数或比表面积表示的粉体的粗细程度。细度的大小反映了水泥颗粒粗细程度或水泥的分散程度,它对水泥的水化速度、需水量、流动度、水化放热速率和强度的形成都有一定的影响。水泥的水化硬化过程开始于水泥颗粒的表面,水泥颗粒越细,水泥与水发生反应时的表面积越大,水化速度就越快。所以水泥的细度越大,水化反应和凝结速度就越快,早期强度就越高,因此水泥颗粒达到较高的细度是确保水泥品质的基本要求。但如果过度提高水泥细度,不仅带来水泥需水量的增加,使硬化水泥的收缩变形明显加大,还会对水泥构造物的耐久性带来不利影响。同时过细水泥不易长期存放,还会增加水泥粉磨成本,因此水泥细度应控制在合理范围内。

水泥细度的表示方法:水泥细度的表示方法之一是筛余值,以45μm方孔筛筛余表示,该方法为筛析法,现多采用负压筛法。水泥细度的另一种表示方法是比表面积,它以单位质量水泥粉末所具有的总表面积的大小来表示,是衡量水泥表面活性和催化活性的重要参数,常用方法为勃氏比表面积法。

3. 标准稠度

水泥标准稠度是指标准试杆(或试锥)在沉入水泥净浆时,经受水泥浆阻力达到规定贯入深度时的稠度,此时的用水量为标准稠度用水量,以水和水泥用量百分率表示。水泥和水之间的反应速度、作用结果,不仅与水泥自身的矿物组成、颗粒细度等内因有关,还与水化硬化过程中水量的多少密切相关,在进行凝结时间和安定性等性能检测时,不同品种的水泥需要不同的水量。因此,在标准试验条件下达到规定试验状态时所对应的水泥浆稀稠程度就是所谓的标准稠度,该标准稠度是水泥凝结时间、安定性等性能指标测定具有准确可比性的基础。也就是说,进行水泥凝结时间、安定性试验测定时,必须在标准稠度水泥净浆的条件下进行。

我国现行标准中规定:水泥标准稠度测定方法有标准维卡仪法(试杆法)和代用维卡仪法(试锥法)两种方式。标准维卡仪法是让标准试杆沉入水泥净浆,当试杆沉入的距离正好离底板6mm±1mm,此时水泥净浆的稠度就是水泥标准稠度,该状态下的拌和用水量为该品种水泥标准稠度用水量。代用维卡仪法可分为调整水量和不变水量两种方法:调整水量法是当稠度仪的试锥贯入水泥浆深度正好为30mm±1mm时,对应的水泥净浆稠度为标准稠度,此时的拌和水量即为该水泥的标准稠度用水量;不变水量法的拌和水量为142.5mL。

4. 凝结时间

凝结时间就是从加水开始,到水泥浆失去可塑性所需的时间。水和水泥混合组成的水泥浆,从最初的可塑状态到逐渐失去可塑性,要经历一定的时间,水泥的凝结时间就是这种过程时间长短的一种定量表示方法。它以标准试针沉入标准稠度泥净浆达到规定深度所需的时间来表示,并分为初凝时间和终凝时间两个时间段。初凝时间是指从水泥全部加入水中的时刻计时,到水泥浆开始失去塑性状态所需的时间周期;而终凝时间是指从水泥全部加入水中开始计时,到水泥浆完全失去塑性所需的时间周期。

水泥凝结时间的长短,对水泥混凝土的施工有重要意义。初凝时间太短,不利于整个混凝土施工工序的正常进行;但终凝时间过长,又不利于混凝土结构的成型、模具的周转,同时也会影响到养护周期时间的长短等。因此,水泥凝结时间要求初凝不宜过短,而终凝时间又不宜过长。

5. 安定性

(1)水泥安定性是表征水泥硬化后体积变化均匀性的物理指标。水泥在凝结硬化过程

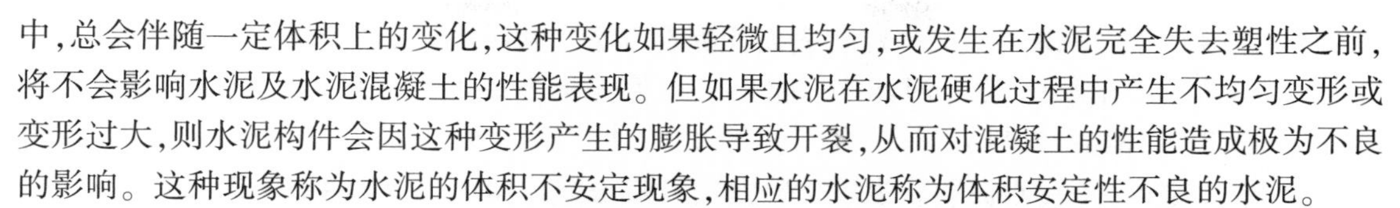

中，总会伴随一定体积上的变化，这种变化如果轻微且均匀，或发生在水泥完全失去塑性之前，将不会影响水泥及水泥混凝土的性能表现。但如果水泥在水泥硬化过程中产生不均匀变形或变形过大，则水泥构件会因这种变形产生的膨胀导致开裂，从而对混凝土的性能造成极为不良的影响。这种现象称为水泥的体积不安定现象，相应的水泥称为体积安定性不良的水泥。

（2）水泥安定性不良是由于水泥中存在某些有害成分造成的，如掺加石膏时带入的三氧化硫（SO_3）、水泥煅烧时残存的游离氧化镁（f-MgO）或游离氧化钙（f-CaO）等。这些成分在水泥浆体硬化后，缓慢地与水及周围的介质发生反应，并伴随生成产物体积的不断增加，由此引起水泥内部不均匀的体积变化。当这种变化形成的应力超出水泥结构所能承受的极限时，将会给整个结构带来不利影响，严重时将造成结构的破坏。

（3）安定性采用沸煮法和压蒸法检测。沸煮法有雷氏夹法（标准法）和试饼法（代用法），两种方法的基本原理都是在沸煮条件下，加速有害成分产生消极作用的程度，通过观察和检测，判断这些有害物是否会引起安定性不良。当两种方法检测结果不一致时，以雷氏夹法为准。

（4）需要说明的是，采用水中沸煮的方式判断水泥是否存在安定性不良的做法，只针对由游离 CaO 造成的安定性不良问题。因为沸煮过程可以对水泥中存在的游离 CaO 的熟化起到加速的作用，从而“刺激”游离 CaO 造成的不安定现象暴露；但对游离 MgO 却达不到这种效果，因为 MgO 要在加压蒸煮条件下才会加速熟化，才能反映出是否有安定性问题；同时石膏中SO_3的危害则需经历更长时间的高温沸煮才能表现出来。所以目前采用的安定性检测方法只是针对游离 CaO 的影响，并未涉及游离 MgO 和石膏中 SO_3造成的安定性问题。因此，现行规范要求生产过程中对游离 MgO 和 SO_3的含量加以严格限制，以防二者引起安定性不良的问题。

6. 强度

水泥的力学性质主要指水泥的强度指标。强度是认定水泥强度等级的重要依据，同时也是水泥混凝土配合比设计的重要参数。

水泥强度包括抗折和抗压两个方面。强度的高低除了与水泥自身熟料矿物组成和细度有关外，还与水和水泥混合比例、试件制作方法、养护条件以及龄期等因素密切相关。根据《水泥胶砂强度检验方法（ISO 法）》（GB/T 17671—2021）规定，水泥强度检验是将水泥和标准砂以 1∶3 的比例混合，水和水泥混合比例在 0.5 的条件下，拌和后制成 40mm × 40mm × 160mm 标准试件，在标准条件下养护到规定的龄期，采用规定的方法测出抗折和抗压强度。

二、水泥的检测标准

1. 行业标准

《公路工程水泥及水泥混凝土试验规程》（JTG 3420—2020）。

2. 国家标准

（1）密度试验《水泥密度测定方法》（GB/T 208—2014）。

（2）细度（筛余值）——《水泥细度检验方法　筛析法》（GB/T 1345—2005）。

(3)细度(比表面积)——《水泥比表面积测定方法 勃氏法》(GB/T 8074—2008)。

(4)标准稠度用水量、凝结时间、安定性——《水泥标准稠度用水量、凝结时间、安定性检验方法》(GB/T 1346—2011)。

(5)胶砂强度——《水泥胶砂强度检验方法(ISO 法)》(GB/T 17671—2021)。

(6)胶砂流动度——《水泥胶砂流动度测定方法》(GB/T 2419—2005)。

三、通用硅酸盐水泥的判定标准

《通用硅酸盐水泥》(GB 175—2023)。

第四节 水泥取样规则

一、取样单位

水泥出厂时(或出厂前)按同品种、同强度等级编号取样。袋装水泥和散装水泥应分别进行编号和取样。每一编号为一取样单位。水泥出厂编号按年设计生产能力规定:

(1)年产能≥200×10^4t,不超过 4000t 为一编号;

(2)年产能≥120×10^4t,不超过 2400t 为一编号;

(3)年产能≥60×10^4t,不超过 1000t 为一编号;

(4)年产能≥30×10^4t,不超过 600t 为一编号;

(5)年产能 $<30 \times 10^4$t,不超过 400t 为一编号。

可连续取样,亦可从 20 个以上不同部位取等量样品,总量不少于 12kg。当散装水泥运输工具的容量超过该厂规定出厂编号吨数时,允许该编号的数量超过取样规定吨数。

二、取样部位

取样应在具有代表性的部位进行,且不应在污染严重的环境中取样。一般宜在以下部位取样:水泥输送管路中;袋装水泥堆场;散装水泥卸料处或水泥运输机具上。

三、取样步骤

1. 散装水泥取样

当所取水泥深度不超过 2m 时,每一个批次采用散装水泥取样器随机取样,通过转动取样器内管控制开关,在适当位置(如距顶 0.5m、1.0m、1.5m)插入水泥一定深度,关闭后小心抽出,将所取样品放入指定的容器中,每次抽取的样品量应尽量一致。

2. 袋装水泥取样

用取样管取样。随机选择不少于 10 袋水泥,在每袋 3 个以上不同的部位,将取样管插入水泥适当深度,用大拇指按住气孔,小心抽出取样管。将所取样品过 0.9mm 筛后,放入洁净、

干燥、不易受污染的容器中。每次抽取的单样量应尽量一致。

3. 自动取样(一般适用于水泥厂)

采用自动取样器取样。该装置一般安装在尽量接近水泥包装机或散装容器的管路中,从流动的水泥流中取出样品,将所取样品放入洁净、干燥、不易受污染的容器中。

四、验收取样

交货时,水泥的质量验收可抽取实物试样,以其检验结果为依据,也可以生产者同编号水泥的检验报告为依据。采取何种方法验收由买卖双方商定并在合同或协议中注明。无书面合同或协议,或未在合同、协议中注明验收方法的,卖方应在发货前书面告知并经买方认可后在发货单上注明“以生产者同编号水泥的检验报告为验收依据”。

(1)以抽取实物试样的检验结果为验收依据时,买卖双方应在发货前或交货地共同取样和签封。取样方法按现行《水泥取样方法》(GB/T 12573)进行,取样数量不少于24kg,缩分为二等份。一份由卖方保存40d,一份由买方按标准规定的项目和方法进行检验。

40d内,买方经检验认为产品质量不符合要求而生产者又有异议时,双方应将卖方保存的另一份封存样送双方认可的第三方水泥质量检验机构进行检验。水泥安定性检验,应在取样之日起10d内完成。

(2)以生产者同编号水泥的检验报告为验收依据时,在发货前或交货时买方在同编号水泥中取样,双方共同签封后由买方保存90d。取样方法按现行《水泥取样方法》(GB/T 12573)进行,取样数量不少于12kg。或认可卖方自行取样、签封并保存90d的同编号水泥的封存样。

90d内,买方对水泥质量有疑问而生产者又有异议时,则买卖双方应将共同认可的封存样送双方认可的第三方水泥质量检验机构进行检验。

五、包装与储存

(1)样品取得后应储存在密闭的容器中,封存样应加封条。容器应清洁、干燥、防潮、密闭、不易破损并且不影响水泥性能。

(2)存放封存样的容器应至少在一处加盖清晰、不易擦掉的标有编号、取样时间、取样地点和取样人的密封印。

(3)封存样应密封储存,储存期应符合相应水泥标准的规定。

(4)封存样应储存在干燥、通风的环境中。

六、取样单

样品取得后,均应由负责取样操作人员填写如表2-1-2所示的取样单。

×××取样单　　表2-1-2

取样编号	水泥品种等级及编号	取样地点	取样人签名	取样日期	备注

第五节　水泥出厂检验项目

1. 水泥组分

通用硅酸盐水泥的组分应分别符合表 2-1-3 ~ 表 2-1-5 的规定。

硅酸盐水泥的组分要求　　表 2-1-3

品种	代号	组分(质量分数)(%)		
		熟料+石膏	混合材料	
			粒化高炉矿渣/矿渣粉	石灰石
硅酸盐水泥	P·Ⅰ	100	—	—
	P·Ⅱ	95 ~ 100	0 ~ <5	—
			—	0 ~ <5

普通硅酸盐水泥、矿渣硅酸盐水泥、粉煤灰硅酸盐水泥和火山灰质硅酸盐水泥的组分要求　　表 2-1-4

品种	代号	组分(质量分数)(%)				
		熟料+石膏	混合材料			
			主要混合材料			替代混合材料
			粒化高炉矿渣/矿渣粉	粉煤灰	火山灰质混合材料	
普通硅酸盐水泥	P·O	80 ~ <94	6 ~ <20①			0 ~ <5②
矿渣硅酸盐水泥	P·S·A	50 ~ <79	21 ~ <50	—	—	0 ~ <8③
	P·S·B	30 ~ <49	51 ~ <70	—	—	
粉煤灰硅酸盐水泥	P·F	60 ~ <79	—	21 ~ <40	—	0 ~ <5④
火山灰质硅酸盐水泥	P·P	60 ~ <79	—	—	21 ~ <40	

注:①主要混合材料由符合《通用硅酸盐水泥》(GB 175—2023)规定的粒化高炉矿渣/矿渣粉、粉煤灰、火山灰质混合材料组成。
②替代混合材料为符合《通用硅酸盐水泥》(GB 175—2023)规定的石灰石。
③替代混合材料为符合《通用硅酸盐水泥》(GB 175—2023)规定的粉煤灰或火山灰、石灰石。替代后 P·S·A 矿渣硅酸盐水泥中粒化高炉矿渣/矿渣粉含量(质量分数)不小于水泥质量的 21%,P·S·B 矿渣硅酸盐水泥中粒化高炉矿渣/矿渣粉含量(质量分数)不小于水泥质量的 51%。
④替代混合材料为符合《通用硅酸盐水泥》(GB 175—2023)规定的石灰石。替代后粉煤灰硅酸盐水泥中粉煤灰含量(质量分数)不小于水泥质量的 21%,火山灰质硅酸盐水泥中火山灰质混合材料含量(质量分数)不小于水泥质量的 21%。

复合硅酸盐水泥的组分要求　　表 2-1-5

品种	代号	组分(质量分数)(%)					
		熟料+石膏	混合材料				
			粒化高炉矿渣/矿渣粉	粉煤灰	火山灰质混合材料	石灰石	砂岩
复合硅酸盐水泥	P·C	50 ~ <79	21 ~ <50①				

注:①混合材料由符合《通用硅酸盐水泥》(GB 175—2023)规定的粒化高炉矿渣/矿渣粉、粉煤灰、火山灰质混合材料、石灰石和砂岩中的三种(含)以上材料组成。其中,石灰石含量(质量分数)不大于水泥质量的 15%。

2. 化学要求

通用硅酸盐水泥的化学要求应符合表2-1-6规定。

通用硅酸盐水泥的化学要求　　表2-1-6

品种	代号	不溶物(质量分数)(%)	烧失量(质量分数)(%)	三氧化硫(质量分数)(%)	氧化镁(质量分数)(%)	氯离子(质量分数)(%)
硅酸盐水泥	P·Ⅰ	≤0.75	≤3.0	≤3.5	≤5.0①	≤0.06③
	P·Ⅱ	≤1.50	≤3.5			
普通硅酸盐水泥	P·O		≤5.0			
矿渣硅酸盐水泥	P·S·A	—	—	≤4.0	≤6.0②	
	P·S·B	—	—		—	
火山灰质硅酸盐水泥	P·P	—	—	≤3.5	≤6.0	
粉煤灰硅酸盐水泥	P·F	—	—			
复合硅酸盐水泥	P·C	—	—			

注:①如果水泥压蒸安定性合格,则水泥中氧化镁含量(质量分数)允许放宽至6.0%。
②如果水泥中氧化镁含量(质量分数)大于6.0%,需进行水泥压蒸安定性试验并合格。
③当买方有更低要求时,买卖双方协商确定。

3. 凝结时间

硅酸盐水泥初凝时间应不小于45min,终凝时间应不大于390min。普通硅酸盐水泥、矿渣硅酸盐水泥、粉煤灰硅酸盐水泥、火山灰质硅酸盐水泥、复合硅酸盐水泥初凝时间应不小于45min,终凝时间应不大于600min。

4. 安定性

沸煮法合格;压蒸法合格。

5. 强度

通用硅酸盐水泥不同龄期强度应符合表2-1-7中的规定。

通用硅酸盐水泥不同龄期强度要求(MPa)　　表2-1-7

强度等级	抗压强度		抗折强度	
	3d	28d	3d	28d
32.5	≥12.0	≥32.5	≥3.0	≥5.5
32.5R	≥17.0		≥4.0	
42.5	≥17.0	≥42.5	≥4.0	≥6.5
42.5R	≥22.0		≥4.5	
52.5	≥22.0	≥52.5	≥4.5	≥7.0
52.5R	≥27.0		≥5.0	
62.5	≥27.0	≥62.5	≥5.0	≥8.0
62.5R	≥32.0		≥5.5	

6. 细度

硅酸盐水泥细度以比表面积表示，应不低于 $300m^2/kg$，且不高于 $400m^2/kg$。普通硅酸盐水泥、矿渣硅酸盐水泥、粉煤灰硅酸盐水泥、火山灰质硅酸盐水泥、复合硅酸盐水泥的细度以 45μm 方孔筛筛余表示，应不低于 5%。

当买卖双方有特殊要求时，由买卖双方协商确定。

延伸：水泥出厂和检验报告

(1)经确认水泥各项技术指标及包装质量符合要求时方可出厂。

(2)水泥出厂时，生产者应向买方提供产品质量证明材料(型式检验报告和出厂检验报告)。产品质量证明材料包括水溶性铬(Ⅵ)、放射性核素限量、压蒸法安定性等型式检验项目的检验结果，以及所有出厂检验项目的检验结果或确认结果。

(3)检验报告内容应包括《通用硅酸盐水泥》(GB 175—2023)编号、水泥品种、代号、出厂编号、混合材料种类及掺量等出厂检验项目以及密度(仅限硅酸盐水泥)、标准稠度用水量、石膏和助磨剂的品种及掺加量、合同约定的其他技术要求等。当买方要求时，生产者应在水泥发出之日起 10d 内报告除 28d 强度以外的各项检验结果，35d 内补报 28d 强度的检验结果。

第六节　水泥判定规则

1. 出厂检验

检验结果符合组分要求、化学要求、凝结时间、沸煮法安定性、强度、细度规定时为合格品。

检验结果不符合组分要求、化学要求、凝结时间、沸煮法安定性、强度、细度任何一项技术要求时为不合格。

2. 型式检验

型式检验结果符合组分要求和化学要求、水溶性铬(Ⅵ)、碱含量、凝结时间、安定性(沸煮法、压蒸法)、强度、细度、放射性核素限量所有技术要求时为合格。

型式检验结果不符合以上任何一项技术要求时为不合格。

第七节　水泥包装的标识

水泥袋上应清楚标明：执行标准、水泥品种、代号、强度等级、生产者名称、生产许可证标志(QS)及编号、出厂编号、包装日期、净含量。包装袋两侧应根据水泥的品种采用不同的颜色印刷水泥名称和强度等级，硅酸盐水泥和普通水泥采用红色印刷或喷涂水泥名称和强度等级，火山灰质硅酸盐水泥、粉煤灰硅酸盐水泥和复合硅酸盐水泥采用黑色或蓝色印刷或喷涂水泥名称和强度等级。

散装运输时应提交与袋装标志相同内容的卡片。

一、密度试验

《公路工程水泥及水泥混凝土试验规程》(JTG 3420—2020)T 0503—2005

1. 目的、适用范围及方法原理

(1)目的:本方法规定了使用液体排代法测定水泥密度的试验方法。

(2)适用范围:本方法适用于通用硅酸盐水泥、道路硅酸盐水泥及指定采用本方法的其他品种水泥和粉状物料密度的测定。

(3)方法原理:将一定质量的水泥倒入装有足够量液体介质的李氏瓶内,液体的体积应可以充分浸润水泥颗粒。根据阿基米德定律,水泥颗粒的体积等于它所排开的液体体积,从而算出水泥单位体积的质量,即为密度。试验中,液体介质采用无水煤油或不与水泥发生反应的其他液体。

2. 样品符合性(检查并记录,其他试验同)

水泥样品应储存在基本装满和气密的容器里,容器不应与水泥发生反应。

试验前应先检查样品是否符合质量检测要求,确认包装是否完整、样品是否受潮、有无结块,观察并记录样品状态。

3. 仪具与材料

(1)李氏比重瓶(图 2-1-1):容积为 220 ~ 250mL,带有长 180 ~ 200mm 且直径约为 10mm 的细颈,细颈刻度由 0 ~ 1mL 和 18 ~ 24mL 两段刻度组成,且两段均以 0.1mL 为分度值,任何标明的容量误差都不得大于 0.05mL。

(2)天平:量程不小于 100g,感量不大于 0.01g。

(3)温度计:量程包含 0 ~ 50℃,分度值不大于 0.1℃。

(4)恒温水槽:应有足够大的容积,使水温可以稳定控制在 20℃ ±1℃。

(5)无水煤油:符合现行《煤油》(GB 253)的要求。

(6)药匙:长度不小于 200mm。

4. 试验环境(识别、控制和记录,其他试验同)

调控试验室温:室温应控制在 20℃ ±0.5℃。

5. 试验准备

水泥试样应预先通过 0.90mm 方孔筛,记录重筛余物情况,在 110℃ ±5℃温度下干燥 1h,并且在干燥器内冷却至要求的室温(20℃ ±0.5℃)。试验前水泥样品应充分拌匀。

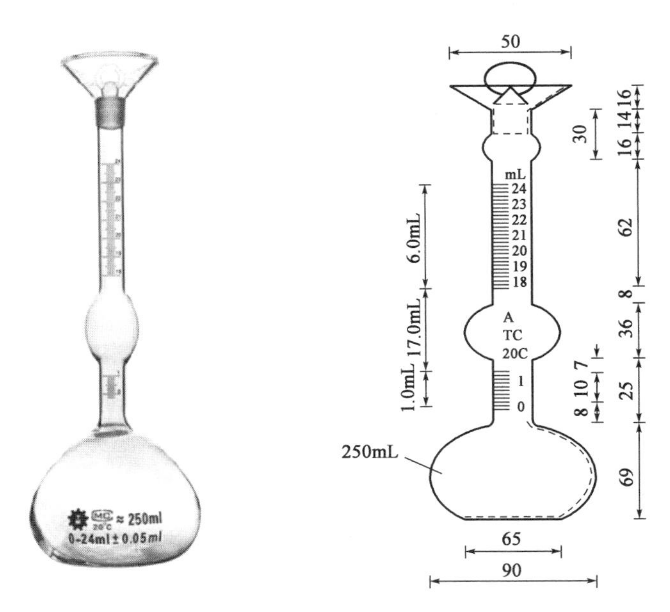

图 2-1-1　李氏比重瓶(尺寸单位:mm)

6. 试验步骤

(1)称取水泥 60g(m),精确至 0.01g。在测试其他粉料密度时,可按实际情况增减称量材料质量,以便读取刻度值。

(2)将无水煤油注入李氏瓶中,液面至 0 ~ 1mL 刻度线内(以弯月液面的下部为准)。盖上瓶塞并放入恒温水槽内,使刻度部分浸入水中(水温应控制在 20℃ ±0.5℃),恒温至少 30min,记下无水煤油的初始(第一次)读数(V_1),精确至 0.1mL。

(3)从恒温水槽中取出李氏瓶,先将瓶外表面水分擦净,再用滤纸将李氏瓶内零点以上无煤油的部分仔细擦净。

(4)用药匙将水泥样品一点点地装入李氏瓶中,反复摇动李氏瓶,直至没有气泡排除或用超声波振动将气泡排完为止,再次将李氏瓶静置于恒温水槽,使刻度部分浸入水中,在相同温度下恒温至少 30min,记下第二次读数(V_2),精确至 0.1mL。

(5)第一次读数和第二次读数时,恒温水槽的温度差不得大于 0.5℃。

7. 结果计算(数据处理,可包括计算、修约、分析、判断等,其他试验同)

水泥密度按式(2-1-1)计算,结果精确至 $10kg/m^3$。

$$\rho = 1000 \times \frac{m}{V_2 - V_1} \tag{2-1-1}$$

式中:ρ——水泥的密度(kg/m^3);

m——装入密度瓶的水泥质量(g);

V_1——李氏瓶第一次读数(mL);

V_2——李氏瓶第二次读数(mL)。

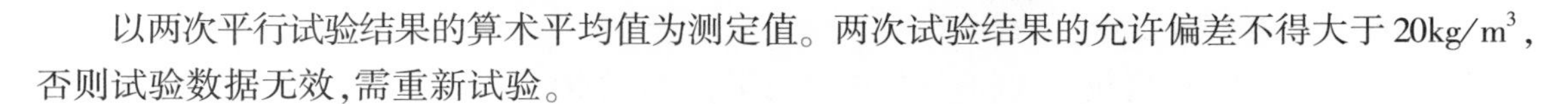

以两次平行试验结果的算术平均值为测定值。两次试验结果的允许偏差不得大于20kg/m^3，否则试验数据无效，需重新试验。

8. 原始记录、质量检测报告、异常情况处理(每个试验的共同要求)

1)规范填写质量检测原始记录表,完整准确记录原始数据

试验检测人员在试验过程中,要认真及时做好相关试验记录，记录表应信息齐全、数据真实可靠,具有可追溯性,不得随意涂改和过后补填;在记录中以签名的方式记录完成该项工作的检测人员;记录的编制除应满足《公路水运试验检测数据报告编制导则》(JT/T 828—2019)的规定外,还应符合交通运输部相关管理办法及其他标准、规范、规程等的相关规定。

(1)标题部分

标题部分应由记录表名称、唯一性标识编码、检测单位名称、记录编号、页码组成。

(2)基本信息部分

基本信息部分应包括工程部位/用途、样品信息(样品描述和样品处置也应详细记录)、试验检测日期(对具体检测项目应记录检测开始时间和检测结束时间)、试验条件(对有温度、湿度要求的检测项目应记录测试过程的温度、湿度)、检测依据、判定依据、主要仪器设备名称及编号、型号、量程等。提倡盲样管理,建议不填工程名称。

(3)检测数据部分

检测数据部分应包括原始观测数据、数据处理过程与方法,以及试验结果等内容。

原始记录不得随意涂改,如有记错时,应对错误数据划“ = ”(两道横线)或按照质量检测机构自己的规定进行更正,同时将正确的数据写在上方,并签名或加盖更改人印章,更改每张记录不应超过两处;原始记录空白地方应划上斜杠以示资料完整,原始记录中计算的有效数字应严格按规程修约与保留。

(4)附加声明部分

附加声明部分应包括:①对试验检测的依据、方法、条件等偏离情况的声明;②其他见证方签认;③其他需要补充说明的事项。

(5)落款部分

落款部分应有检测、记录、复核。签署人不得漏签或代签。

原始记录必须复核,复核的主要内容有基本信息是否完整、内容是否齐全,数据的计算是否正确,所用规范和设备填写是否正确等。

2)质量检测报告

质量检测报告应结论准确、内容完整。报告的编制除应满足《公路水运试验检测数据报告编制导则》(JT/T 828—2019)的规定外,还应符合交通运输部相关管理办法及其他标准、规范、规程等的相关规定。记录的编制应满足以下要求:

(1)标题部分

标题部分应由报告名称、唯一性标识编码、检测单位名称、专用章、报告编号、页码组成。

(2)基本信息部分

基本信息部分应包含施工/委托单位、工程名称、工程部位/用途、样品信息、检测依据、判定依据、主要仪器设备名称及编号信息。

(3)检测对象属性部分

检测对象属性部分应包括基础资料、测试说明、制样情况、抽样情况等,同时应包括检测对象的批次及代表数量、质保单编号(若有)。

(4)检测数据部分

检测数据部分相关内容来源于记录表,应包含检测项目、参数数量(批次)、技术要求/指标、检测结果、检测结论等内容,以及反映检测结果与结论的必要图表信息。

(5)附加声明部分

附加声明部分应包括:①对试验检测的依据、方法、条件等偏离情况的声明;②对报告使用方式和责任的声明;③报告出具方联系信息;④检测场所地址;⑤其他需要补充说明的事项。

(6)落款部分

落款部分应由检测、审核、批准、日期组成。签署人不得漏签或代签。

3)异常情况处理

(1)在试验过程中出现异常,能及时终止试验,对异常情况进行分析和处理,并及时按机构规定程序报告相关人员(如按规定报告部门负责人/技术负责人/质量负责人等)。

(2)试验数据异常时,能从操作人员、仪器设备、样品处置、试验方法、检测环境、测试操作等方面分析异常原因。

二、细度(筛析法、比表面积法)

(一)筛析法

《公路工程水泥及水泥混凝土试验规程》(JTG 3420—2020)T 0502—2005

1. 适用范围及方法原理

(1)适用范围:本方法适用于普通硅酸盐水泥、道路硅酸盐水泥及指定采用本方法的其他品种水泥与矿物掺合料。

(2)方法原理:本方法采用 45μm 方孔筛对水泥等试样进行筛析试验,用筛上筛余物的质量百分数来表示水泥样品的细度。为保持筛孔的标准度,在用试验筛应采用已知筛余的标准样品来标定。

2. 样品符合性

水泥样品应储存在基本装满和气密的容器里,容器不应与水泥发生反应。

试验前应先检查样品是否符合质量检测要求,确认包装是否完整、样品是否受潮、有无结块,观察并记录样品状态。

3. 仪具与材料

(1)试验筛

①试验筛由圆形筛框和筛网组成,分负压筛、水筛两种。负压筛为 45μm 方孔筛,并附有透明筛盖,筛盖与筛上口应有良好的密封性。

②筛网应紧绷在筛框上,筛网和筛框接触处应用防水胶密封,防止水泥嵌入。

③试验筛使用前应校准。由于物料会对筛网产生磨损,试验筛每使用100次后需重新标定,标定方法按《公路工程水泥及水泥混凝土试验规程》(JTG 3420—2020)“附录T 0502 A 水泥试验筛的标定方法”进行。

试验筛修正系数用水泥标准样来标定,当修正系数值在0.80～1.20范围内时,试验筛可继续使用,修正值可作为修正系数;当修正系数值超出0.80～1.20范围时,试验筛应予以淘汰,不得使用。

(2)负压筛析仪

①负压筛析仪(图2-1-2)由负压源、收尘系统、筛座、控制指示仪和负压筛盖组成。其中筛座由转速为30r/min±2r/min的喷气嘴、负压表、控制板、微电机及壳体等部分构成。筛析仪负压可调范围为4000～6000Pa。

②喷气嘴上口平面与筛网之间距离为2～8mm。负压源和收尘系统由功率不小于600W的工业吸尘器和小型旋风收尘筒或由其他具有相当功能的设备组成。

(3)水筛架和喷头

应符合现行《水泥标准筛和筛析仪》(JC/T 728)的规定,但其中水筛架上筛座内径为140^{+0}_{-3}mm。

(4)天平

量程应不小于100g,感量不大于0.01g。

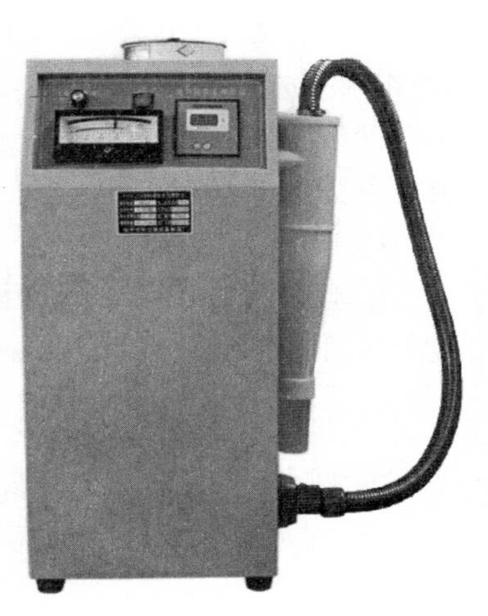

图2-1-2　负压筛析仪

4.试验环境

宜和试验筛标定/校准时的试验室温度一致。

5.试验准备

水泥样品应充分均匀,通过0.9mm方孔筛,记录筛余情况,要防止过筛时混入其他粉体。试验前所用试验筛应保持清洁,负压筛应保持干燥。

6.试验步骤

(1)筛析方式

①负压筛析法:用负压筛析仪,通过负压源产生的恒定气流,在规定筛析时间内使试验筛内的水泥达到筛分。

②水筛法:将试验筛放在水筛座上,用规定压力的水流,在规定时间内使试验筛内的水泥达到筛分。

(2)试验步骤

①负压筛析法。

a.筛析试验前,应把负压筛放在筛座上,盖上筛盖,接通电源,检查控制系统,调节负压至4000～6000Pa范围内。

b.称取试样10g,精确至0.01g。

c. 试样置于洁净的负压筛中，盖上筛盖，放在筛座上，开动筛析仪连续筛析 120s，在此期间如有试样附着在筛盖上，可轻轻地敲击筛盖使试样落下。筛毕，用天平称量筛余物质量，精确至 0.01g。

d. 当工作负压小于 4000Pa 时，应清理吸尘器内水泥，使负压恢复正常。

②水筛法。

a. 筛析试验前，应检查水中无泥砂，调整好水压及水筛架的位置，使其能正常运转，并控制喷头底面和筛网之间距离为 35 ~ 75mm。

b. 称取试样 50g 精确至 0.01g，置于洁净的水筛中，立即用淡水冲洗至大部分细粉通过后，将水筛放在水筛架上，用水压为 0.05MPa ± 0.02MPa 的喷头连续冲洗 3min。筛毕，用少量水把筛余物冲至蒸发皿中，等水泥颗粒全部沉淀后，小心倒出清水，烘干并用天平称量全部筛余物质量，精确至 0.01g。

(3) 试验筛的清洗

试验筛必须保持洁净，筛孔通畅，使用 10 次以后要进行清洗。金属框筛、铜丝网筛清洗时应用专门的清洗剂，不可用弱酸浸泡。

7. 结果计算

水泥试样的筛余百分数按式(2-1-2)计算，结果精确至 0.1%。

$$F = \frac{R_s}{m} \times 100 \tag{2-1-2}$$

式中：F——水泥试样的筛余百分数(%)；

R_s——水泥筛余物的质量(g)；

m——水泥试样的质量(g)。

以两次平行试验结果(经修正系数修正)的算术平均值为测定值，结果精确至 0.1%；当两次筛余结果相差大于 0.3% 时，试验数据无效，需重新试验。

8. 原始记录、质量检测报告、异常情况处理

原始记录、质量检测报告、异常情况处理参照本书第二部分第一章第八节“常规检测参数试验方法及结果处理”中的要求进行。

(二) 比表面积法

《公路工程水泥及水泥混凝土试验规程》(JTG 3420—2020) T 0504—2005

1. 目的、适用范围及方法原理

(1) 目的：本方法规定了使用勃氏法测定水泥比表面积的试验方法。

(2) 适用范围：本方法适用于测定通用硅酸盐水泥及指定采用本方法的其他粉状物料，其比表面积为 2000 ~ 6000cm^2/g(200 ~ 600m^2/kg)，不适用于测定多孔材料及超细粉状物料。

(3) 方法原理：本方法基于一定量的空气通过具有一定空隙率和固定厚度的水泥层时，所受阻力不同而引起流速的变化来测定水泥的比表面积。在一定空隙率的水泥层中，空隙的大

小和数量是颗粒尺寸的函数,同时也决定了通过料层的气流速度。

2. 样品符合性

水泥样品应储存在基本装满和气密的容器里,容器不应与水泥发生反应。

试验前应先检查样品是否符合质量检测要求。确认包装是否完整、样品是否受潮、有无结块,观察并记录样品状态。

3. 仪具与材料

(1)勃氏(Blaine)透气仪:分手动和自动两种,均应符合现行《勃氏透气仪》(JC/T 956)的要求(图 2-1-3)。

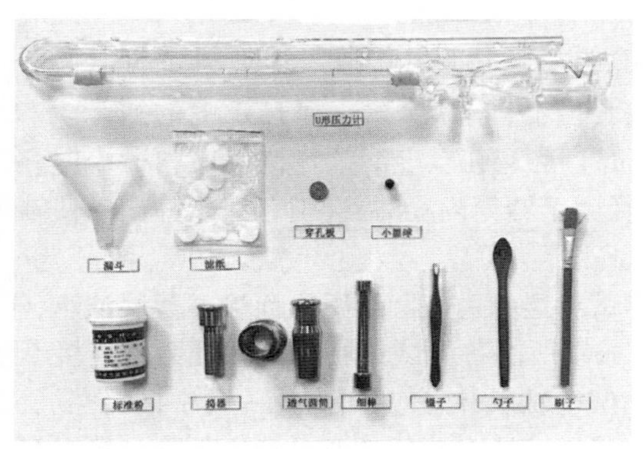

图 2-1-3　自动勃氏透气比表面积仪及配件

(2)烘箱:控制温度灵敏度 ±1℃。

(3)天平:感量为 0.001g。

(4)秒表:分度值为 0.5s。

(5)滤纸:用中速定量滤纸。

(6)压力计液体:采用带有颜色的蒸馏水。

(7)基准材料:应采用符合现行标准规范规定的或相同等级的标准物质。

4. 试验环境

相对湿度不大于 50%。

5. 试验准备

水泥应预先通过 0.9mm 方孔筛,记录重筛余物情况,再在 110℃ ±5℃下烘干 1h,并在干燥器中冷却至室温。试验前水泥样品应充分拌匀。按水泥密度测定方法的规定,测定水泥的密度,并留样备用。

6. 试验步骤

(1)漏气检查。将透气圆筒上口用橡皮塞塞紧,连接到压力计上。用抽气装置从压力计一臂中抽出部分气体,然后关闭阀门,观察是否漏气。如发现漏气,宜用活塞油脂加以密封。

(2)空隙率的确定。空隙率是指试料层中空隙的体积与试料层的总体积之比。P·Ⅰ、

P·Ⅱ型水泥采用0.500% ±0.005%,其他水泥和粉料的孔隙率选用0.53% ±0.005%。当上述空隙率不能将试样压至本方法(4)规定的位置时,则允许改变空隙率。空隙率调整以2000g砝码(5等砝码)将试样压实至本方法(4)规定的位置为准。

(3)确定试样量。校正试验用的标准试样量和被测定水泥的质量,应达到在制备的试料层中的空隙率为0.500% ±0.005%,按式(2-1-3)计算,结果精确至0.001g。

$$W = \rho V(1-\varepsilon) \tag{2-1-3}$$

式中:W——需要的试样质量(g);

ρ——试样表观密度(g/cm³);

V——按现行《勃氏透气仪》(JC/T 956)测定的试料层体积(cm³);

ε——试料层空隙率。

(4)试料层制备。将穿孔板放入透气圆筒的顶端上,用一根直径比圆筒略小的细棒把一片滤纸送到穿孔板上,边缘压紧。穿孔板上的滤纸,应是与圆筒内径相同、边缘光滑的圆片(直径为12.7mm)。穿孔板上滤纸片比圆筒内径小时,会有部分试样沾于圆筒内壁高出圆板上部;滤纸直径大于圆筒内径时,会引起滤纸片褶皱使结果不准。每次测定需用新的滤纸片。

(5)透气试验。

①把装有试料层的透气圆筒下锥面涂一薄层油脂,然后连接到压力计顶端锥形口上,旋转1~2周(不应振动所制备的试料层),以保证紧密连接不致漏气。

②打开小型电磁泵,慢慢从压力计一臂中抽出空气,直到压力计内液面上升到扩大部下端时关闭阀门。当压力计内液体的弯月液面下降到第一条刻度线时开始计时,当液体的弯月液面下降到第二条刻度线时停止计时,记录液面从第一条刻度线下降到第二条刻度线所需的时间,以秒(s)记录,并记下试验时的温度(℃)。

7.结果计算

(1)当被测物料的密度、试料层中空隙率与标准试样相同,试验时温差不大于±3℃时,可按式(2-1-4)计算。

$$S = \frac{S_S\sqrt{T}}{\sqrt{T_s}} \tag{2-1-4}$$

当试验时温差大于±3℃时,可按式(2-1-5)计算。

$$S = \frac{S_S\sqrt{T}\sqrt{\eta_s}}{\sqrt{T_s}\sqrt{\eta}} \tag{2-1-5}$$

式中:S——被测试样的比表面积(cm²/g);

S_S——标准试样的比表面积(cm²/g);

T——被测试样试验时,压力计中液面降落测得的时间(s);

T_s——标准试样试验时,压力计中液面降落测得的时间(s);

η——被测试样试验温度下的空气黏度(μPa·s);

η_s——标准试样试验温度下的空气黏度(μPa·s)。

注:$\sqrt{T}$保留小数点后两位。

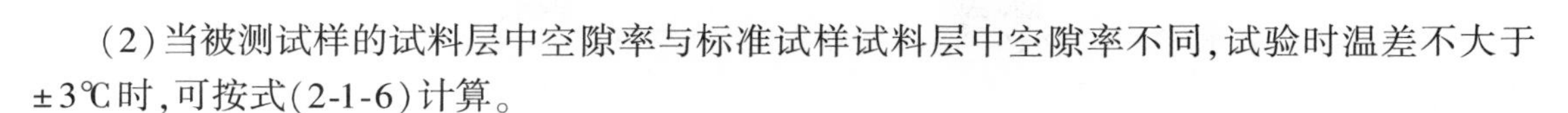

(2)当被测试样的试料层中空隙率与标准试样试料层中空隙率不同,试验时温差不大于±3℃时,可按式(2-1-6)计算。

$$S = \frac{S_S\sqrt{T}(1-\varepsilon_s)\sqrt{\varepsilon^3}}{\sqrt{T_s}(1-\varepsilon)\sqrt{\varepsilon_s^3}} \tag{2-1-6}$$

当试验时温差大于±3℃时,则按式(2-1-7)计算。

$$S = \frac{S_S\sqrt{T}(1-\varepsilon_s)\sqrt{\varepsilon^3}\sqrt{\eta_s}}{\sqrt{T_s}(1-\varepsilon)\sqrt{\varepsilon_s^3}\sqrt{\eta}} \tag{2-1-7}$$

式中:ε——被测试样试料层中的空隙率;

ε_s——标准试样试料层中的空隙率。

注:$\sqrt{T}$保留小数点后两位,$\sqrt{\varepsilon^3}$保留小数点后三位。

(3)当被测试样的密度和空隙率均与标准试样不同,试验时温差不大于±3℃时,可按式(2-1-8)计算。

$$S = \frac{S_S\sqrt{T}(1-\varepsilon_s)\sqrt{\varepsilon^3}\rho_s}{\sqrt{T_s}(1-\varepsilon)\sqrt{\varepsilon_s^3}\rho} \tag{2-1-8}$$

当试验时温度相差大于±3℃时,可按式(2-1-9)计算。

$$S = \frac{S_S\sqrt{T}(1-\varepsilon_s)\sqrt{\varepsilon^3}\rho_s\sqrt{\eta_s}}{\sqrt{T_s}(1-\varepsilon)\sqrt{\varepsilon_s^3}\rho\sqrt{\eta}} \tag{2-1-9}$$

式中:ρ——被测试样的密度(g/cm^3);

ρ_s——标准试样的密度(g/cm^3)。

注:$\sqrt{T}$保留小数点后两位,$\sqrt{\varepsilon^3}$保留小数点后三位。

(4)水泥比表面积应由两次平行试验结果的算术平均值确定,计算结果精确至$10cm^2/g$。两次试验结果相差超过平均值的2%时,应重新试验。

(5)当同一水泥用手动勃氏透气仪测定的结果与用自动勃氏透气仪测定的结果有争议时,以手动勃氏透气仪测定结果为准。

8. 原始记录、质量检测报告、异常情况处理

原始记录、质量检测报告、异常情况处理参照本书第二部分第一章第八节“常规检测参数试验方法及结果处理”中的要求进行。

三、标准稠度用水量、凝结时间、安定性

《公路工程水泥及水泥混凝土试验规程》(JTG 3420—2020)T 0505—2005

1. 目的、适用范围及方法原理

(1)目的:本方法规定了水泥标准稠度用水量、凝结时间、安定性试验方法。

(2)适用范围:本方法适用于普通硅酸盐水泥、道路硅酸盐水泥及指定采用本方法的其他品种水泥。

(3)方法原理:

①水泥标准稠度:水泥标准稠度净浆对标准试杆(或试锥)的沉入具有一定阻力。通过试验不同含水率水泥净浆的穿透性,确定水泥标准稠度净浆中所需加入的水量。

②凝结时间:试针沉入水泥标准稠度净浆至一定深度所需的时间。

③安定性:标准法即雷氏法是通过测定水泥标准稠度净浆在雷氏夹中沸煮后试针的相对位移表征其体积膨胀的程度。代用法即试饼法是通过观测水泥标准稠度净浆试饼煮沸后的外形变化情况表征其体积安定性。

2. 样品符合性

水泥样品应储存在基本装满和气密的容器里,容器不应与水泥发生反应。

试验前应先检查样品是否符合质量检测要求。确认包装是否完整、样品是否受潮、有无结块,观察并记录样品状态。

3. 仪具与材料

(1)水泥净浆搅拌机:应符合现行《水泥净浆搅拌机》(JC/T 729)的规定。

(2)标准法维卡仪:应符合现行《水泥净浆标准稠度与凝结时间测定仪》(JC/T 727)的规定(图2-1-4、图2-1-5),标准稠度测定用试杆有效长度为50mm ±1mm,由直径为10mm ±0.05mm的圆柱形耐腐蚀金属制成。测定凝结时间用试针由钢制成,其有效长度初凝针为50mm ±1mm,终凝针为30mm ±1mm,圆柱体直径为1.13mm ±0.05mm。滑动部分的总质量为300g ±1g。与试杆、试针连接的滑动杆表面应光滑,能靠重力自由下落,不得有紧涩和晃动现象。

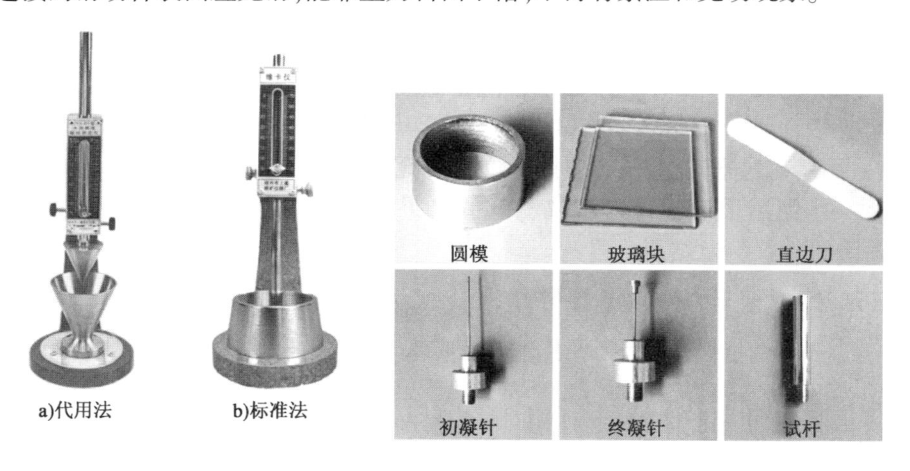

图2-1-4　维卡仪

图2-1-5　标稠与凝结时间配件

(3)试模:盛装水泥净浆的试模应由耐腐蚀的、有足够硬度的金属制成。试模深为40mm ±0.2mm,圆锥台顶内径为65mm ±0.5mm、底内径为75mm ±0.5mm,每只试模应配备一个边长或直径约为100mm、厚度为4 ~5mm的平板玻璃底板或金属底板。

(4)代用法维卡仪:应符合现行《水泥净浆标准稠度与凝结时间测定仪》(JC/T 727)的规

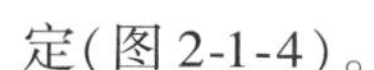

定(图 2-1-4)。

(5)沸煮箱:应符合现行《水泥安定性试验用沸煮箱》(JC/T 955)的规定。

(6)雷氏夹膨胀仪:由铜质材料制成,当一根指针的根部先悬挂在一根金属丝或尼龙丝上,另一根指针的根部挂上 300g 质量的砝码时,两根指针的针尖距离应在 17.5mm ± 2.5mm范围以内,去掉砝码后针尖的距离能恢复至挂砝码前的状态(图 2-1-6)。

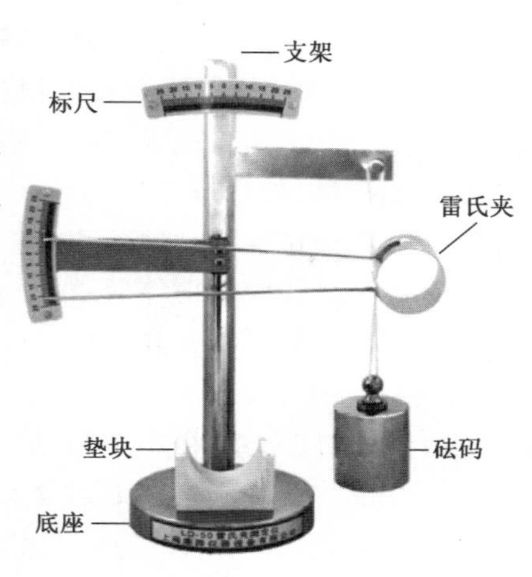

图 2-1-6　雷氏夹膨胀仪

(7)量水器:分度值为 0.5mL。

(8)天平:最大量程不小于 1000g,感量不大于 1g。

4. 试验环境

(1)试验室环境温度为 20℃ ±2℃,相对湿度大于 50%;水泥试样、拌和水的仪器和用具的温度应与试验室一致。

(2)湿气养护箱的温度为 20℃ ±1℃,相对湿度大于 90%。

5. 试验准备

(1)水泥试样应充分拌匀,通过 0.9mm 方孔筛,并记录筛余物情况,但要防止过筛时混进其他粉料。

(2)试验用水宜为洁净的饮用水,有争议时可用蒸馏水。

(3)维卡仪的金属棒能够自由滑动。试模和玻璃底板用湿布擦拭(但不允许有明水),将试模放在底板上。

(4)调整至试杆接触玻璃板时指针对准零点。

(5)水泥净浆搅拌机运行正常。

6. 试验步骤

1)水泥净浆的制备

(1)标准稠度用水量的测定步骤(标准法)

用水泥净浆搅拌机搅拌,搅拌锅和搅拌叶片先用湿布擦过,将拌和水倒入搅拌锅中,然后在 5 ~10s 内小心将称好的 500g 水泥加入水中,防止水和水泥溅出;拌和时,先将锅放在搅拌机的锅座上,升至搅拌位置,启动搅拌机,低速搅拌 120s,停 15s,同时将叶片和锅壁上的水泥浆刮入锅中间,接着高速搅拌 120s 停机。

(2)标准稠度用水量的测定步骤(代用法)

用符合要求的水泥净浆搅拌机搅拌,搅拌锅和搅拌叶片先用湿布擦净,将称好的 500g 水泥试样倒入搅拌锅内。拌和时,先将锅放在搅拌机的锅座上,升至搅拌位置,启动搅拌机,同时徐徐加入水拌和,低速搅拌 120s,停 15s,接着高速搅拌 120s 停机。

2)试验过程

(1)标准稠度用水量的测定步骤(标准法)

①拌和结束后,立即取适量水泥净浆一次性将其装入已置于玻璃底板上的试模中,浆体超

过试模上端，用宽约 25mm 的直边刀轻轻拍打超出试模部分的浆体 5 次以排除浆体中的孔隙，然后在试模上表面约 1/3 处，略倾斜于试模分别向外轻轻锯掉多余净浆，再从试模边沿轻抹顶部一次，使净浆表面光滑。在锯掉多余净浆和抹平的操作过程中，注意不要压实净浆。

②抹平后迅速将试模和底板移到维卡仪上，并将其中心定在试杆下，降低试杆直至与水泥净浆表面接触，拧紧螺栓 1～2s 后，突然放松，使试杆垂直自由地沉入水泥净浆中。在试杆停止沉入或释放试杆 30s 时记录试杆与底板之间的距离，升起试杆后，立即擦净。

③整个操作应在搅拌后 90s 内完成。以试杆沉入净浆并距底板 6mm ± 1mm 的水泥净浆为标准稠度净浆。其拌和水量为该水泥的标准稠度用水量（P），按水泥质量的百分比计，结果精确至 1%。

④当试杆距玻璃板小于 5mm 时，应适当减水，重复水泥净浆的拌制和上述过程；若距玻璃板大于 7mm，则应适当加水，并重复水泥净浆的拌制和上述过程。

（2）标准稠度用水量的测定步骤（代用法）

①采用代用法测定水泥标准稠度用水量可用调整水量法和不变水量法两种方法的任一种。发生争议时，以调整水量法为准。采用调整水量方法时拌和水量按经验找水，采用不变水量方法时拌和水量用 142.5mL，水量精确到 0.5mL。

②拌和结束后，立即将拌制好的水泥净浆装入锥模中，用宽约 25mm 的直边刀在浆体表面轻轻插捣 5 次，再轻振 5 次，刮去多余的净浆；抹平后迅速放到试锥下面固定的位置上，将试锥降至净浆表面，拧紧螺栓 1～2s 后，突然放松，让试锥垂直自由地沉入水泥净浆中。到试锥停止下沉或释放试锥 30s 时记录试锥下沉深度。整个操作应在搅拌后 90s 内完成。

③用调整水量方法测定时，以试锥下沉深度 30mm ± 1mm 时的净浆为标准稠度净浆。其拌和水量为该水泥的标准稠度用水量（P），按水泥质量的百分比计。如下沉深度超出范围，须另称试样，调整水量，重新试验，直至达到 30mm ± 1mm 为止。

④用不变水量法测定时，标准稠度用水量按式（2-1-10）计算，当试锥下沉深度小于 13mm 时，应改用调整水量法测定。

$$P = 33.4 - 0.185S \tag{2-1-10}$$

式中：P——水泥标准稠度用水量（%）；

S——试锥下沉深度（mm）。

计算结果精确至 1%。

（3）凝结时间的测定

测定前准备工作：调整凝结时间测定仪的试针接触玻璃板时，指针对准零点。

试件的制备：以标准稠度用水量按“水泥净浆的制备”方法制成标准稠度净浆（记录水泥全部加入水中的时间作为凝结时间的起始时间），一次装满试模，振动数次刮平，立即放入养护箱中。

①初凝时间的测定。

水泥全部加入水中至初凝状态的时间为水泥的初凝时间，用分钟（min）来表示。

试件在湿气养护箱中养护至加水后 30min 时进行第一次测定。测定时，从湿气养护箱中取出试模放到试针下，降低试针与水泥净浆表面接触。拧紧螺栓 1～2s 后，突然放松，试针垂直自由地沉入水泥净浆。观察试针停止下沉或释放试针 30s 时指针的读数。临近初凝时间时

每隔 5min(或更短时间)测定一次,当试针沉至距底板 4mm ± 1mm 时,为水泥达到初凝状态。

②终凝时间的测定。

水泥全部加入水中至终凝状态的时间为水泥的终凝时间,用分钟(min)来表示。

为了准确观测试针沉入的状况,在终凝针上安装了一个环形附件。在完成初凝时间测定后,立即将试模连同浆体以平移的方式从玻璃板取下,翻转 180°,直径大端向上,小端向下放在玻璃板上,再放入湿气养护箱中继续养护。临近终凝时间时每隔 15min(或更短时间)测定一次,当试针沉入试体 0.5mm 时,即环形附件开始不能在试体上留下痕迹时,为水泥达到终凝状态。

③测定时应注意,在最初测定的操作时应轻轻扶持金属柱,使其徐徐下降,以防止试针撞弯,但结果以自由下落为准;在整个测试过程中试针沉入的位置至少要距试模内壁 10mm。每次测定不能让试针落入原针孔,每次测试完毕须将试针擦净并将试模放回湿气养护箱内,整个测试过程要防止试模振动。

(4)安定性测定方法(标准法:雷氏法)

①试验前准备工作。

每个试样需成型两个试件,每个雷氏夹需配备两个边长或直径约 80mm、厚度 4 ~ 5mm 的玻璃板,凡与水泥净浆接触的玻璃板和雷氏夹内表面都要稍稍涂上一层油。

②雷氏夹试件的成型。

将预先准备好的雷氏夹放在已稍擦油的玻璃板上,并立即将已制好的标准稠度净浆一次装满雷氏夹,装浆时一只手轻轻扶持雷氏夹,另一只手用宽约 25mm 的直边刀在浆体表面轻轻插捣 3 次,然后抹平,盖上稍涂油的玻璃板,接着立即将试件移至湿气养护箱内养护 24h ± 2h。

③沸煮。

调整好沸煮箱内的水位,使其能保证在整个沸煮过程中都超过试件,不需中途添补试验用水,同时又能保证在 30min ± 5min 内升至沸腾。脱去玻璃板,取下试件,先测量雷氏夹指针尖端间的距离(A),精确到 0.5mm,接着将试件放入沸煮箱水中的试件架上,指针朝上,然后在 30min ± 5min 内加热至沸并恒沸 180min ± 5min。

④结果判别。

沸煮结束后,立即放掉沸煮箱中的热水,打开箱盖,待箱体冷却至室温,取出试件进行判别。测量雷氏夹指针尖端的距离(C),准确至 0.5mm,当两个试件煮后增加距离($C-A$)的平均值不大于 5.0mm 时,即认为该水泥安定性合格;当两个试件煮后增加距离($C-A$)的平均值大于 5.0mm 时,应用同一样品立即重做一次试验,以复检结果为准。

(5)安定性测定方法(代用法:试饼法)

①试验前准备工作。

每个样品需准备两块边长约 100mm 的玻璃板,凡与水泥净浆接触的玻璃板都要稍稍涂上一层油。

②试饼的成型方法。

将制好的标准稠度净浆取出一部分,分成两等份,使之成球形,放在预先准备好的玻璃板上,轻轻振动玻璃板并用湿布擦净的小刀由边缘向中央抹动,做成直径 70 ~ 80mm、中心厚约 10mm,边缘渐薄、表面光滑的试饼,接着将试饼放入湿气养护箱内养护 24h ± 2h。

③煮沸。

煮沸要求与标准法相同。脱去玻璃板取下试件，先检查试饼是否完整(如已开裂、翘曲，要检查原因，确定无外因时，该试饼已属不合格品，不必沸煮)。在试饼无缺陷的情况下，将试饼放在沸煮箱水中的箅板上，在 30min ±5min 内加热至水沸腾，并恒沸 180min ±5min。

④结果判别。

沸煮结束后，立即放掉沸煮箱中的热水，打开箱盖，待箱体冷却至室温，取出试件进行判别。目测试饼未发现裂缝，用钢直尺检查也没有弯曲(使钢直尺和试饼底部紧靠，以两者间不透光为不弯曲)的试饼为安定性合格，反之为不合格。当两个试饼判别结果有矛盾时，该水泥的安定性为不合格。

7. 原始记录、质量检测报告、异常情况处理

原始记录、质量检测报告、异常情况处理参照本书第二部分第一章第八节“常规检测参数试验方法及结果处理”中的要求进行。

四、胶砂强度

《水泥胶砂强度检验方法(ISO)法》(GB/T 17671—2021)

《公路工程水泥及水泥混凝土试验规程》(JTG 3420—2020)中的“T 0506—2005　水泥胶砂强度试验方法(ISO 法)”参照《水泥胶砂强度检验方法(ISO)法》(GB/T 17671—1999)编制，同时也有创新的内容。现《水泥胶砂强度检验方法(ISO 法)》(GB/T 17671—2021)已代替《水泥胶砂强度检验方法(ISO)法》(GB/T 17671—1999)于 2022 年 7 月 1 日实施，新国标在技术变化较大的同时写得更为细致，也有利于检测人员的操作统一性。故此处除结合了《公路工程水泥及水泥混凝土试验规程》(JTG 3420—2020)一部分的内容外，主要参照《水泥胶砂强度检验方法(ISO 法)》(GB/T 17671—2021)编制。

1. 目的、适用范围

(1)本方法规定了水泥胶砂强度的试验方法(ISO 法)。

(2)本方法适用于通用硅酸盐水泥、石灰石硅酸盐水泥胶砂抗折和抗压强度检验，其他水泥和材料可参考使用。本方法可能对一些品种水泥胶砂强度检验不适用，例如初凝时间很短的水泥。

2. 样品符合性

水泥样品应储存在基本装满和气密的容器里，容器不应与水泥发生反应。

试验前应先检查样品是否符合质量检测要求，确认包装是否完整、样品是否受潮、有无结块，观察并记录样品状态。

3. 仪具与材料

(1)胶砂搅拌机

胶砂搅拌机制造质量应符合现行《行星式水泥胶砂搅拌机》(JC/T 681)的要求，其搅拌叶

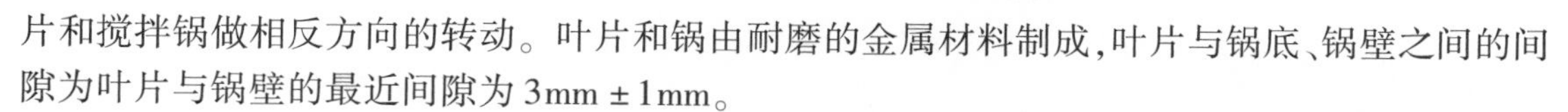
片和搅拌锅做相反方向的转动。叶片和锅由耐磨的金属材料制成，叶片与锅底、锅壁之间的间隙为叶片与锅壁的最近间隙为 3mm ± 1mm。

（2）成型设备

①振实台：为基准成型设备，应符合现行《水泥胶砂试体成型振实台》（JC/T 682）的要求。

振实台应安装在高度约 400mm 的混凝土基座上。混凝土基座体积应大于 0.25m^3，质量应大于 600kg。将振实台用地脚螺栓固定在基座上，安装后台盘呈水平状态，振实台底座与基座之间要铺一层胶砂以保证它们的完全接触。

②振动台：为代用成型设备，应符合现行《胶砂振动台》（JC/T 723）的要求。其全波振幅 0.75mm ± 0.02mm，频率为 2800 ~ 3000 次/min。

（3）试模及下料漏斗

试模应符合现行《水泥胶砂试模》（JC/T 726）的要求。

①试模为可装卸的三联模，由隔板、端板、底座等部分组成，制造质量应符合现行《水泥胶砂试模》（JC/T 726）的规定。可同时成型三条截面为 40mm × 40mm × 160mm 的棱形试件。

②配套漏斗：成型操作时，应在试模上面加有一个壁高 20mm 的金属模套，当从上往下看时，模套壁与试模内壁应该重叠，超出内壁不应大于 1mm。

为了控制料层厚度和刮平，应备有一大一小两个布料器和刮平金属直边尺。

（4）抗折试验机和抗折夹具

①抗折试验机（图 2-1-7）：应符合现行《水泥胶砂电动抗折试验机》（JC/T 724）的规定。加荷与支撑圆柱必须用硬质钢材制造。三根圆柱轴的三个竖向平面应平行，并在试验时继续保持平行和等距离垂直试件的方向，其中一根支撑圆柱能轻微地倾斜使圆柱与试件完全接触，以便荷载沿试件宽度方向均匀分布，同时不产生任何扭转应力。

②抗折夹具（图 2-1-8）：应符合现行《水泥胶砂电动抗折试验机》（JC/T 724）的规定。

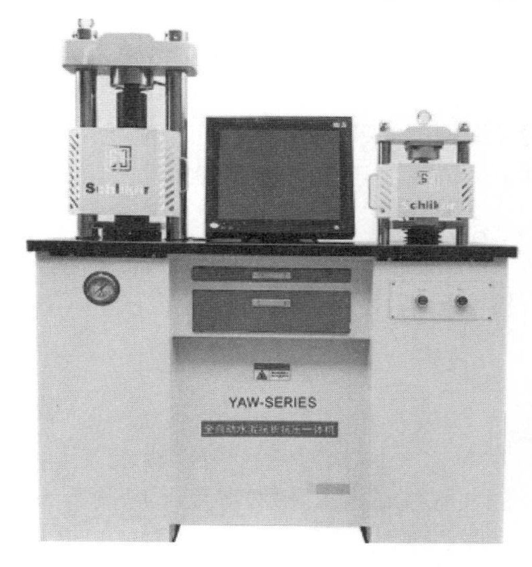

图 2-1-7　抗折抗压强度试验一体机

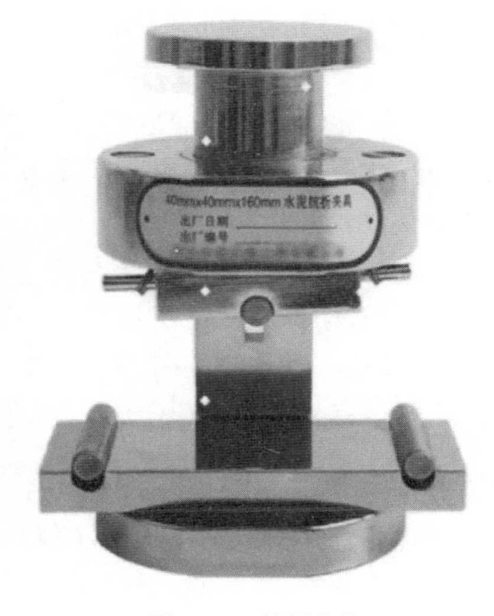
图 2-1-8　抗折夹具

③抗折强度也可用液压式试验机来测定。此时，示值精度、加荷速度和抗折夹具应符合现行《水泥胶砂电动抗折试验机》（JC/T 724）的规定。现多采用抗折抗压强度试验一体机。

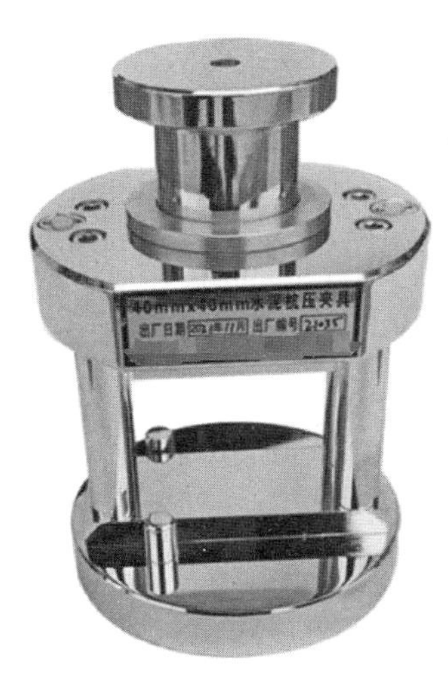
图 2-1-9　抗压夹具

(5)抗压试验机和抗压夹具

①抗压试验机(图 2-1-7)应符合现行《水泥胶砂强度自动抗压试验机》(JC/T 960)的规定,能够自动按水泥胶砂强度试验规定的加荷速度进行水泥强度测定,并具有动态显示、峰值保持、结果处理等功能。压力的显示装置应能自动按照所设定的强度试验方法处理同一组试体的强度并显示结果。抗压试验机的等级为 1 级,按最大压力划分为两个系列:200kN 和 300kN。

抗压试验机的活塞竖向轴应与抗压试验机的竖向轴重合,而且活塞作用的合力要通过试件中心。抗压试验机的下压板表面应与该机的轴线垂直并在加荷过程中一直保持不变。

②抗压夹具(图 2-1-9):应由硬质钢材制成,受压面积为 40mm × 40mm,并应符合现行《40mm × 40mm 水泥抗压夹具》(JC/T 683)的规定。

(6)试验用砂

①ISO 基准砂:由 SiO_2 含量不低于 98%、天然的圆形硅质砂组成,其颗粒分布在表 2-1-8 规定的范围内。

ISO 基准砂的颗粒分布　　表 2-1-8

方孔筛孔径(mm)	2.00	1.60	1.00	0.50	0.16	0.08
累计筛余(%)	0	7 ± 5	33 ± 5	67 ± 5	87 ± 5	99 ± 1

②中国 ISO 标准砂:以 1350g ± 5g 容量的塑料袋包装。所用塑料袋不应影响强度试验结果,且每袋标准砂应符合表 2-1-8 规定的颗粒分布以及湿含量小于 0.2% 的要求。颗粒分布通过对有代表性样品的筛析来测定,每个筛子的筛析试验应进行至每分钟通过量小于 0.5g 止。湿含量通过代表性样品在 105 ~ 110℃下烘干至恒重后的质量损失来测定,以干基的质量百分数表示。

使用前,中国 ISO 标准砂应妥善存放,避免破损、污染、受潮。

一般恒重:烘干过程中,在规定温度条件下间隔不小于 3h 连续两次称量,其质量变化不大于 0.1% 即为达到恒重。

(7)试验用水

验收试验或有争议时,应使用符合《分析实验室用水规格和试验方法》(GB/T 6682—2008)规定的三级水,其他试验可用饮用水。

4. 试验和养护环境

(1)试验室

试验室温度应保持在 20℃ ± 2℃(包括成型、强度试验),相对湿度不应低于 50%。水泥试样、中国 ISO 标准砂、拌和水及试模等的温度应与室温相同。试验室的空气温度和相对湿度应在工作期间早晚至少各记录 1 次。

(2)养护箱

带模养护试体养护箱的温度应保持在 20℃ ± 1℃,相对湿度不低于 90%。养护箱的温度

和相对湿度至少每4h记录1次，在自动控制的情况下记录次数可以酌减至每天2次。

(3)养护水池

水养用养护水池（带箅子）的材料不应与水泥发生反应，试体养护池水温度应保持在20℃±1℃，在工作期间每天至少记录1次。

5. 试验准备

(1)成型前将试模擦净，四周的模板与底座的接触面上应涂黄油，紧密装配，防止漏浆，内壁均匀地刷一薄层机油。

(2)水泥与中国ISO标准砂的质量比为1∶3，水灰比为0.50。对火山灰质硅酸盐水泥、粉煤灰硅酸盐水泥、复合硅酸盐水泥和掺火山灰质混合材料的普通硅酸盐水泥进行胶砂强度试验时，其用水量在0.50水灰比的基础上以胶砂流动度不小于180mm来确定。当水灰比为0.50且胶砂流动度小于180mm时，须以0.01整倍数递增的方法将水灰比调整至胶砂流动度不小于180mm。

(3)配合比：每锅材料（成型3条试体）需称量的材料及用量为：水泥450g±2g，中国ISO标准砂1350g±5g，水225g±1g。

6. 试验步骤

(1)搅拌。

①将水加入锅中，再加入水泥，把锅放在固定架上，上升至工作位置。

②立即开动机器，先低速搅拌30s±1s后，在第二个30s±1s开始的同时均匀将砂子加入，把搅拌机调到高速再搅拌30s±1s。

③停拌90s，在停拌开始的第一个15s±1s内，将搅拌锅放下，用刮刀将叶片、锅壁和锅底上的胶砂刮入锅中。

④把搅拌机调至高速下继续搅拌60s±1s。

(2)成型。

①用振实台成型：胶砂制备后立即进行成型。将空试模和模套固定在振实台上，用料勺将锅壁上的胶砂清理到锅内并翻转搅拌胶砂使其更加均匀，成型时将胶砂分两层装入试模。装第一层时，每个槽里约放300g胶砂，先用料勺沿试模长度方向划动胶砂以布满模槽，再用大布料器垂直架在模套顶部沿每个模槽来回一次将料层布平，接着振实60次。再装入第二层胶砂，用料勺沿试模长度方向划动胶砂以布满模槽，但不能接触已振实的胶砂，再用小布料器布平，振实60次。每次振实时可将一块用水湿过拧干、比模套尺寸稍大的棉纱布盖在模套上，以防止振实时胶砂飞溅。

移走模套，从振实台上取下试模，用一把金属直边尺以近似90°的角度（但向刮平方向稍斜）架在试模模顶的一端，然后沿试模长度方向以横向锯割动作慢慢向另一端移动，将超过试模部分的胶砂刮去。锯割动作的多少和直尺角度的大小取决于胶砂的稀稠程度，较稠的胶砂需要多次锯割、锯割动作要慢以防拉动已振实的胶砂。用拧干的湿毛巾将试模端板顶部的胶砂擦拭干净，再用同一直边尺以近乎水平的角度将试体表面抹平。抹平的次数要尽量少，总次数不应超过3次。最后将试模周边的胶砂擦除干净。

②用代用振动台成型时，在搅拌胶砂的同时将试模及下料漏斗卡紧在振动台的中心。将

搅拌好的全部胶砂均匀地装入下料漏斗中，开动振动台，胶砂通过漏斗流入试模。振动120s ±5s停止振动。振动完毕，取下试模，用刮平尺按上述同样方法刮去高出试模的胶砂并抹平试件。

③用毛笔或其他工具对试体进行编号。两个龄期以上的试体，在编号时应将同一试模中的3条试体分在两个以上龄期内。

(3)试验前或更换水泥品种时，搅拌锅、叶片和下料漏斗等须抹擦干净。

(4)养护。

①在试模上盖一块玻璃板，也可用相似尺寸的钢板或不渗水的、与水泥没有反应的材料制成的板。盖板不应与水泥胶砂接触，盖板与试模之间的距离应控制在2～3mm。为了安全，玻璃板应有磨边。立即将做好标记的试模放入养护室或养护箱的水平架子上养护，湿空气应能与试模各边接触。养护时不应将试模放在其他试模上。一直养护到规定的脱模时间取出试模。

②脱模应非常小心，可以用橡皮锤或脱模器。

对于24h龄期的，应在破型前20min内脱模。对于24h以上龄期的，应在成型后20～24h脱模。如经24h养护，会因脱模对强度造成损害时，可以延迟到24h以后脱模，但在试验报告中应予说明。已确定作为24h龄期试验(或其他不下水直接做试验)的已脱模试体，应用湿布覆盖至做试验时为止。

③水中养护。

将做好标记的试体立即水平或竖直放在20℃ ±1℃水中养护，水平放置时刮平面应朝上。

试体放在不易腐烂的箅子上，并彼此间保持一定间距，让水与试体的六个面接触。养护期间试体之间间隔或试体上表面的水深不应小于5mm。每个养护池只养护同类型的水泥试体。

注：不宜用未经防腐处理的木箅子。

④用自来水装满养护池(或容器)，随后随时加水保持适当水位。在养护期间，可以更换不超过50%的水。

(5)强度试验试体的龄期。

除24h龄期或延迟至48h脱模的试体外，任何到龄期的试体应在试验(破型)前提前从水中取出。揩去试体表面沉积物，并用湿布覆盖至试验为止。试体龄期是从水泥加水搅拌开始算起。不同龄期强度试验在下列时间里进行：

——24h ±15min；

——48h ±30min；

——72h ±45min；

——7d ±2h；

——28d ±8h。

(6)抗折强度试验。

①用中心加荷法测定抗折强度。采用杠杆式抗折试验机试验时，试件放入前，应使杠杆呈水平状态。试件放入后调整夹具，使杠杆在试件折断时尽可能地接近水平位置。

②将试件一个侧面放在试验机支撑圆柱上，试件长轴垂直于支撑圆柱，通过加荷圆柱以50N/s ±10N/s 的速率均匀地将荷载垂直地加在棱柱体相对侧面上，直至折断。并保持两个半截棱柱处于潮湿状态直至抗压试验。

(7)抗压强度试验。

①抗折强度试验完成后，取出 2 个棱柱体断块应立即进行抗压试验。抗压试验须用抗压夹具进行，面积为 40mm ×40mm。试验前应清除试件受压面与加压板间的砂粒或杂物。试验时以试件成型时的侧面作为受压面，试件的底面靠紧夹具定位销，棱柱体断块中心与压力机压板中心差应在 ±0.5mm 内，棱柱体露在压板外的部分约有 10mm。

②在整个加荷过程中以 2400N/s ±200N/s 速率均匀地加荷直至破坏。

7. 结果计算

(1)抗折强度按式(2-1-11)计算。

$$R_f = \frac{1.5F_f \cdot L}{b^3} \tag{2-1-11}$$

式中：R_f——抗折强度(MPa)；

F_f——破坏荷载(N)；

L——支撑圆柱中心距(mm)；

b——试件断面正方形的边长，为 40mm。

以一组 3 个棱体抗折结果的平均值作为试验结果。当 3 个强度值中有 1 个超出平均值的 ±10% 时，应剔除后再取平均值作为抗折强度试验结果；当 3 个强度值中有 2 个超出平均值的 ±10% 时，则以剩余 1 个作为抗折强度试验结果。

单个抗折强度结果、算术平均值均精确至 0.1MPa。

(2)抗压强度按式(2-1-12)计算。

$$R_c = \frac{F_c}{A} \tag{2-1-12}$$

式中：R_c——抗压强度(MPa)；

F_c——破坏荷载(N)；

A——受压面积(mm^2)，受压面积计为 1600mm^2。

以 1 组 3 个棱柱体上得到的 6 个抗压强度测定值的平均值为试验结果。当 6 个测定值中有 1 个超出 6 个平均值的 ±10% 时，剔除这个结果，再以剩下 5 个的平均值为结果。当 5 个测定值中再有超过它们平均值的 ±10% 时，则此组结果作废。当 6 个测定值中同时有 2 个或 2 个以上超出平均值的 ±10% 时，则此组结果作废。

单个抗压强度结果、算术平均值均精确至 0.1MPa。

8. 原始记录、质量检测报告、异常情况处理

原始记录、质量检测报告、异常情况处理参照本书第二部分第一章第八节“常规检测参数试验方法及结果处理”中的要求进行。

五、胶砂流动度

《公路工程水泥及水泥混凝土试验规程》(JTG 3420—2020)T 0507—2005

1. 目的、适用范围及方法原理

(1)目的:本方法规定了水泥胶砂流动度的试验方法。

(2)适用范围:本方法适用于普通硅酸盐水泥、道路硅酸盐水泥及指定采用本方法的其他品种水泥。

(3)方法原理:通过测量一定配比的水泥胶砂在规定振动状态下的扩展范围来衡量其流动性。

2. 样品符合性

水泥样品应储存在基本装满和气密的容器里,容器不应与水泥发生反应。

试验前应先检查样品是否符合质量检测要求,确认包装是否完整、样品是否受潮、有无结块,观察并记录样品状态。

3. 仪具与材料

(1)胶砂搅拌机:应符合现行《行星式水泥胶砂搅拌机》(JC/T 681)的规定。

(2)水泥胶砂流动度测定仪(简称"跳桌"),见图 2-1-10。

图 2-1-10 水泥胶砂流动度测定仪

(3)试模:用金属材料制成,由截锥圆模和模套组成。截锥圆模内壁须光滑,尺寸为:高度 60mm ±0.5mm;上口内径 70mm ±0.5mm;下口内径 100mm ±0.5mm;下口外径 120mm,模壁厚大于 5mm。模套与截锥圆模配合使用。

(4)捣棒:用金属材料制成,直径为 20mm ±0.5mm,长度约为 200mm,捣棒底面与侧面成直角,其下部光滑,上部手柄滚花。

(5)卡尺:量程为 200mm,分度值为 0.5mm。

（6）小刀：刀口平直，长度大于80mm。

（7）秒表：分度值为1s。

4. 试验环境

（1）试件成型试验室应保持在试验室温度为20℃ ±2℃，相对湿度大于50%。

（2）水泥试样、ISO标准砂、拌和水及试模等的温度应与室温相同。

5. 试验准备

（1）材料制备：胶砂材料用量按相应标准要求或试验设计确定。水泥试样、标准砂和试验水及试验条件应符合水泥胶砂强度试验的规定。

（2）胶砂制备：应按水泥胶砂强度试验中的有关规定进行制备。

（3）如跳桌在24h内未被使用，使用前应先空跳一个周期25次。

6. 试验步骤

（1）在制备胶砂的同时，用潮湿棉布擦拭跳桌台面、试模内壁、捣棒以及与胶砂接触的用具，将试模放在跳桌台面中央并用潮湿棉布覆盖。

（2）将拌好的胶砂分两层迅速装入流动试模，第一层装至截锥圆模高度约2/3处，用小刀在相互垂直的两个方向上各划5次，用捣棒由边缘至中心均匀捣压15次，之后装第二层胶砂，装至高出截锥圆模约20mm，用小刀划10次，再用捣棒由边缘至中心均匀捣压10次。捣压力量应恰好足以使胶砂充满截锥圆模。捣压深度，第一层捣至胶砂高度的1/2，第二层捣实不超过已捣实底层表面。捣压顺序见图2-1-11和图2-1-12。装胶砂和捣压时，用手扶稳试摸，使其不要移动。

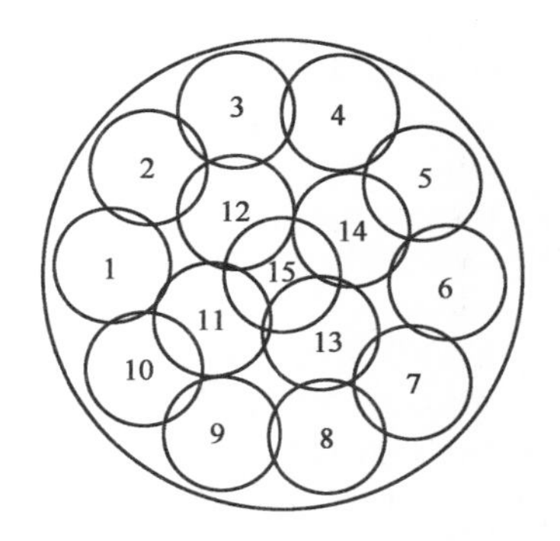

图2-1-11　第一层捣压顺序

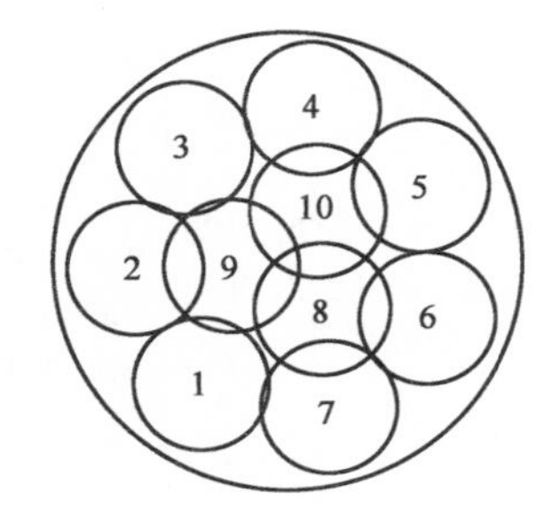

图2-1-12　第二层捣压顺序

（3）捣压完毕，取下模套，用小刀由中间向边缘分两次将高出截锥圆模的胶砂刮去并抹平，擦去落在桌面上的胶砂。将截锥圆模垂直向上轻轻提起，立刻开动跳桌，每秒钟一次，在25s ±1s内完成25次跳动。

7. 结果计算

跳动完毕，用卡尺测量胶砂底面最大扩散直径及与其垂直方向的直径，计算平均值，精确至1mm，即为该水量的水泥胶砂流动度。流动度试验，从胶砂拌和开始到测量扩散直径结束，须在6min内完成。

电动跳桌与手动跳桌测定的试验结果发生争议时，以电动跳桌试验结果为准。

8. 原始记录、质量检测报告、异常情况处理

原始记录、质量检测报告、异常情况处理参照本书第二部分第一章第八节“常规检测参数试验方法及结果处理”中的要求进行。

第九节　行业标准与国家标准比较

水泥相关行业标准与国家标准比较见表2-1-9。

水泥行业标准与国家标准比较　　表2-1-9

序号	参数名称	国家标准	公路行业标准	主要区别
1	密度	《水泥密度测定方法》(GB/T 208—2014)	《公路工程水泥及水泥混凝土试验规程》(JTG 3420—2020)T 0503—2005	国标： 室温及恒温水槽的水温控制范围在20℃ ±1℃，两次读数间恒温水槽温度差为0.2℃，计算结果精确至0.01g/cm^3。 行标： 室温及恒温水槽的水温控制范围在20℃ ±0.5℃，两次读数间恒温水槽温度差为0.5℃，计算结果精确至10kg/m^3
2	细度/筛余值	《水泥细度检验方法　筛析法》(GB/T 1345—2005)	《公路工程水泥及水泥混凝土试验规程》(JTG 3420—2020)T 0502—2005	1. 行标相较国标删除了手筛法。 2. 行标负压筛法相较国标删除了80μm筛。 3. 水筛法。 国标： 80μm筛析试验称取试样25g，45μm筛析试验称取试样10g，精确至0.01g。 行标： 称取试样50g，精确至0.01g。 4. 评定结果。 国标： 合格评定时，每个样品应称取两个试样分别筛析，取筛余平均值作为筛析结果，结果精确至0.1%。若两次筛余结果绝对误差大于0.5%时(筛余值大于5.0%时可放宽至1.0%)应再做一次试验，取两次相近结果的算术平均值作为最终结果。 行标： 以两次平行试验结果(经修正系数修正)的算术平均值为测定值，结果精确至0.1%；当两次筛余结果相差大于0.3%时，试验数据无效，需重新试验
3	细度/ 比表面积	《水泥比表面积测定方法(勃氏法)》(GB/T 8074—2008)	《公路工程水泥及水泥混凝土试验规程》(JTG 3420—2020)T 0504—2005	国标： 计算结果未做要求。 行标： 计算公式小数点保留：$\sqrt{T}$保留小数点后两位，$\sqrt{\varepsilon_3}$保留小数点后三位

续上表

序号	参数名称	国家标准	公路行业标准	主要区别
4	准稠度用水量、凝结时间、安定性	《水泥用水量、凝结时间、安定性检验方法》(GB/T 1346—2011)	《公路工程水泥及水泥混凝土试验规程》(JTG 3420—2020)T 0505—2005	国标： 水泥标准稠度用水量结果精确无硬性要求。 行标： (1)水泥标准稠度用水量结果精确至1%。 (2)标准法中新增了以下内容：当试杆与玻璃板距离小于5mm时，应适当减水，重复水泥浆的拌制和上述过程；若距离大于7mm，则应适当加水，并重复水泥浆的拌制和上述过程
5	胶砂强度	《水泥胶砂强度检验方法(ISO法)》(GB/T 17671—2021)	《公路工程水泥及水泥混凝土试验规程》(JTG 3420—2020)T 0506—2005	1. 振实台要求 国标：要求振实台应安装在高度约400mm的混凝土基座上。混凝土基座体积应大于0.25m^3，质量应大于600kg。将振实台用地脚螺丝固定在基座上，安装后台盘呈水平状态，振实台底座与基座之间要铺一层胶砂以保证它们的完全接触。 行标：振实台要求由装有两个对称偏心轮的电动机产生振动，使用时固定于混凝土基座上。座高约400mm，混凝土的体积约0.25m^3，质量约600kg。为防止外部振动影响振实效果，可在整个混凝土基座下放一层厚约5mm的天然橡胶弹性衬垫。 2. 标准砂的要求 国标：要求中国ISO标准砂以1350g±5g容量的塑料袋包装。所用塑料袋不应影响强度试验结果，且每袋标准砂应符合标准规定的颗粒分布以及湿含量要求。 行标：仅要求ISO标准砂。 3. 水泥的要求 国标：要求水泥样品应储存在气密的容器里，容器不应与水泥发生反应。试验前混合均匀。 行标：要求当试验水泥从制样至试验要保持24h以上时，应把它储存在基本装满和气密的容器里，这个容器不应与水泥起反应。 4. 水的要求 国标：要求验收试验或有争议时应使用符合现行《分析实验室用水规格和试验方法》(GB/T 6682)规定的三级水，其他试验可用饮用水。 行标：要求饮用水，仲裁试验用蒸馏水。 5. 养护 国标：最初用自来水装满养护池(或容器)，随后随时加水保持适当的水位。在养护期间，可以更换不超过50%的水。 行标：每个养护池中只能养护同类水泥试件，并应保持恒定水位，不允许养护期间全部换水
6	胶砂流动度	《水泥胶砂流动度测定方法》(GB/T 2419—2005)	《公路工程水泥及水泥混凝土试验规程》(JTG 3420—2020)T 0507—2005	行标：明确电动跳桌与手动跳桌测定的试验结果发生争议时，以电动跳桌为准

练习题

1.［单选］水泥胶砂强度检验方法（ISO 法）成型水泥胶砂试件时所需材料有：①水泥；②标准砂；③水。正确的加料顺序是（　　）。

A.①③②　　B.③②①　　C.③①②　　D.②①③

【答案】C

解析：水泥胶砂制备先将所需水倒入搅拌锅内，随后加入水泥，开动机器先低速搅拌 30s，在第二个 30s 开始的同时均匀地将砂子加入锅中。

2.［判断］水泥标准稠度用水量的多少将不影响水泥胶砂试验结果。（　　）

【答案】√

解析：水泥胶砂强度试验中胶砂组成是固定的，水泥：标准砂：水 =450g：1350g：225mL。

3.［多选］下列对于水泥胶砂强度试验试件养生的描述不正确的有（　　）。

A. 胶砂强度试件脱模后，需在水中养生

B. 试件在水中养生时，试件之间应保持一定间隔，养护池中可养护不同类水泥试件

C. 带模养生时间应严格控制在 20 ~ 24h 之内

D. 水泥胶砂强度测定对应的龄期，应从水泥加水搅拌开始算起

【答案】BC

解析：B 选项的正确说法是养护池中不能养护不同类的水泥试件。C 选项的正确说法是强度试验时试件的龄期有 24h ± 15min。

4.［综合］某工地试验室的试验人员开展水泥标准稠度用水量试验，根据掌握的试验知识完成下列题目。

（1）以下关于水泥浆拌制工作的描述正确的有（　　）。

A. 搅拌机运行正常　　B. 搅拌锅内先加水，后加水泥

C. 搅拌锅内先加水泥，后加水　　D. 低速搅拌 120s，停 15s，再高速搅拌 120s

（2）以下关于代用法测定标准稠度用水量的描述正确的有（　　）。

A. 分调整水量法和不变水量法　　B. 不变水量法的拌和用水量为 142.5mL

C. 试锥停止下沉时记录下沉深度　　D. 试锥释放 30s 时记录下沉深度

（3）制备具有标准稠度状态的水泥浆的目的是（　　）。

A. 使凝结时间和安定性试验操作易于进行

B. 使凝结时间和安定性试验结果分别具有可比性

C. 使测得凝结时间试验更加准确

D. 使安定性试验结果更易于判断

（4）代用法操作又可分为调整水量法和不变水量法两种方式，下列描述正确的是（　　）。

A. 调整水量法就是采用经验方法每次调整水泥和水的用量

B. 不变水量法是试验操作之后通过计算得到水泥浆的标准稠度

C. 当采用调整水量法测得试锥沉入水泥浆低于 13mm 时，不适合用调整水量法

D. 当采用不变水量法测得的试锥沉入水泥浆是 32mm 时，要减水后再次进行试验

（1）**【答案】**ABD

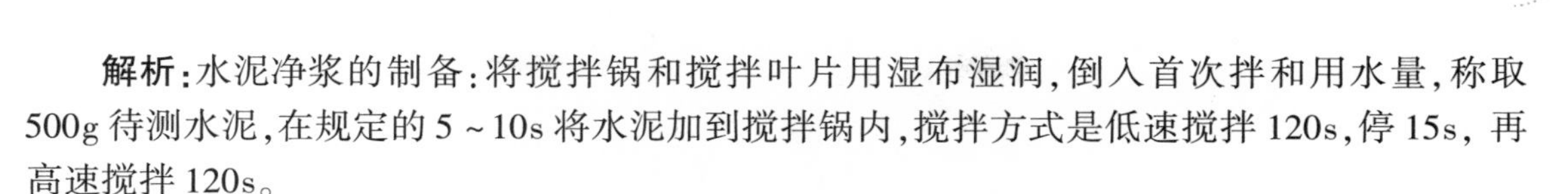

解析：水泥净浆的制备：将搅拌锅和搅拌叶片用湿布湿润，倒入首次拌和用水量，称取500g待测水泥，在规定的5～10s将水泥加到搅拌锅内，搅拌方式是低速搅拌120s，停15s，再高速搅拌120s。

（2）**【答案】**ABC

解析：标准稠度用水量采用代用维卡仪（试锥）法，有调整水量法和不变水量法两种方式，不变水量法的拌和用水量为142.5mL，当试锥停止下沉时，记录试锥下沉深度（mm）。

（3）**【答案】**B

解析：标准稠度是水泥凝结时间、安定性试验结果具有可比性的基础。

（4）**【答案】**B

解析：A选项的正确说法是调节水量法的水泥用量是固定的，每次只需要调整水的用量。C选项的正确说法是不变水量法不适宜试锥下沉深度小于13mm时的水泥。D选项错在采用不变水量法测得试锥下沉深度后直接按公式计算得到标准稠度用水量，而不需要调整水量后再进行试验。

第二章　掺　合　料

第一节　粉　煤　灰

一、粉煤灰取样规则

粉煤灰出厂前按同种类、同等级编号和取样。散装粉煤灰和袋装粉煤灰应分别进行编号和取样。不超过500t为一编号，每一编号为一取样单位。当散装粉煤灰运输工具的容量超过该厂规定出厂编号吨数时，允许该编号的数量超过取样规定吨数。粉煤灰质量按干灰（含水率小于1%）的质量计算。

取样方法按《水泥取样方法》（GB/T 12573—2008）进行。取样应有代表性，可连续取，也可从10个以上不同部位取等量样品，总量至少3kg。

注：对于拌制混凝土和砂浆用粉煤灰，必要时，买方可对其进行随机抽样检验。

二、粉煤灰出厂检验指标及试验方法

拌制混凝土和砂浆用粉煤灰，出厂检验项目为细度、需水量比、含水率、三氧化硫质量分数、游离氧化钙质量百分数，二氧化硅、三氧化二铝和三氧化二铁总质量百分数，密度、安定性；采用干法或半干法脱硫工艺排出的粉煤灰增加半水亚硫酸钙（$CaSO_3 \cdot 1/2H_2O$）项目。

水泥活性混合材料用粉煤灰，出厂检验项目为烧失量、含水率、三氧化硫质量分数、游离氧化钙质量百分数，二氧化硅、三氧化二铝和三氧化二铁总质量百分数，密度、安定性；采用干法或半干法脱硫工艺排出的粉煤灰增加半水亚硫酸钙（$CaSO_3 \cdot 1/2H_2O$）项目。

三、粉煤灰判定规则

拌制混凝土和砂浆用粉煤灰出厂检验项目符合细度、需水量比、烧失量、含水率、三氧化硫质量分数、游离氧化钙质量分数，二氧化硅、三氧化二铝和三氧化二铁总质量分数，密度、安定性（雷氏法）、强度活性指数、半水亚硫酸钙含量（此项指采用干法或半干法脱硫工艺的粉煤灰）技术要求时，判为出厂检验合格。若其中任何一项不符合要求，允许在同一编号中重新取样进行全部项目的复检，以复检结果判定。

水泥活性混合料用粉煤灰出厂检验项目符合烧失量、含水率、三氧化硫质量分数、游离氧化钙质量分数，二氧化硅、三氧化二铝和三氧化二铁总质量分数，密度、安定性（雷氏法）、半水亚硫酸钙含量（此项指采用干法或半干法脱硫工艺的粉煤灰）时为出厂验合格。若其中任何

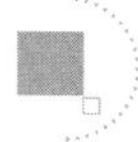

一项不符合要求,允许在同一编号中重新取样进行全部项目的复检,以复检结果判定。

四、常规检测参数试验方法及结果处理

《用于水泥和混凝土中的粉煤灰》(GB/T 1596—2017)

(一)密度

密度试验及结果处理按《水泥密度测定方法》(GB/T 208—2014)的规定进行。

(二)细度

(1)按《水泥细度检验方法　筛析法》(GB/T 1345—2005)中45μm负压筛析法进行,筛析时间为3min。

(2)筛网应采用符合《粉煤灰细度标准样品》(GSB 08-2056—2018)规定的或其他同等级标准样品进行校正,筛析100个样品后进行筛网的校正,结果按《水泥细度检验方法　筛析法》(GB/T 1345—2005)的规定处理。

(三)含水率

《用于水泥和混凝土中的粉煤灰》(GB/T 1596—2017)附录B

1. 适用范围及方法原理

(1)本方法适用于粉煤灰含水率的测定。

(2)方法原理:将粉煤灰放入规定温度的烘干箱内烘至恒重,以烘干前后的质量差与烘干前的质量比确定粉煤灰的含水率。

2. 样品符合性

试验前应检查样品是否符合质量检测要求。样品不得受潮和混入杂物,同时应防止污染环境。

3. 仪具与材料

(1)烘干箱:可控制温度105~110℃,最小分度值不大于2℃。

(2)天平:量程不小于50g,最小分度值不大于0.01g。

4. 试验环境

室温。

5. 试验步骤

称取粉煤灰试样约50g,精确至0.01g,倒入已烘干至恒量的蒸发皿中称量(m_1),精确至0.01g。将粉煤灰试样放入105~110℃烘干箱内烘至恒重,取出放在干燥器中冷却至室温后

称量(m_0),精确至0.01g。

6. 结果计算

含水率按式(2-2-1)计算,结果保留至0.1%。

$$w = \frac{m_1 - m_0}{m_1} \times 100 \tag{2-2-1}$$

式中:w——含水率(%);

m_1——烘干前试样的质量(g);

m_0——烘干后试样的质量(g)。

7. 原始记录、质量检测报告、异常情况处理

原始记录、质量检测报告、异常情况处理参照本书第二部分第一章第八节“常规检测参数试验方法及结果处理”中的要求进行。

(四)安定性(雷氏法)

1. 试验准备

试验样品用对比水泥和被检验粉煤灰按质量比7∶3混合制备而成。

2. 样品符合性

试验前应先检查样品是否符合质量检测要求。样品不得受潮和混入杂物,同时应防止污染环境。

3. 试验方法

安定性试验按《水泥标准稠度用水量、凝结时间、安定性检验方法》(GB/T 1346—2011)中的雷氏夹法进行。

(五)需水量比

《用于水泥和混凝土中的粉煤灰》(GB/T 1596—2017)附录A

1. 适用范围及方法原理

(1)本方法适用于粉煤灰需水量比的测定。

(2)方法原理:按《水泥胶砂流动度测定方法》(GB/T 2419—2005)测定试验胶砂和对比胶砂的流动度,二者达到规定流动度范围时的加水量之比为粉煤灰的需水量比。

2. 样品符合性

试验前应先检查样品是否符合质量检测要求。样品不得受潮和混入杂物,同时应防止污染环境。

3. 仪具与材料

(1)对比水泥:符合《强度检验用水泥标准样品》(GSB 14-1510—2018)的规定,或符合《通

用硅酸盐水泥》(GB 175—2023)规定的强度等级为42.5的硅酸盐水泥或普通硅酸盐水泥,且按表2-2-1配制的对比胶砂流动度(L_0)在145~155mm内。

粉煤灰需水量比试验胶砂配比　　表2-2-1

胶砂种类	对比水泥(g)	试验样品(g)		标准砂(g)
		对比水泥	粉煤灰	
对比胶砂	250	—	—	750
试验胶砂	—	175	75	750

(2)试验样品:对比水泥和被检验粉煤灰按质量比7:3混合。

(3)标准砂:符合《水泥胶砂强度检验方法(ISO法)》(GB/T 17671—2021)规定的0.5~1.0mm的中级砂。

(4)水:洁净的淡水。

(5)天平:量程不小于1000g,最小分度值不大于1g。

(6)水泥胶砂搅拌机:符合《水泥胶砂强度检验方法(ISO法)》(GB/T 17671—2021)规定的行星式水泥胶砂搅拌机。

(7)流动度跳桌:符合《水泥胶砂流动度测定方法》(GB/T 2419—2005)的规定。

4.试验环境

试件成型试验室温度应保持在20℃±2℃,相对湿度大于50%。试样、标准砂、拌和水及试模等的温度应与室温相同。

5.试验准备

(1)材料制备:胶砂材料用量按相应标准要求或试验设计确定。

(2)如跳桌在24h内未被使用,先空跳一个周期25次。

6.试验步骤

(1)胶砂配比按表2-2-1进行。

(2)对比胶砂和试验胶砂分别按《水泥胶砂强度检验方法(ISO法)》(GB/T 17671—2021)的规定进行搅拌。

(3)搅拌后的对比胶砂和试验胶砂分别按《水泥胶砂流动度测定方法》(GB/T 2419—2005)测定流动度。当试验胶砂流动度达到对比胶砂流动度(L_0)的±2mm时,记录此时的加水量(m),当试验胶砂流动度超出对比胶砂流动度(L_0)的±2mm时,重新调整加水量,直至试验胶砂流动度达到对比胶砂流动度(L_0)的±2mm为止。

7.结果计算

(1)需水量比按式(2-2-2)计算,结果保留至1%。

$$X = \frac{m}{125} \times 100 \tag{2-2-2}$$

式中:X——需水量比(%);

m——试验胶砂流动度达到对比胶砂流动度(L_0)的±2mm时的加水量(g);

125——对比胶砂的加水量(g)。

(2)试验结果有矛盾或需要仲裁检验时,对比水泥宜采用《强度检验用水泥标准样品》(GSB 14-1510—2018)规定的强度检验用水泥标准样品。

8. 原始记录、质量检测报告、异常情况处理

原始记录、质量检测报告、异常情况处理参照本书第二部分第一章第八节“常规检测参数试验方法及结果处理”中的要求进行。

(六)活性指数

《用于水泥和混凝土中的粉煤灰》(GB/T 1596—2017)附录 C

1. 适用范围及方法原理

(1)本方法适用于粉煤灰强度活性指数的测定,以评定其强度是否符合要求。

(2)方法原理:按《水泥胶砂强度检验方法(ISO 法)》(GB/T 17671—2021)测定试验胶砂和对比胶砂的 28d 抗压强度,以二者之比确定粉煤灰的强度活性指数。

2. 样品符合性

试验前应先检查样品是否符合质量检测要求。样品不得受潮和混入杂物,同时应防止污染环境。

3. 仪具与材料

(1)对比水泥:符合《强度检验用水泥标准样品》(GSB 14-1510—2018)的规定,或符合《通用硅酸盐水泥》(GB 175—2023)规定的强度等级 42.5 的硅酸盐水泥或普通硅酸盐水泥。

(2)试验样品:对比水泥和被检验粉煤灰按质量比 7:3 混合。

(3)标准砂:符合《中国 ISO 标准砂》(GSB 08-1337—2020)的规定。

(4)水:洁净的淡水。

(5)仪器设备:天平、搅拌机、振实台或振动台、抗压强度试验机等,均应符合《水泥胶砂强度检验方法(ISO 法)》(GB/T 17671—2021)的规定。

4. 试验环境

(1)试验室温度为 20℃ ±2℃,相对湿度应不低于 50%;试样、拌和水,仪器和用具的温度应与试验室一致。试验室空气温度和相对湿度应在工作期间早晚至少各记录 1 次。

(2)湿气养护箱的温度为 20℃ ±1℃,相对湿度不低于 90%。养护箱温度和相对湿度至少每 4h 记录 1 次,在自动控制的情况下记录次数可以酌减至每天 2 次。

(3)水养用养护水池(带箅子)的材料不应与水泥发生反应,养护池水温应保持在 20℃ ±1℃,在工作期间水温应每天至少记录 1 次。

5. 试验准备

成型前将试模擦净,四周的模板与底座的接触面上应涂黄油,紧密装配,防止漏浆,内壁均匀地刷一薄层机油。

6. 试验步骤

(1)强度活性指数试验胶砂配比按表2-2-2进行。

强度活性指数试验胶砂配比(g)　　表2-2-2

胶砂种类	对比水泥	试验样品		标准砂	水
		对比水泥	粉煤灰		
对比胶砂	450	—	—	1350	225
试验胶砂	—	315	135	1350	225

(2)将对比胶砂和试验胶砂分别按《水泥胶砂强度检验方法(ISO法)》(GB/T 17671—2021)的规定进行搅拌、试体成型和养护。

(3)试体养护至28d,按《水泥胶砂强度检验方法(ISO法)》(GB/T 17671—2021)的规定分别测定对比胶砂和试验胶砂的抗压强度。

7. 结果计算

(1)强度活性指数按式(2-2-3)计算,结果保留至1%。

$$H_{28}=\frac{R}{R_0}\times 100 \tag{2-2-3}$$

式中:H_{28}——强度活性指数(%);

R——试验胶砂28d抗压强度(MPa);

R_0——对比胶砂28d抗压强度(MPa)。

(2)试验结果有矛盾或需要仲裁检验时,对比水泥宜采用《强度检验用水泥标准样品》(GSB 14-1510—2018)规定的强度检验用水泥标准样品。

8. 原始记录、质量检测报告、异常情况处理

原始记录、质量检测报告、异常情况处理参照本书第二部分第一章第八节“常规检测参数试验方法及结果处理”中的要求进行。

(七)烧失量

《水泥化学分析方法》(GB/T 176—2017)水泥烧失量的测定——灼烧差减法

1. 适用范围及方法原理

(1)本方法不适用于矿渣硅酸盐水泥烧失量的测定。

(2)方法原理:试样在(950±25)℃的高温炉中灼烧,灼烧所失去的质量即为烧失量。

2. 样品符合性

试验前应先检查样品是否符合质量检测要求。样品不得受潮和混入杂物,同时应防止污染环境。

3. 仪具与材料

(1)瓷坩埚、坩埚钳、高温炉。

(2)分析天平:最小分度值精确至0.0001g。

4. 试验环境

室温。

5. 试验步骤

称取约1g试样(m_1),精确至0.0001g,放入已灼烧至恒量的瓷坩埚中,盖上坩埚盖,并留有缝隙,放在高温炉内,从低温开始逐渐升高温度,在(950±25)℃下灼烧15~20min,取出坩埚,置于干燥器中冷却至室温,称量;反复灼烧直至恒量或者在(950±25)℃下灼烧1h(有争议时,以反复灼烧至恒量的结果为准),置于干燥器中冷却至室温后称量(m_2)。

精密恒重:经第一次灼烧、冷却、称量后,通过连续、每次15min的灼烧,然后冷却、称量的方法来检查恒定质量,当连续两次称量之差小于0.0005g时,即达到恒重。

6. 结果计算

烧失量的质量分数按式(2-2-4)计算,结果保留至0.01%。

$$w_{LOI}=\frac{m_1-m_2}{m_1}\times 100 \tag{2-2-4}$$

式中:w_{LOI}——烧失量的质量分数(%);

m_1——试料的质量(g);

m_2——灼烧后试料的质量(g)。

7. 原始记录、质量检测报告、异常情况处理

原始记录、质量检测报告、异常情况处理参照本书第二部分第一章第八节“常规检测参数试验方法及结果处理”中的要求进行。

第二节　粒化高炉矿渣粉

一、粒化高炉矿渣粉取样规则

取样按《水泥取样方法》(GB/T 12573—2008)的规定进行,取样应有代表性,可连续取样,也可以在20个以上部位取等量样品,总量至少20kg。试样应混合均匀,按四分法取出比试验量大一倍的试样。

二、粒化高炉矿渣粉出厂检验

经确认矿渣粉各项技术指标及包装符合要求时方可出厂。

出厂检验指标:密度、比表面积、活性指数、流动度比、初凝时间比、含水率、三氧化硫、烧失量、不溶物。

三、粒化高炉矿渣粉判定规则

(1)出厂检验结果中密度、比表面积、活性指数、流动度比、初凝时间比、含水率、三氧化

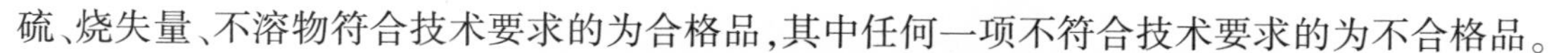

硫、烧失量、不溶物符合技术要求的为合格品,其中任何一项不符合技术要求的为不合格品。

(2)型式检验结果中密度、比表面积、活性指数、流动度比、初凝时间比、含水率、三氧化硫、氯离子、烧失量、不溶物、玻璃体含量、放射性符合技术要求的为合格品,其中任何一项不符合技术要求的为不合格品。

(3)检验报告内容应包括批号、检验项目、石膏和助磨剂的品种和掺量,以及合同约定的其他技术要求,还应包括对比水泥物理性能检验结果。当用户需要时,生产厂应在矿渣粉发出之日起 11d 内寄发除 28d 活性指数以外的各项试验结果。28d 活性指数应在矿渣粉发出之日起 32d 内补报。

四、常规检测参数试验方法及结果处理

《用于水泥、砂浆和混凝土中的粒化高炉矿渣粉》(GB/T 18046—2017)

(一)密度

按《水泥密度测定方法》(GB/T 208—2014)的规定进行。

(二)比表面积

(1)按《水泥比表面积测定方法　勃氏法》(GB/T 8074—2008)的规定进行。

(2)勃氏透气仪的校准采用《粒化高炉矿渣粉细度和比表面积标准样品》(GSB 08-3387—2017)规定的或相同等级的其他标准物质,有争议时以前者为准。

(三)含水率

《用于水泥、砂浆和混凝土中的粒化高炉矿渣粉》(GB/T 18046—2017)附录 B

1. 适用范围及方法原理

(1)本方法适用于矿渣粉含水率的测定。

(2)方法原理:将矿渣粉放入规定温度的烘干箱内烘至恒重,以烘干前和烘干后的质量之差与烘干前的质量之比确定矿渣粉的含水率。

2. 样品符合性

样品不得受潮和混入杂物。

3. 仪具与材料

(1)烘干箱:可控制温度不低于 110℃,最小分度值不大于 2℃。

(2)天平:量程不小于 50g,最小分度值不大于 0.01g。

4. 试验环境

试验室温度为 20℃ ±2℃,相对湿度应不低于 50%。

5. 试验步骤

(1)将蒸发皿在烘干箱中烘干至恒重,放入干燥器中冷却至室温后称重(m_0)。

(2)将约50g的矿渣粉样品倒入蒸发皿中称重(m_1),精确至0.01g。

(3)将矿渣粉样品与蒸发皿一起放入105~110℃的烘干箱内烘干至恒重,取出后放在干燥器中冷却至室温后称重(m_2),精确至0.01g。

6. 结果计算

含水率按式(2-2-5)计算,结果保留至0.1%。

$$w = \frac{m_1 - m_2}{m_1 - m_0} \times 100 \tag{2-2-5}$$

式中:w——含水率(%);

m_0——蒸发皿的质量(g);

m_1——烘干前样品与蒸发皿的质量(g);

m_2——烘干后样品与蒸发皿的质量(g)。

7. 原始记录、质量检测报告、异常情况处理

原始记录、质量检测报告、异常情况处理参照本书第二部分第一章第八节“常规检测参数试验方法及结果处理”中的要求进行。

(四)流动度比

《用于水泥、砂浆和混凝土中的粒化高炉矿渣粉》(GB/T 18046—2017)附录A

1. 适用范围

本方法适用于矿渣粉流动度比的测定。

2. 样品符合性

样品不得受潮和混入杂物。

3. 仪具与材料

(1)对比水泥:符合《通用硅酸盐水泥》(GB 175—2023)规定的强度等级为42.5的硅酸盐水泥或普通硅酸盐水泥,且3d抗压强度25~35MPa、7d抗压强度35~45MPa、28d抗压强度50~60MPa、比表面积350~400m^2/kg,三氧化硫含量(质量分数)2.3%~2.8%,碱含量(Na_2O + 0.658K_2O)(质量分数)0.5%~0.9%。

(2)试验样品:由对比水泥和矿渣粉按质量比1:1组成。

4. 试验环境

试件成型试验室温度应保持在20℃±2℃,相对湿度大于50%。试样、标准砂、拌和水及试模等的温度应与室温相同。

5. 试验准备

(1)材料制备:胶砂材料用量按相应标准要求或试验设计确定。
(2)如跳桌在24h内未被使用,先空跳一个周期25次。

6. 试验步骤

(1)水泥胶砂配比按表2-2-3进行。

水泥胶砂配比　　　　表2-2-3

水泥胶砂种类	对比水泥(g)	矿渣粉(g)	中国ISO标准砂(g)	水(mL)
对比胶砂	450	—	1350	225
试验胶砂	225	225	1350	225

(2)按水泥胶砂强度试验进行搅拌。
(3)按《水泥胶砂流动度测定方法》(GB/T 2419—2005)测定对比胶砂和试验胶砂的流动度。

7. 结果计算

矿渣粉流动度比按式(2-2-6)计算,结果保留至整数。

$$F=\frac{L}{L_{m}}\times 100 \tag{2-2-6}$$

式中:F——矿渣粉流动度比(%);
　　L——试验胶砂流动度(mm);
　　L_m——对比胶砂流动度(mm)。

8. 原始记录、质量检测报告、异常情况处理

原始记录、质量检测报告、异常情况处理参照本书第二部分第一章第八节"常规检测参数试验方法及结果处理"中的要求进行。

(五)活性指数

《用于水泥、砂浆和混凝土中的粒化高炉矿渣粉》(GB/T 18046—2017)附录A

1. 适用范围及方法原理

(1)本方法适用于粒化高炉矿渣粉活性指数的测定。
(2)方法原理:测定试验胶砂和对比胶砂的7d、28d抗压强度,以二者之比确定粒化高炉矿渣粉活性指数。

2. 试验环境

(1)试验室温度为20℃±2℃,相对湿度应不低于50%;试样、拌和水,仪器和用具的温度应与试验室一致。试验室温度和相对湿度应在工作期间早晚至少各记录1次。
(2)湿气养护箱的温度为20℃±1℃,相对湿度不低于90%。养护箱温度和相对湿度至少每4h记录1次,在自动控制的情况下记录次数可以酌减至每天2次。

3. 仪具与材料

(1)对比水泥:要求同流动度比。

(2)试验样品:由对比水泥和矿渣粉按质量比1:1组成。

(3)天平、搅拌机、振实台或振动台、抗压强度试验机等均应符合《水泥胶砂强度检验方法(ISO法)》(GB/T 17671—2021)的规定。

4. 试验步骤

按流动度比的方法成型试件,分别测出对比胶砂和试验胶砂的7d、28d抗压强度。

5. 结果计算

矿渣粉7d和28d活性指数按式(2-2-7)计算,结果保留至1%。

$$H_{7/28}=\frac{R_{7/28}}{R_{07/028}}\times 100 \tag{2-2-7}$$

式中:$H_{7/28}$——矿渣粉7d、28d活性指数(%);

$R_{7/28}$——对比胶砂7d、28d抗压强度(MPa);

$R_{07/028}$——试验胶砂7d、28d抗压强度(MPa)。

6. 原始记录、质量检测报告、异常情况处理

原始记录、质量检测报告、异常情况处理参照本书第二部分第一章第八节"常规检测参数试验方法及结果处理"中的要求进行。

(六)烧失量

《水泥化学分析方法》(GB/T 176—2017)矿渣粉烧失量测定方法

1. 方法原理

试样在(950±25)℃的高温炉中灼烧,由于试样中硫化物的氧化而引起试料质量的增加,通过测定灼烧前和灼烧后硫酸盐三氧化硫含量的增加来校正此类水泥的烧失量。

2. 样品符合性

样品不得受潮和混入杂物,同时应防止污染环境。

3. 仪具与材料

(1)瓷坩埚、坩埚钳、高温炉。

(2)分析天平:最小分度值不大于0.0001g。

4. 试验环境

室温。

5. 试验步骤

称取约1g试样(m_1),精确至0.0001g,放入已灼烧至恒量的瓷坩埚中,盖上坩埚盖,并留有缝隙,放在高温炉内,在(950±25)℃下灼烧15~20min,取出坩埚,置于干燥器中冷却至室温,称量(m_2)。不用反复灼烧至恒量。

所用瓷坩埚应内部釉完整、表面光滑。

灼烧后试料中硫酸盐三氧化硫的质量分数可按以下两种方法测定。当有争议时，以方法一为准。

方法一：用灼烧后的全部试料测定

将灼烧后的试料全部转移至200mL烧杯中，用少许热盐酸洗净坩埚，用平头玻璃棒压碎试料，然后按《水泥化学分析方法》（GB/T 176—2017）的规定测定硫酸盐三氧化硫的质量分数。

方法二：称取约0.5g灼烧后的试料测定

将灼烧后的试料压碎搅匀，称取约0.5g灼烧后的试料，然后按《水泥化学分析方法》（GB/T 176—2017）的规定测定硫酸盐三氧化硫的质量分数。

6.结果计算

（1）实际测定的烧失量的质量分数$X_{测}$按式（2-2-8）计算。

$$X_{测} = \frac{m_1 - m_2}{m_1} \times 100 \tag{2-2-8}$$

式中：$X_{测}$——实际测定的烧失量的质量分数（%）；

m_1——试料的质量（g）；

m_2——灼烧后试料的质量（g）。

（2）烧失量的校正计算：根据灼烧前和灼烧后硫酸盐三氧化硫含量的变化，矿渣粉在灼烧过程中由于硫化物氧化引起烧失量的误差，按式（2-2-9）进行校正。

$$X_{校正} = X_{测} + 0.8 \times (w_{灼SO_3} - w_{未灼SO_3}) \tag{2-2-9}$$

式中：$X_{校正}$——矿渣粉校正后的烧失量（质量分数）（%）；

$X_{测}$——矿渣粉试验测得的烧失量（质量分数）（%）；

$w_{灼SO_3}$——矿渣粉灼烧后测得的三氧化硫质量分数（%）；

$w_{未灼SO_3}$——矿渣粉未经灼烧时的三氧化硫质量分数（%）；

0.8——S^{2-}氧化为SO_4^{2-}时增加的氧与三氧化硫的摩尔质量比，即$(4\times16)/80=0.8$。

7.原始记录、质量检测报告、异常情况处理

原始记录、质量检测报告、异常情况处理参照本书第二部分第一章第八节“常规检测参数试验方法及结果处理”中的要求进行。

练习题

1.［单选］用于水泥和水泥混凝土中的粉煤灰细度试验方孔筛的筛孔尺寸应为（　　）。

A.35μm　　B.45μm　　C.50μm　　D.80μm

【答案】B

解析：《用于水泥和混凝土中的粉煤灰》（GB/T 1596—2017）中规定用45μm负压筛析法进行试验，筛析时间3min。

2.［单选］粉煤灰需水量比对比胶砂配比中对比水泥用量为（　　）。

A. 125g　　B. 175g　　C. 225g　　D. 250g

【答案】D

解析：《用于水泥和混凝土中的粉煤灰》(GB/T 1596—2017)中要求对比胶砂水泥 250g，试验胶砂水泥 175g，粉煤灰 75g。

3. [单选]用于混凝土和水泥中的粉煤灰的强度活性指数试验中的抗压强度龄期为(　　)。

A. 3d　　B. 7d　　C. 14d　　D. 28d

【答案】D

解析：依据《用于水泥和混凝土中的粉煤灰》(GB/T 1596—2017)中附录 C 的要求，粉煤灰强度活性指数按《水泥胶砂强度检验方法(ISO 法)》(GB/T 17671—2021)测定试验胶砂和对比胶砂的 28d 抗压强度，以二者之比确定粉煤灰的强度活性指数。

4. [判断]依据《用于水泥、砂浆和混凝土中的粒化高炉矿渣粉》(GB/T 18046—2017)的要求，矿渣粉含水率为含有水的质量占烘干后的质量的百分比。(　　)

【答案】×

解析：依据《用于水泥、砂浆和混凝土中的粒化高炉矿渣粉》(GB/T 18046—2017)中附录 B 的要求，矿渣粉含水率以烘干前和烘干后的质量之差与烘干前的质量之比确定矿渣粉的含水率。

5. [综合]依据《用于水泥和混凝土中的粉煤灰》(GB/T 1596—2017)进行粉煤灰细度试验，称量的样品质量为 10.00g，试验完的筛余质量为 1.48g，回答以下问题。

(1)试验筛的筛孔尺寸和筛析时间分别为(　　)。

A. 0.08mm　　B. 0.045mm　　C. 2min　　D. 3min

(2)试验筛的筛网需要在筛析(　　)个样品后进行筛网的校正。

A. 80　　B. 90　　C. 100　　D. 120

(3)在对试验筛的筛网进行校正时，得到如下两个数据：标准样品的筛余标准值 F_s 为 11.32%，标准样品在试验筛上的筛余值 F_t 为 11.20%，则试验筛的修正系数为(　　)。

A. 1.00　　B. 1.01　　C. 0.99　　D. 0.98

(4)当修正系数的结果超出(　　)范围时，试验筛应予淘汰。

A. 0.80 ~ 1.10　　B. 0.80 ~ 1.20　　C. 0.90 ~ 1.10　　D. 0.90 ~ 1.20

(5)利用题目(3)的修正数据，得出本次试验的结果应为(　　)。

A. 14.8%　　B. 14.9%　　C. 14.7%　　D. 14.5%

(1)【答案】BD

解析：依据《用于水泥和混凝土中的粉煤灰》(GB/T 1596—2017)中 7.1 的要求，粉煤灰细度试验按《水泥细度检验方法　筛析法》(GB/T 1345—2005)中的 45μm 负压筛析法进行，筛析时间为 3min。

(2)【答案】C

解析：依据《用于水泥和混凝土中的粉煤灰》(GB/T 1596—2017)中 7.1 的要求，筛网筛析 100 个样品后进行筛网的校正。

(3)【答案】B

解析:依据《水泥细度检验方法　筛析法》(GB/T 1345—2005)中附录 A 的要求,修正系数计算过程为 $C=\frac{F_S}{F_t}=\frac{11.32\%}{11.20\%}=1.01$。

(4)【**答案**】C

解析:依据《水泥细度检验方法　筛析法》(GB/T 1345—2005)中附录 A 的要求,当试验筛修正系数 C 超出 0.80~1.20 范围时,试验筛应予淘汰。

(5)【**答案**】B

解析:依据《水泥细度检验方法　筛析法》(GB/T 1345—2005)中 8.1 和 8.2 的要求,本次试验结果计算过程为 $F=\frac{R_t}{W}\times 100\times C=\frac{1.48}{10.00}\times 100\times 1.01=14.9\%$。

第三章　压 浆 材 料

压浆材料是一种专用于后张法预应力管(孔)压浆施工的产品,由多种优质水泥基材料和高性能外加剂优化配制而成,具有优异的流动性,浆体稳定,充盈度好,凝结时间可调,无收缩、微膨胀,强度高,不含对钢筋有害物质等特点。

第一节　压浆材料取样规则

一、组批

(1)预应力孔道压浆材料日产超过200t时,以200t为一批,余下不足200t的为一批;日产不足200t时,以日产量为一批。

(2)预应力孔道压浆剂日产超过20t时,以20t为一批,余下不足20t的为一批;日产不足20t时,以日产量为一批。

二、取样及留样

(1)随机从不少于10袋预应力孔道压浆材料中抽取样品;取样参照水泥取样规则,取样方法按《水泥取样方法》(GB/T 12573—2008)进行,可连续取,也可从20个以上不同部位取等量样品。

(2)每一批预应力孔道压浆材料取样应根据检测项目要求的样品数量来取,且不应少于25.0kg(预应力孔道压浆剂取样量不少于50kg水泥所需的数量)。

(3)取得的试样应充分混合均匀,分为两等份,一份进行试验,另一份密封,在干燥通风、无日照的环境中保存3个月,以备有疑问时交供需双方认可的检验机构进行复验和仲裁。

第二节　压浆材料匀质性检测

压浆材料中的氯离子含量应不超过胶凝材料总量的0.06%,比表面积应大于350m^2/kg,三氧化硫含量应不超过6.0%。

第三节　压浆材料浆体制备

水泥浆体可根据检测要求或用途,选择低速搅拌机或高速搅拌机制备。

采用低速搅拌机制备:先将搅拌锅和搅拌叶片用布湿润,拌和水倒入搅拌锅中,将称好的500g 水泥加入水中,防止水和水泥溅出;拌和时,先将锅放在搅拌机的锅座上,升至搅拌位置,启动搅拌机,低速挡位搅拌 120s,停 15s,同时将叶片和锅壁上的水泥浆刮入锅中间,继续高速挡位搅拌 120s 停机。

采用高速搅拌机制备:拌和之前先用湿布擦拭搅拌锅和搅拌叶,但搅拌锅内不能存有明水。将 1/2 水倒入搅拌锅中,再依次加入水泥或其他胶凝材料及外加剂。先用 2.5 ~ 5.0m/s 的线速度搅拌 30s 后加入剩余的水;再用 15.0 ~ 20.0m/s 的线速度高速搅拌 5min 后停止。

第四节　压浆材料浆体性能检测

压浆材料浆体性能检测主要包括凝结时间、流动度、泌水率、压力泌水率、自由膨胀率、充盈度、抗折强度、抗压强度、比表面积检测等。

第五节　压浆材料判定规则

压浆材料浆体的性能检测指标应符合表 2-3-1 的要求。

压浆材料浆体的性能检测指标　　表 2-3-1

<table>
<tr><th colspan="2">项目</th><th>性能指标</th><th>检验试验方法/标准</th></tr>
<tr><td colspan="2">水胶比</td><td>0.26 ~ 0.28</td><td rowspan="3">《水泥标准稠度用水量、凝结时间、安定性检验方法》(GB 1346—2011)、《公路工程预应力孔道压浆材料》(JT/T 946—2022)</td></tr>
<tr><td rowspan="2">凝结时间(h)</td><td>初凝</td><td>≥5</td></tr>
<tr><td>终凝</td><td>≤24</td></tr>
<tr><td rowspan="3">流动度(25℃)(s)</td><td>初始流动度</td><td>10 ~ 17</td><td rowspan="11">《公路工程水泥及水泥混凝土试验规程》(JTG 3420—2020)、《公路工程预应力孔道压浆材料》(JT/T 946—2022)</td></tr>
<tr><td>30min 流动度</td><td>10 ~ 20</td></tr>
<tr><td>60min 流动度</td><td>10 ~ 25</td></tr>
<tr><td rowspan="2">泌水率(%)</td><td>24h 自由泌水率</td><td>0</td></tr>
<tr><td>3h 钢丝间泌水率</td><td>0</td></tr>
<tr><td rowspan="2">压力泌水率</td><td>0.22MPa(孔道垂直高度≤1.8m 时)</td><td rowspan="2">≤2.0</td></tr>
<tr><td>0.36MPa(孔道垂直高度 > 1.8m 时)</td></tr>
<tr><td rowspan="2">自由膨胀率</td><td>3h</td><td>0 ~ 2</td></tr>
<tr><td>24h</td><td>0 ~ 3</td></tr>
<tr><td colspan="2">充盈度</td><td>合格</td></tr>
</table>

续上表

项目		性能指标	检验试验方法/标准
抗压强度	3d	≥20	《公路工程预应力孔道压浆材料》(JT/T 946—2022)、《水泥胶砂强度检验方法(ISO 法)》(GB/T 17671—2021)
	7d	≥40	
	28d	≥50,且不低于预应力结构混凝土设计强度	
抗折强度	3d	≥5	
	7d	≥6	
	28d	≥10	

第六节　常规检测参数试验方法及结果处理

一、凝结时间

《公路工程预应力孔道压浆材料》(JT/T 946—2022)第5.2.4条

1. 适用范围及方法原理

(1)本方法适用于水泥浆体制备及压浆材料凝结时间的测定。

(2)方法原理:试针沉入压浆材料浆液至一定深度所需的时间即为凝结时间。

2. 样品符合性

试验前应先检查样品状态。查看样品包装是否完整、样品是否受潮、有无结块,确认无以上情况后方可进行试验。

3. 仪具与材料

(1)水泥净浆搅拌机/高速搅拌机。

(2)标准稠度及凝结时间测定仪:标准稠度测定用试杆有效长度50mm ±1mm,由直径为10mm ±0.05mm 的圆柱形耐腐蚀金属制成。初凝用试针由钢制成,其有效长度初凝针为50mm ±1mm,终凝针为30mm ±1mm,直径为1.13mm ±0.05mm。滑动部分的总质量为300g ±1g。与试杆、试针连接的滑动杆表面应光滑,能靠重力自由下落,不得有紧涩和旷动现象。

盛装压浆材料浆液的试模由耐腐蚀的、有足够硬度的金属制成。试模为深40mm ±0.2mm、顶内径65mm ±0.5mm、底内径75mm ±0.5mm 的截顶圆锥体。每个试模应配备一个边长或直径约100mm、厚度4~5mm 的平板玻璃底板或金属底板。

(3)量水器:分度值为0.5mL。

(4)天平:最大量程不小于1000g,感量不大于1g。

(5)水泥标准养护箱:温度控制在20℃ ±1℃,相对湿度大于90%。

(6)秒表:分度值为1s。

4. 试验环境

(1)试验室温度为20℃ ±2℃,相对湿度应不低于50%;压浆材料试样、拌和水、仪器和用具的温度应与试验室一致。

(2)湿气养护箱的温度为20℃ ±1℃,相对湿度不低于90%。

5. 试验准备

(1)压浆材料试样应充分拌匀。

(2)试验用水应是洁净的饮用水,如有争议时应以蒸馏水为准。

(3)维卡仪的金属棒能够自由滑动。试模和玻璃底板用湿布擦拭(但不允许有明水),将试模放在底板上。

(4)调整至试杆接触玻璃板时指针对准零点。

(5)搅拌机运行正常。

6. 试验步骤

(1)浆体的制备,满足下列要求:

①浆体制备宜采用预应力孔道压浆材料专用搅拌设备,线速度可调整范围为2.5 ~ 20.0m/s;搅拌锅容积不宜小于4L,且宜配置桶盖;搅拌机应能搅拌均匀,搅拌过程中应能避免搅拌死角。

②配制浆体时,压浆材料、拌和水按比例进行称量(质量比),称量允许偏差均为±0.1%。

③称取压浆材料3kg。搅拌前搅拌锅和搅拌叶先用湿布擦过,按水胶比将拌和用水加入搅拌锅,先低速搅拌,并缓慢加入压浆材料,形成均匀的浆体后,高速搅拌不少于5min。低速搅拌时,搅拌叶片圆周切线速度不应低于2.5m/s,高速搅拌时,搅拌叶片圆周切线速度不应低于10.0m/s。

④当采用预应力孔道压浆剂时,按厂家推荐比例称取材料,制备浆体按《公路工程预应力孔道压浆材料》(JT/T 946—2022)的要求进行。预应力孔道压浆剂匹配用的通用硅酸盐水泥除应满足《通用硅酸盐水泥》(GB 175—2023)的规定外,其与预应力孔道压浆剂混合后还应满足《公路工程预应力孔道压浆材料》(JT/T 946—2022)中预应力孔道压浆材料匀质性的要求。

(2)制备好浆体后,按《水泥标准稠度用水量、凝结时间、安定性检验方法》(GB/T 1346—2011)中规定的水泥凝结时间测试方法进行测试。

7. 结果计算

(1)由压浆材料全部加入水中至初凝状态的时间为压浆材料的初凝时间,用min来表示。

(2)由压浆材料全部加入水中至终凝状态的时间为压浆材料的终凝时间,用min来表示。

8. 原始记录、质量检测报告、异常情况处理

原始记录、质量检测报告、异常情况处理参照本书第二部分第一章第八节“常规检测参数试验方法及结果处理”中的要求进行。

二、流动度

《公路工程水泥及水泥混凝土试验规程》(JTG 3420—2020)T 0508—2005

1. 适用范围及方法原理

(1)本方法规定了压浆材料流动度的试验方法。

(2)本方法适用于通用硅酸盐水泥及指定采用本方法测定的其他材料。

(3)方法原理:通过测量材料在一定压力下的流动性能来评估其流动性能。

2. 样品符合性

试验前应先检查样品状态。查看样品包装是否完整、样品是否受潮、有无结块,确认无以上情况后方可进行试验。

3. 仪具与材料

(1)倒锥(图 2-3-1):由玻璃、不锈钢、铝或其他金属制造。

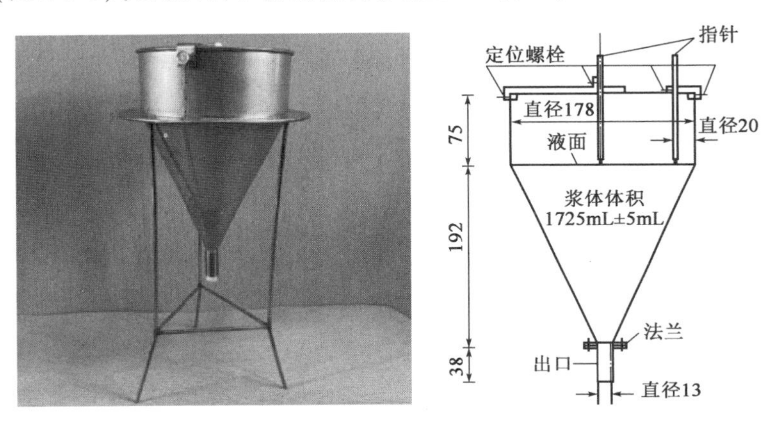

图 2-3-1　倒锥(流动度测定仪)(尺寸单位:mm)

(2)容器:容积不小于 2000mL。

(3)支架:由金属材料制成,用于支撑倒锥。

(4)秒表:分度值为 0.1s。

4. 试验环境

试验温度应保持在 20℃ ±2℃,相对湿度不小于 50%。

5. 试验准备

(1)试验前确保倒锥稳定,并用水准仪检查是否垂直。往倒锥中加入水,调整指示器的位置,确保体积为 1725mL ±5mL。

(2)在室温 20℃ ±2℃下,开启活门,同时按下秒表,当倒锥中水排空透光时,再次按下秒表,若流出时间为 8.0s ±0.2s,则倒锥符合要求,可以使用。

6. 试验步骤

(1)按规定制备压浆材料浆体。

(2)试验前1min,用水润湿倒锥;用手指或其他塞子堵住出口。

(3)将浆体缓缓加入倒锥中,在接近指针时要减慢速度,直到体积为1725mL±5mL。开启活门,使水泥浆自由流出,记录水泥浆全部流出时间,即从倒锥上端往下观察透光的瞬间,此刻为砂浆流出时间(s)。

(4)同一种材料至少进行两次试验,且浆体不得重复使用。

(5)试验应在搅拌结束1min内完成。

(6)试验完成后应将倒锥洗干净。

7. 结果计算

以两次平行试验测值的算术平均值作为试验结果,平均值修约至0.1s。每次试验的结果应在平均值±1.8s以内,否则重新试验。

8. 原始记录、质量检测报告、异常情况处理

原始记录、质量检测报告、异常情况处理参照本书第二部分第一章第八节"常规检测参数试验方法及结果处理"中的要求进行。

三、钢丝间泌水率

《公路工程水泥及水泥混凝土试验规程》(JTG 3420—2020)T 0517—2005

1. 目的、适用范围

(1)本方法规定了水泥浆体制备及水泥浆体钢丝间泌水率的试验方法。

(2)本方法适用于通用硅酸盐水泥及指定采用本方法测定的其他材料。

2. 样品符合性

试验前应先检查样品状态。查看样品包装是否完整、样品是否受潮、有无结块,确认无以上情况后方可进行试验。

3. 仪具与材料

(1)水泥净浆低速搅拌机:应符合现行《水泥净浆搅拌机》(JC/T 729)的规定。

(2)水泥净浆高速搅拌机:由搅拌锅、搅拌叶片、传动机构和控制系统组成。搅拌叶片宜带有垂直齿的涡轮叶片;搅拌锅的材质为防锈金属材料或带有耐蚀电镀层的金属材料,容积不应小于5L;转速可调节,至少设有高速、低速两挡,最大线速度不应低于15m/s,线速度范围2.5~20.0m/s,其中2.5~5.0m/s为低速挡,15.0~20.0m/s为高速挡。

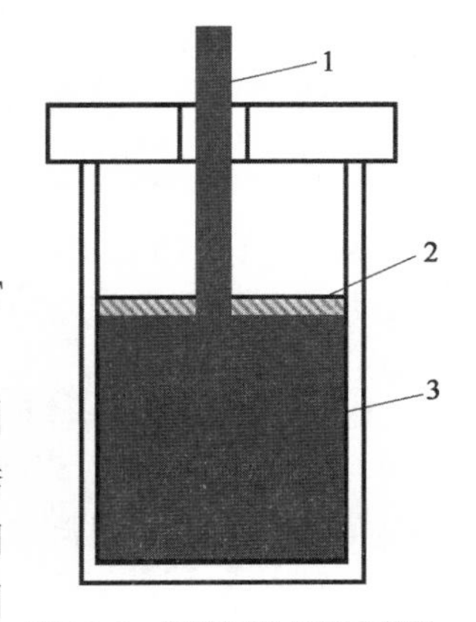

图2-3-2　钢丝间泌水筒示意图
1-预应力钢绞线;2-静置一段时间后的泌水;3-水泥浆

(3)钢丝间泌水筒(图2-3-2):内径为100mm、高为160mm,最小

刻度值为10mL。

(4)预应力钢绞线:应符合现行《预应力混凝土用钢绞线》(GB/T 5224)要求的预应力混凝土用钢绞线,“1×7”中公称直径为12.7mm的标准型钢绞线,长度2000~2200mm。

(5)水泥标准养护箱:箱内温度20℃±1℃,相对湿度大于90%。

(6)量筒:容积不应小于10mL、分度值为0.2mL。

(7)电子天平:最大量程不小于1000g,感量不大于0.01g。

(8)电子秤:最大量程不小于20kg,感量不大于1g。

4.试验环境

试验室温度为20℃±2℃,相对湿度大于50%。

5.试验准备

钢绞线表面应进行除油除锈处理。

6.试验步骤

(1)按规定制备压浆材料浆体。

(2)将制备的水泥浆静置10min,待水泥浆中因搅拌引入的大气泡消失后,缓慢注入钢丝间泌水筒中,注入水泥浆体积约为800mL,并记录其准确体积(V_0),精确至0.2mL。

(3)在正中心位置插入一根预应力钢绞线至钢丝间泌水筒底部。

(4)静置3h后用吸管吸出水泥浆表面泌出的水,移入10mL的量筒内,测量泌水量(V_1),精确至0.2mL。

7.结果计算

钢丝间泌水率按式(2-3-1)计算,结果精确至0.1%。

$$M_{sj}=\frac{V_1}{V_0}\times 100 \tag{2-3-1}$$

式中:M_{sj}——钢丝间泌水率(%);

V_1——水泥浆上部泌水的体积(mL);

V_0——测试前水泥浆的体积(mL)。

取两个平行试验数据的算术平均值作为测试结果。

8.原始记录、质量检测报告、异常情况处理

原始记录、质量检测报告、异常情况处理参照本书第二部分第一章第八节“常规检测参数试验方法及结果处理”中的要求进行。

四、自由泌水率和自由膨胀率

《公路工程水泥及水泥混凝土试验规程》(JTG 3420—2020)T 0518—2020

1.目的、适用范围及方法原理

(1)本方法规定了水泥浆体自由泌水率和自由膨胀率的试验方法。

（2）本方法适用于通用硅酸盐水泥及指定采用本方法测定的其他材料。

（3）本方法中自由泌水率是指压浆剂浆体在规定时间内的失水量；自由膨胀率是指在规定的时间内，压浆样品在水的作用下膨胀的百分比，它反映了压浆材料水化产物的可溶性和稳定性。

2. 样品符合性

试验前应先检查样品状态。查看样品包装是否完整、样品是否受潮、有无结块，确认无以上情况后方可进行试验。

3. 仪具与材料

（1）量筒：容量1000mL，分度值1mL，并配密封盖，如图2-3-3所示。

（2）水泥标准养护箱：温度20℃ ±1℃，相对湿度大于90%。

（3）水平尺：长度大于500mm。

（4）游标卡尺：最大量程不小于150mm，分度值为0.02mm。

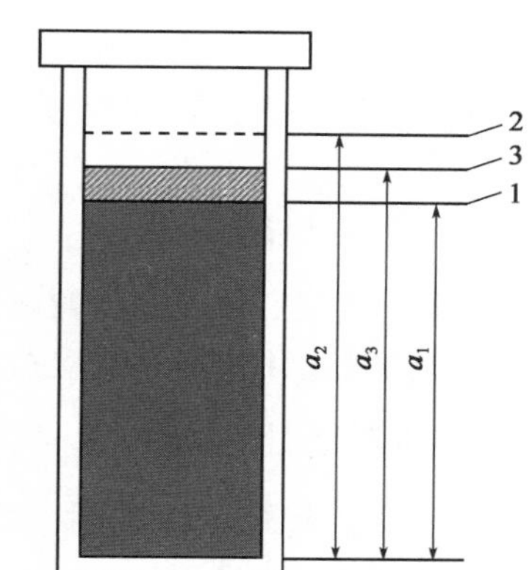

图2-3-3　自由泌水率和自由膨胀率用量筒
1-最初灌满的水泥浆面；2-水面；3-膨胀后的水泥浆面

4. 试验环境

室内温度为20℃ ±2℃，相对湿度不低于50%。

5. 试验准备

（1）将量筒放置在水平的操作台上，用水准尺调平操作台。

（2）在使用前润湿量筒，但不允许有水珠（明水）存在。

6. 试验步骤

（1）按规定制备压浆材料浆体。

（2）缓慢匀速地向量筒注入浆体约800mL ±10mL，盖上密封盖，静置1min后测量并记录初始高度 a_1，放置3h、24h后，分别测其泌水面高度 a_2 和水泥浆膨胀面高度 a_3，精确至0.1mm。

7. 结果计算

（1）3h、24h自由泌水率按式（2-3-2）计算，结果精确至0.1%。

$$B_{f,i} = \frac{a_2 - a_3}{a_1} \times 100 \tag{2-3-2}$$

式中：$B_{f,i}$——i 小时自由泌水率（%）；

a_1——初始水泥浆高度（mm）；

a_2——泌水面高度（mm）；

a_3——膨胀面高度（mm）。

（2）3h、24h自由膨胀率按式（2-3-3）计算，结果精确至0.1%。

$$\varepsilon_{f,i} = \frac{a_3 - a_1}{a_1} \times 100 \tag{2-3-3}$$

式中：$\varepsilon_{f,i}$——i 小时自由膨胀率(%)。

(3)自由泌水率和自由膨胀率均应取两个平行试验数据的算术平均值作为测试结果。

8. 原始记录、质量检测报告、异常情况处理

原始记录、质量检测报告、异常情况处理参照本书第二部分第一章第八节“常规检测参数试验方法及结果处理”中的要求进行。

五、充盈度

《公路工程水泥及水泥混凝土试验规程》(JTG 3420—2020)T 0519—2020

1. 目的、适用范围

(1)本方法规定了充盈度的试验方法。

(2)本方法适用于通用硅酸盐水泥及指定采用本方法测定的其他材料。

2. 样品符合性

试验前应先检查样品状态。查看样品包装是否完整、样品是否受潮、有无结块，确认无以上情况后方可进行试验。

3. 仪具与材料

(1)充盈度测试仪(图 2-3-4)：由 V 形管和支架组成。V 形管为内径 40mm 的透明有机玻璃管，夹角为 120°，单侧直管长度为 500mm；支架应能固定 V 形管。

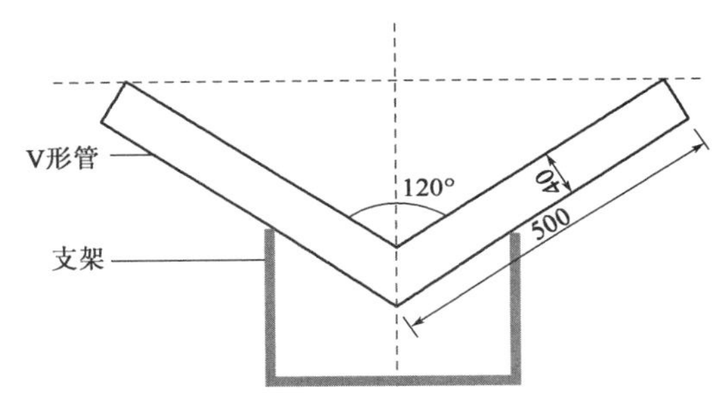

图 2-3-4　充盈度测试仪(尺寸单位：mm)

(2)游标卡尺：最大量程不小于 100mm，分度值为 0.02mm。

4. 试验环境

室内温度为 20℃ ±2℃，相对湿度不低于 50%。

5. 试验准备

宜用饮用水清洁 V 形管，管内壁不允许有油污等杂物，晾干并固定在支架上。

6. 试验步骤

(1)按规定制备压浆材料浆体。

(2)水泥浆体应保持在温度20℃±2℃、相对湿度大于50%的环境条件下静置5min。

(3)将浆体从V形管的一侧灌入充盈度测试仪中,灌入浆体的体积为0.90~1.10L,立即用塑料薄膜密封V形管两端的开口,并静置1h。

(4)观察V形管内部浆体:

①是否存在气泡;

②是否有泌水;

③用游标卡尺测量是否有直径大于3mm的气泡,精确至0.1mm;

④端头浆体是否有泡沫层,用游标卡尺测量泡沫层厚度,精确至0.1mm。

7. 结果判定

水泥浆体的充盈度指标以两组平行试验结果评定。两组平行试验中,如有一根V形管内浆体存在厚度超过1mm的泡沫层,或存在直径大于3mm的气泡,或存在体积大于1mL的泌水,则充盈度指标不合格,应重新试验。

8. 原始记录、质量检测报告、异常情况处理

原始记录、质量检测报告、异常情况处理参照本书第二部分第一章第八节"常规检测参数试验方法及结果处理"中的要求进行。

六、抗折强度、抗压强度

《水泥胶砂强度检验方法(ISO法)》(GB/T 17671—2021)

1. 目的、适用范围

(1)本方法规定了水泥浆体制备及压浆材料抗折、抗压强度的试验方法。

(2)本方法适用于通用硅酸盐水泥及指定采用本方法测定的其他材料。

2. 样品符合性

试验前应先检查样品状态。查看样品包装是否完整、样品是否受潮、有无结块,确认无以上情况后方可进行试验。

3. 仪具与材料

(1)抗折试验机和抗折夹具:同水泥抗折试验机和抗折夹具。

(2)抗压夹具:同水泥抗压试验机和抗压夹具。

(3)试模:试模为三联模,由隔板、端板、底座等部分组成,制造质量应符合现行《水泥胶砂试模》(JC/T 726)的规定。可同时成型三条40mm×40mm×160mm的棱形试件。

(4)水泥标准养护箱。

(5)养护水池。

4. 试验环境

(1)试件成型试验室温度应保持在20℃±2℃,相对湿度大于50%。试验材料试样、拌和

水及试模等的温度应与室温相同。试验室空气温度和相对湿度应在工作期间早晚至少各记录1次。

(2)养护箱温度为20℃±1℃,相对湿度大于90%。养护箱温度和相对湿度至少每4h记录1次,在自动控制的情况下记录次数可以酌减至每天2次。

(3)养护池中水的温度为20℃±1℃。在工作期间水温应每天至少记录1次。

5. 试验准备

成型前将试模擦净,四周的模板与底座的接触面上应涂黄油,紧密装配,防止漏浆,内壁均匀地刷一薄层机油。

6. 试验步骤

(1)按规定制备压浆材料浆体。

(2)将制备好的压浆材料浆体倒入《水泥胶砂试模》(JC/T 726—2005)要求的40mm×40mm×160mm的试模内,静置至浆体接近初凝,将其表面多余的浆体刮掉,立即将试模放入标准养护箱中,养护至24h后拆模。硬化后浆体试件脱模养护、抗折强度及抗压强度测试按《水泥胶砂强度检验方法(ISO法)》(GB/T 17671—2021)规定的水泥胶砂强度试验方法进行。

7. 结果计算

(1)抗折强度按式(2-3-4)进行计算。

$$R_f = \frac{1.5F_f L}{b^3} \tag{2-3-4}$$

式中:R_f——抗折强度(MPa);

F_f——折断时施加于棱柱体中部的荷载(N);

L——支撑圆柱之间的距离(mm);

b——棱柱体正方形截面的边长(mm)。

(2)抗压强度按式(2-3-5)进行计算,受压面积计为1600mm²。

$$R_c = \frac{F_c}{A} \tag{2-3-5}$$

式中:R_c——抗压强度(MPa);

F_c——破坏时的最大荷载(N);

A——受压面积(mm²)。

(3)抗折强度结果的计算和表示:以一组三个棱柱体抗折结果的平均值作为试验结果。当三个强度值中有一个超出平均值的±10%时,应剔除后再取平均值作为抗折强度试验结果;当三个强度值中有两个超出平均值±10%时,则以剩余一个作为抗折强度结果。

单个抗折强度结果精确至0.1MPa,算术平均值精确至0.1MPa。

(4)抗压强度结果的计算和表示:以一组三个棱柱体上得到的六个抗压强度测定值的平均值为试验结果。当六个测定值中有一个超出六个平均值的±10%时,剔除这个结果,再以剩下五个的平均值作为试验结果。当五个测定值中再有超过它们平均值的±10%时,则此组结果作废。当六个测定值中同时有两个或两个以上超出平均值的±10%时,则此组结果作废。

单个抗压强度结果精确至 0.1MPa,算术平均值精确至 0.1MPa。

8. 原始记录、质量检测报告、异常情况处理

原始记录、质量检测报告、异常情况处理参照本书第二部分第一章第八节“常规检测参数试验方法及结果处理”中的要求进行。

七、压力泌水率

《公路工程水泥及水泥混凝土试验规程》(JTG 3420—2020)T 0520—2020

1. 目的、适用范围

(1)本方法规定了水泥浆体压力泌水的试验方法。

(2)本方法适用于通用硅酸盐水泥及指定采用本方法测定的其他材料。

2. 样品符合性

试验前应先检查样品状态。查看样品包装是否完整、样品是否受潮、有无结块,确认无以上情况后方可进行试验。

3. 仪具与材料

(1)压力泌水容器(图 2-3-5):内径为 50mm、内容积约为 400mL 的钢制圆筒,两端配以分别带有压缩空气接管和泌水出水接管的端盖,端盖与桶体丝扣连接。下端盖嵌入有网状出水孔的衬板,衬板之上平铺阻止水泥浆渗过但能透水的滤网(滤网的有效面积应不小于新滤网的 90%)及滤布,滤布与桶体端口镶嵌聚四氟乙烯密封垫圈。

(2)集水量筒:容积不小于 10mL,分度值为 0.2mL。

(3)压缩空气供给系统:由空气压缩机(含储气瓶)、气压控制阀、气压表、气管连线组成。能提供最大压力不低于 0.80MPa的压缩空气,气压表的最大读数不小于 1.0MPa,最小刻度值为 0.02MPa。

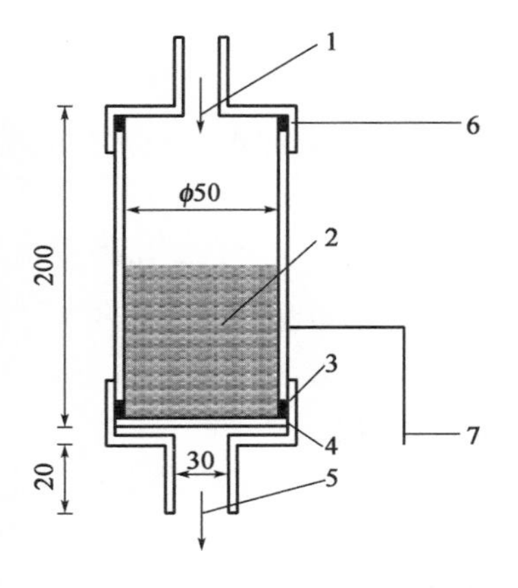

图 2-3-5　压力泌水容器工作示意图(尺寸单位:mm)

1-压缩空气;2-浆体试样;3-橡胶密封圈;4-0.08mm 铜网三层;5-泌水口;6-端盖;7-钢制圆筒

4. 试验环境

室内温度为 20℃ ±2℃,相对湿度不低于 50%。

5. 试验准备

装配压力泌水容器内密封层,并垂直放置在支架上,在下端盖泌水口处放置集水量筒。

6. 试验步骤

(1)按规定制备压浆材料浆体。将 200mL 拌和均匀的水泥浆注入压力泌水容器内,并记录其体积 V_0,精确至 0.2mL。

(2)安装并旋紧上端盖,静置 10min。上端连接压缩空气,开启压缩空气阀,迅速加压至试

验压力。

(3)保持试验压力5min后,关闭压缩空气阀卸压,并稍微倾斜压滤容器,使泌水全部流入积水量筒中,记录泌水体积 V_1,精确至0.2mL。

7. 结果计算

(1)压力泌水率按式(2-3-6)计算,结果精确至0.1%。

$$M_{y1}=\frac{V_1}{V_0}\times 100 \tag{2-3-6}$$

式中:M_{y1}——压力泌水率(%);

V_1——集水量筒收集的泌水体积(mL);

V_0——测试前水泥浆的体积(mL)。

(2)以两次平行试验结果的算术平均值作为压力泌水率的测试结果。

8. 原始记录、质量检测报告、异常情况处理

原始记录、质量检测报告、异常情况处理参照本书第二部分第一章第八节"常规检测参数试验方法及结果处理"中的要求进行。

八、比表面积

《公路工程水泥及水泥混凝土试验规程》(JTG 3420—2020)T 0504—2005

1. 目的、适用范围及方法原理

(1)本方法规定了压浆材料比表面积的试验方法。

(2)本方法适用于通用硅酸盐水泥和制备上述水泥的熟料、生料及指定采用本方法的其他水泥和材料。

(3)本方法主要是根据一定量的空气通过具有一定空隙率和固定厚度的水泥层时,所受阻力不同而引起流速的变化来测定压浆材料的比表面积。在一定空隙率的水泥层中,空隙的大小和数量是颗粒尺寸的函数,同时也决定了通过料层的气流速度。

2. 样品符合性

试验前应先检查样品状态。查看样品包装是否完整、样品是否受潮、有无结块,确认无以上情况后方可进行试验。

3. 仪具与材料

同水泥比表面积使用仪器。

4. 试验环境

室内温度为20℃±2℃,相对湿度不高于50%。

5. 试验准备

样品先过0.9mm方孔筛,再在110℃±5℃下烘干1h,并在干燥器中冷却至室温。按水泥

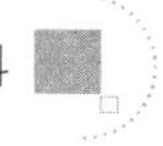

密度测定方法的规定，测定水泥的密度，并留样备用。

6. 试验步骤

同水泥比表面积试验方法及步骤。

7. 结果计算

（1）当被测物料的密度、试料层中空隙率与标准样品相同，试验时温差与校准温度之差不大于3℃时，可按式（2-3-7）计算。

$$S=\frac{S_S\sqrt{T}}{\sqrt{T_s}} \tag{2-3-7}$$

当试验时温度与校准温度之差大于3℃时，可按式（2-3-8）计算。

$$S=\frac{S_S\sqrt{T}\sqrt{\eta_s}}{\sqrt{T_s}\sqrt{\eta}} \tag{2-3-8}$$

式中：S——被测试样的比表面积（m^2/g）；

S_S——标准样品的比表面积（m^2/g）；

T——被测试样试验时，压力计中液面降落测得的时间（s）；

T_s——标准样品试验时，压力计中液面降落测得的时间（s）；

η——被测试样试验温度下的空气黏度（μPa·s）；

η_s——标准样品试验温度下的空气黏度（μPa·s）。

注：$\sqrt{T}$保留小数点后两位。

（2）当被测试样的试料层中空隙率与标准样品试料层中空隙率不同，试验时的温度与校准温度之差不大于3℃时，可按式（2-3-9）计算。

$$S=\frac{S_S\sqrt{T}(1-\varepsilon_s)\sqrt{\varepsilon^3}}{\sqrt{T_s}(1-\varepsilon)\sqrt{\varepsilon_s^3}} \tag{2-3-9}$$

当试验时的温度与校准温度之差大于3℃时，则按式（2-3-10）计算。

$$S=\frac{S_S\sqrt{T}(1-\varepsilon_s)\sqrt{\varepsilon^3}\sqrt{\eta_s}}{\sqrt{T_s}(1-\varepsilon)\sqrt{\varepsilon_s^3}\sqrt{\eta}} \tag{2-3-10}$$

式中：ε——被测试样试料层中的空隙率；

ε_s——标准样品试料层中的空隙率。

注：$\sqrt{T}$保留小数点后两位，$\sqrt{\varepsilon^3}$保留小数点后三位。

（3）当被测试样的密度和空隙率均与标准样品不同，试验时的温度与校准温度之差不大于3℃时，可按式（2-3-11）计算。

$$S=\frac{S_S\sqrt{T}(1-\varepsilon_s)\sqrt{\varepsilon^3}\rho_s}{\sqrt{T_s}(1-\varepsilon)\sqrt{\varepsilon_s^3}\rho} \tag{2-3-11}$$

当试验时的温度与校准温度之差大于3℃时，可按式（2-3-12）计算。

$$S=\frac{S_{S}\sqrt{T}(1-\varepsilon_{s})\sqrt{\varepsilon^{3}}\rho_{s}\sqrt{\eta_{s}}}{\sqrt{T_{s}}(1-\varepsilon)\sqrt{\varepsilon_{s}^{3}}\rho\sqrt{\eta}} \tag{2-3-12}$$

式中：ρ——被测试样的密度（g/cm^3）；

ρ_s——标准样品的密度（g/cm^3）。

注：$\sqrt{T}$保留小数点后两位，$\sqrt{\varepsilon^3}$保留小数点后三位。

（4）比表面积应由两次平行试验结果的算术平均值确定，结果计算保留至$10cm^2/g$。两次试验结果相差超过平均值的2%时，应重新试验。

（5）当同一压浆材料用手动勃氏透气仪测定的结果与用自动勃氏透气仪测定的结果有争议时，以手动勃氏透气仪测定结果为准。

8. 原始记录、质量检测报告、异常情况处理

原始记录、质量检测报告、异常情况处理参照本书第二部分第一章第八节“常规检测参数试验方法及结果处理”中的要求进行。

第七节　行业标准与国家标准比较

压浆材料相关行业标准和国家标准比较见表2-3-2。

压浆材料行业标准与国家标准比较　　表2-3-2

序号	参数名称	国家标准	公路行业标准	主要区别
1	抗压强度	《水泥胶砂强度检验方法（ISO法）》（GB/T 17671—2021）	《公路工程预应力孔道压浆材料》（JT/T 946—2022）	国标： 当六个测定值中有一个超出六个平均值的±10%时，剔除这个结果，再以剩下五个的平均值为结果。当五个测定值中再有超过它们平均值的±10%时，则此组结果作废。当六个测定值中同时有两个或两个以上超出平均值的±10%时，则此组结果作废。 行标： 如果6个强度值中有1个值超过平均值±10%的，应剔除后再以剩下的5个结果平均。如果5个值中再有超过平均值±10%的，则以变异系数C_v与95%保证率的代表值Rc0.95双控表示计算结果。当变异系数C_v不大于15%时，Rc0.95按要求计算，结果精确至0.1MPa。当变异系数C_v大于15%时，则此组试件无效
2	细度	《水泥比表面积测试方法　勃氏法》（GB/T 8074—2008）	《公路工程水泥及水泥混凝土试验规程》（JTG 3420—2020）	细度/比表面积区别详见“表2-1-9 水泥行业标准与国家标准比较”
		—	《公路工程预应力孔道压浆材料》（JT/T 946—2022）	采用孔径为0.080mm的试验筛，按《混凝土外加剂匀质性试验方法》（GB/T 8077—2012）的规定进行，即筛析法

练习题

1.［单选］公路工程预应力孔道灌浆水泥浆体流动度试验时，流动锥校准要求，(1725 ±5)mL 水流出的时间应为(　　)。

A.(8.0 ±0.2)s　　B.(9.0 ±0.2)s　　C.(10.0 ±0.2)s　　D.(11.0 ±0.2)s

【答案】A

解析：《公路工程水泥及水泥混凝土试验规程》(JTG 3420—2020)、《公路工程预应力孔道压浆材料》(JT/T 946—2022)中校准均要求：水流出的时间为 8.0s ±0.2s。

2.［判断］依据《公路工程水泥及水泥混凝土试验规程》(JTG 3420—2020)进行压力泌水试验，记录的泌水体积精确至 0.5mL。(　　)

【答案】×

解析：依据《公路工程水泥及水泥混凝土试验规程》(JTG 3420—2020)进行试验，泌水体积应精确至 0.2mL。

3.［多选］下列关于压浆材料充盈度试验结果应判定为不合格的有(　　)。

A. 2 根充盈度管内的浆体中存在气泡，直径小于 3mm，在管道的两端没有泡沫层或泌水层

B. 2 根充盈度管内存在厚度 2mm 的泡沫层

C. 2 根充盈度管内存在直径 5mm 的气泡

D. 2 根充盈度管有 1 根充盈度不合格，经复测后仍有 1 根不合格

【答案】BCD

解析：依据《公路工程水泥及水泥混凝土试验规程》(JTG 3420—2020)中的 T 0519—2020 进行判定，两组平行试验中，如有一根 V 形管内浆体存在厚度超过 1mm 的泡沫层，或直径大于 3mm 的气泡，或存在体积大于 1mL 的泌水，则充盈度指标不合格，应重新试验。

4.［综合］依据《公路工程水泥及水泥混凝土试验规程》(JTG 3420—2020)进行流动度试验，完成下列各题。

(1)压浆材料流动度试验前需要对流动度锥进行校准，校准时水的体积应为(　　)。

A. 1750mL ±5mL　　B. 1750mL ±2mL　　C. 1725mL ±5mL　　D. 1725mL ±2mL

(2)压浆材料流动度试验校准流动度锥时，水的流出时间为(　　)s。

A. 8.0 ±0.1　　B. 8.0 ±0.2　　C. 8.0 ±0.3　　D. 8.0 ±0.5

(3)浆体制备过程中，低速搅拌和高速搅拌时，搅拌叶片圆周切线速度分别不应低于(　　)m/s。

A. 3;10　　B. 2.5;10　　C. 5;10　　D. 3.5;10

(4)测定流动度时，计时终点的判断包括(　　)。

A. 流动锥中浆体液面下降至漏斗出口　　B. 流动锥出口开始透光

C. 流动锥出口无浆液滴落　　D. 流动锥出口浆液第一次出现断流

(5)压浆材料的流动度试验，需要测定(　　)。

A. 初始流动度　　B. 30min 流动度

C. 60min 流动度　　　　D. 90min 流动度

(1)【答案】A

解析:依据《公路工程水泥及水泥混凝土试验规程》(JTG 3420—2020),流动锥的校准要求为 1725mL ± 5mL。

(2)【答案】B

解析:依据《公路工程水泥及水泥混凝土试验规程》(JTG 3420—2020),水流出的时间应为 8.0s ± 0.2s。

(3)【答案】B

解析:依据《公路工程水泥及水泥混凝土试验规程》(JTG 3420—2020),低速搅拌时,低速搅拌叶片圆周切线速度不应低于 2.5m/s,高速搅拌时,高速搅拌叶片圆周切线速度不应低于 10.0m/s。

(4)【答案】AB

解析:依据《公路工程水泥及水泥混凝土试验规程》(JTG 3420—2020),开启活门,使浆体自由流出,记录浆体全部流出时间(从倒锥上端往下观察透光的瞬间)。

(5)【答案】ABC

解析:依据《公路桥涵施工技术规范》(JTG/T 3650—2020)中表 7.9.3 的要求,流动度包括初始流动度、30min 流动度、60min 流动度。

第四章　外　加　剂

第一节　混凝土外加剂的分类

外加剂按其主要功能分类,每一类不同的外加剂均由某种主要化学成分组成。市售的外加剂可能都复合有不同的组成材料。

1. 高性能减水剂

高性能减水剂是国内外近年来开发的新型外加剂品种,目前主要为聚羧酸盐类产品。它具有“梳状”的结构特点,由带有游离的羧酸阴离子团的主链和聚氧乙烯基侧链组成,根据种类、比例和反应条件的不同可生产具备不同性能和特性的高性能减水剂。早强型、标准型和缓凝型高性能减水剂可由分子设计引入不同功能团而生产,也可掺入不同组分复配而成。其主要特点为:

(1)掺量低,按照固体含量计算,一般为胶凝材料质量的0.15%~0.25%,减水率高;

(2)混凝土拌合物工作性及工作性保持性较好;

(3)外加剂中氯离子和碱含量较低;

(4)用其配制的混凝土收缩率较小,可改善混凝土的体积稳定性和耐久性;

(5)对水泥的适应性较好;

(6)生产和使用过程中不污染环境,是环保型的外加剂。

2. 高效减水剂

高效减水剂不同于普通减水剂,具有较高的减水率,较低的引气量,是我国使用量大、范围广的外加剂品种。目前,我国使用的高效减水剂品种较多,主要有下列几种:

(1)萘系减水剂;

(2)氨基磺酸盐系减水剂;

(3)脂肪族(醛酮缩合物)减水剂;

(4)密胺系及改性密胺系减水剂;

(5)蒽系减水剂;

(6)洗油系减水剂。

缓凝型高效减水剂是以上述各种高效减水剂为主要组分,再复合各种适量的缓凝组分或其他功能性组分而成的外加剂。

3. 普通减水剂

普通减水剂的主要成分为木质素磺酸盐,通常由亚硫酸盐法生产纸浆的副产品制得。常用的有木钙、木钠和木镁。其具有一定的缓凝、减水和引气作用。以其为原料,加入不同类型的调凝剂,可制得不同类型的减水剂,如早强型、标准型和缓凝型的减水剂。

4. 引气减水剂

引气减水剂是兼有引气和减水功能的外加剂。它是由引气剂与减水剂复合组成,根据工程要求不同,性能有一定的差异。

5. 泵送剂

泵送剂是用于改善混凝土泵送性能的外加剂。它由减水剂、调凝剂、引气剂、润滑剂等多种组分复合而成。根据工程要求,其产品性能有所差异。

6. 早强剂

早强剂是能加速水泥水化和硬化,促进混凝土早期强度增长的外加剂,可缩短混凝土养护龄期,加快施工进度,提高模板和场地周转率。早强剂主要是无机盐类、有机物等,但现在越来越多地使用各种复合型早强剂。

7. 缓凝剂

缓凝剂是可在较长时间内保持混凝土工作性,延缓混凝土凝结和硬化时间的外加剂,缓凝剂的种类较多,可分为有机和无机两大类,主要有:

(1)糖类及碳水化合物,如淀粉、纤维素的衍生物等;

(2)羟基羧酸,如柠檬酸、酒石酸、葡萄糖酸以及其他盐类;

(3)可溶硼酸盐和磷酸盐等。

8. 引气剂

引气剂是一种在搅拌过程中具有在砂浆或混凝土中引入大量、均匀分布的微气泡,而且在硬化后能保留在其中的一种外加剂,引气剂的种类较多,主要有:

(1)可溶性树脂酸盐(松香酸);

(2)文沙尔树脂;

(3)皂化的吐尔油;

(4)十二烷基磺酸钠;

(5)十二烷基苯磺酸钠;

(6)磺化石油羟类的可溶性盐等。

第二节　混凝土外加剂取样方法

混凝土外加剂根据产量和生产设备条件,将产品分批编号,掺量大于1%(含1%)同品种的外加剂每一编号为100t,掺量小于1%的外加剂每一编号为50t,不足100t或50t的也可按

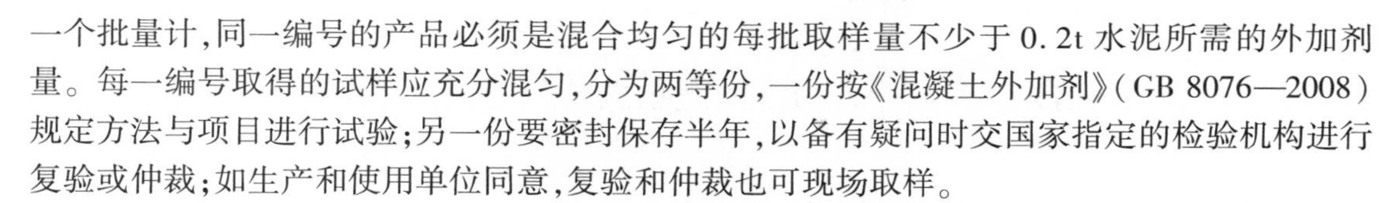

一个批量计,同一编号的产品必须是混合均匀的每批取样量不少于0.2t水泥所需的外加剂量。每一编号取得的试样应充分混匀,分为两等份,一份按《混凝土外加剂》(GB 8076—2008)规定方法与项目进行试验;另一份要密封保存半年,以备有疑问时交国家指定的检验机构进行复验或仲裁;如生产和使用单位同意,复验和仲裁也可现场取样。

1.混凝土泵送剂

每50t泵送剂为一批,不足50t也作为一批,每批取样量不少于0.5t水泥所需的泵送剂量。每一批取得的试样应充分混匀,分为两等份一份按《混凝土外加剂》(GB 8076—2008)规定的混凝土泵送剂进行试验;另一份封存半年,以备有疑问时交国家指定的检验机构进行复验或仲裁;如生产和使用单位同意也可在现场取平均样,但事先应在供货合同中裁定。

2.混凝土膨胀剂

每200t为一批,不足200t时,以日产量作为一批,抽样应有代表性,可以连续取样,也可以从20个以上的不同部位取等量样品,每批抽样总量不小于10kg。每一批取得的样品应充分混合均匀,分为两等份,一份按《混凝土膨胀剂》(GB 23439—2017)进行试验;一份密封保存180d,以备有疑问时交国家指定的检验机构进行复验或仲裁。

3.砂浆混凝土防水剂

年产500t以上的,每50t为一批;年产500t以下的,每30t为一批。同批的产品必须是均匀的,每批取样量不少于0.2t水泥所需的防水剂量。每批取得的试样应充分混合均匀,分为两等份,一份按《砂浆、混凝土防水剂》(JC/T 474—2008)的规定进行试验;另一份密封保存半年,以备有疑问时交国家指定的检验机构进行复验或仲裁。

4.混凝土防冻剂

同一品种防冻剂,每50t为一批,不足50t也可作为一批,每批取样量不少于0.15t水泥所需的防冻剂量(以其最大掺量计)。每批取得的试样应充分混匀,分为两等份,一份按《混凝土防冻剂》(JC 475—2004)进行试验;另一份密封保存半年,以备有疑问时交国家指定的检验机构进行复验或仲裁。

5.混凝土速凝剂

每20t为一批,不足20t也可作为一批。每一批应从16个不同点取样,每个点取样250g,共取4000g。每批取得的试样应充分混匀,分为两等份,一份按《喷射混凝土速凝剂》(JC/T 477—2005)进行试验;另一份密封保存5个月,以备有疑问时交国家指定的检验机构进行复验或仲裁。

第三节　混凝土外加剂匀质性试验

混凝土外加剂匀质性试验主要包括含固量试验、含水率试验、密度试验、细度试验、水泥净浆流动度试验等。

第四节　掺外加剂混凝土的性能指标检测

掺外加剂混凝土的性能指标检测材料要求如下。

1. 水泥

基准水泥是检验混凝土外加剂性能的专用水泥，是由符合下列品质指标的硅酸盐水泥熟料与二水石膏共同粉磨而成的42.5强度等级的P·I型硅酸盐水泥。基准水泥必须由经中国建材联合会混凝土外加剂分会与有关单位共同确认具备生产条件的工厂供给，并在有效期内使用。

品质指标要求如下（除满足42.5强度等级硅酸盐水泥技术要求外）：

(1)熟料中铝酸三钙（C_3A）含量6%～8%。

(2)熟料中硅酸三钙（C_3S）含量55%～60%。

(3)熟料中游离氧化钙（f-CaO）含量不得超过1.2%。

(4)水泥中碱（$Na_2O+0.658K_2O$）含量不得超过1.0%。

(5)水泥比表面积（350±10）m^2/kg。

2. 砂

符合《建设用砂》（GB/T 14684—2022）中Ⅱ区要求的中砂，但细度模数为2.6～2.9，含泥量小于1%。

3. 石子

符合《建设用卵石、碎石》（GB/T 14685—2022）要求的公称粒径为5～20mm的碎石或卵石，采用二级配，其中5～10mm占40%，10～20mm占60%，满足连续级配要求，针片状物质含量小于10%，空隙率小于47%，含泥量小于0.5%。如有争议，以碎石结果为准。

4. 水

符合现行《混凝土用水标准》（JGJ 63）混凝土拌和用水的技术要求。

5. 外加剂

需要检测的外加剂应符合相关要求。

第五节　外加剂检测判定规则

掺外加剂的受检混凝土性能指标应符合表2-4-1的要求。

受检混凝土性能指标　　表 2-4-1

项目		外加剂品种												
		高性能减水剂 HPWR			高效减水剂 HWR		普通减水剂 WR			引气减水剂 AEWR	泵送剂 PA	早强剂 Ac	缓凝剂 Re	引气剂 AE
		早强型 HPWR-A	标准型 HPWR-S	缓凝型 HPWR-R	标准型 HWR-S	缓凝型 HWR-R	早强型 WR-A	标准型 WR-S	缓凝型 WR-R					
减水率(%),不小于		25	25	25	14	14	8	8	8	10	12	—	—	6
泌水率比(%),不大于		50	60	70	90	100	95	100	100	70	70	100	100	70
含气量(%)		≤6.0	≤6.0	≤6.0	≤3.0	≤4.5	≤4.0	≤4.0	≤5.5	≥3.0	≤5.5	—	—	≥3.0
凝结时间之差(min)	初凝	-90 ~ +90	-90 ~ +120	> +90	-90 ~ +120	> +90	-90 ~ +90	-90 ~ +120	> +90	-90 ~ +120	—	90 ~ +90	> +90	-90 ~ +120
	终凝			—		—			—			—	—	
1h 经时变化量	坍落度(mm)	—	≤80	≤60	—	—	—	—	—	—	≤80	—	—	—
	含气量(%)	—	—	—						-1.5 ~ +1.5	—			-1.5 ~ +1.5
抗压强度比(%),不小于	1d	180	170	—	140	—	135	—	—	—	—	135	—	—
	3d	170	160	—	130	—	130	115	—	115	—	130	—	95
	7d	145	150	140	125	125	110	115	110	110	115	110	100	95
	28d	130	140	130	120	120	100	110	110	100	110	100	100	90
收缩率比(%),不大于	28d	110	110	110	135	135	135	135	135	135	135	135	135	135
相对耐久性(200 次)(%),不小于		—	—	—	—	—	—	—	—	80	—	—	—	80

注:1. 表中抗压强度比、收缩率比、相对耐久性为强制性指标,其余为推荐性指标。
2. 除含气量和相对耐久性外,表中所列数据为掺外加剂混凝土与基准混凝土的差值或比值。
3. 凝结时间之差性能指标中的"-"表示提前,"+"表示延缓。
4. 相对耐久性(200 次)性能指标中的"≥80"表示将 28d 龄期的受检混凝土试件快速冻融循环 200 次后,动弹性模量保留值≥80%。
5. 含气量 1h 经时变化量指标中的"-"表示含气量增加,"+"表示含气量减少。
6. 其他品种的外加剂是否需要测定相对耐久性指标,由供需双方协商确定。
7. 当用户对泵送剂等产品有特殊要求时,需要进行的补充试验项目、试验方法及指标,由供需双方协商决定。

第六节　常规检测参数试验方法及结果处理

一、减水率

《公路工程水泥混凝土外加剂》(JT/T 523—2022)

1. 目的、适用范围及方法原理

(1)目的:检测得到混凝土外加剂减水率。

(2)适用范围:适用于高性能减水剂(早强型、标准型、缓凝型)、高效减水剂(标准型、缓凝型)、普通减水剂(早强型、标准型、缓凝型)、引气减水剂、泵送剂、早强剂、缓凝剂及引气剂等混凝土外加剂。

(3)方法原理:减水率为坍落度基本相同时,基准混凝土和受检混凝土单位用水量之差与基准混凝土单位用水量之比。

2. 样品符合性

按《公路工程水泥混凝土外加剂》(JT/T 523—2022)中6.2.2的要求执行。

3. 仪具与材料

(1)坍落度仪应符合现行行业标准《混凝土坍落度仪》(JG/T 248)的规定。

(2)应配备2把钢尺,钢尺的量程不应小于300mm,分度值不应大于1mm。

(3)底板应采用平面尺寸不小于1500mm×1500mm、厚度不小于3mm的钢板,其最大挠度不应大于3mm。

4. 试验环境

基准混凝土和受检混凝土的原材料应放置在温度20℃±3℃环境下至少24h。基准混凝土和受检混凝土的搅拌、成型、预养护以及混凝土拌合物性能(坍落度、凝结时间、含气量、泌水率)测试试验环境温度应保持在20℃±3℃。

5. 试验准备

检查试验仪具材料样品等是否满足试验要求。

6. 试验步骤

减水率为基准混凝土和受检混凝土单位用水量之差与基准混凝土单位用水量之比。坍落度的测定方法按现行《普通混凝土拌合物性能试验方法标准》(GB/T 50080)的要求执行。

7. 结果计算

减水率按式(2-4-1)计算,结果精确至0.1%。

$$R_w = \frac{W_0 - W_1}{W_0} \times 100 \tag{2-4-1}$$

式中：R_w——减水率（%）；

W_0——基准混凝土单位用水量（kg/m^3）；

W_1——受检混凝土单位用水量（kg/m^3）。

试验时，每批混凝土拌合物取1个试样，减水率 R_w 以3批3个试样的算术平均值计，精确至1%。若试验中3个试样的最大值或最小值有1个与中间值之差超过中间值的15%，则把最大值与最小值一并舍去，取中间值作为该组试验的减水率；若最大值和最小值与中间值之差均超过中间值的15%，则该批试验结果无效，应重做。

8. 原始记录、质量检测报告、异常情况处理

原始记录、质量检测报告、异常情况处理参照本书第二部分第一章第八节“常规检测参数试验方法及结果处理”中的要求进行。

二、泌水率比

《公路工程水泥混凝土外加剂》（JT/T 523—2022）

1. 目的、适用范围及方法原理

（1）目的：检测得到混凝土外加剂的泌水率比。

（2）适用范围：适用于高性能减水剂（早强型、标准型、缓凝型）、高效减水剂（标准型、缓凝型）、普通减水剂（早强型、标准型、缓凝型）、引气减水剂、泵送剂、早强剂、缓凝剂及引气剂等混凝土外加剂。

（3）方法原理：受检混凝土泌水率与基准混凝土泌水率之比。

2. 样品符合性

按《公路工程水泥混凝土外加剂》（JT/T 523—2022）中6.2.2的要求执行。

3. 仪具与材料

（1）容量筒容积应为5L，并应配有盖子。

（2）量筒应为容量100mL、分度值1mL，并应带塞。

（3）振动台应符合现行行业标准《混凝土试验用振动台》（JG/T 245）的规定。

（4）捣棒应符合现行行业标准《混凝土坍落度仪》（JG/T 248）的规定。

（5）电子天平的最大量程应为20kg，感量不应大于1g。

4. 试验环境

基准混凝土和受检混凝土的原材料应放置在温度20℃ ±3℃环境下至少24h。基准混凝土和受检混凝土的搅拌、成型、预养护以及混凝土拌合物性能（坍落度、凝结时间、含气量、泌水率）测试试验环境温度应保持在20℃ ±3℃。

5. 试验准备

检查试验仪具材料样品等是否满足试验要求。

6. 试验步骤

基准混凝土和受检混凝土的泌水率应按现行《普通混凝土拌合物性能试验方法标准》(GB/T 50080)规定的方法进行。

(1)用湿布润湿容量筒内壁后应立即称量,并记录容量筒的质量。

(2)混凝土拌合物试样应按下列要求装入容量筒,并进行振实或插捣密实,振实或捣实的混凝土拌合物表面应低于容量筒筒口 30mm ±3mm,并用抹刀抹平。

①当混凝土拌合物坍落度不大于 90mm 时,宜用振动台振实,应将混凝土拌合物一次性装入容量筒内,振动持续到表面出浆为止,并应避免过振。

②当混凝土拌合物坍落度大于 90mm 时,宜用人工插捣,应将混凝土拌合物分两层装入,每层的插捣次数为 25 次;捣棒由边缘向中心均匀地插捣,插捣底层时捣棒应贯穿整个深度,插捣第二层时,捣棒应插透本层至下一层的表面;每一层捣完后应使用橡皮锤沿容量筒外壁敲击 5~10 次,进行振实,直至混凝土拌合物表面插捣孔消失且不见大气泡为止;自密实混凝土应一次性填满,且不应进行振动和插捣。

(3)应将筒口及外表面擦净,称量并记录容量筒与试样的总质量,盖好筒盖并开始计时。

(4)在吸取混凝土拌合物表面泌水的整个过程中,应使容量筒保持水平、不受振动;除了吸水操作外,应始终盖好盖子;室温应保持在 20℃ ±2℃。

(5)计时开始后 60min 内,应每隔 10min 吸取 1 次试样表面泌水;60min 后,每隔 30min 吸取 1 次试样表面泌水,直至不再泌水为止。每次吸水前 2min,应将一片 35mm ±5mm 厚的垫块垫入筒底一侧使其倾斜,吸水后应平稳地复原盖好。吸出的水应盛放于量筒中,并盖好塞子;记录每次的吸水量,并应计算累计吸水量,精确至 1mL。

7. 结果计算

(1)泌水率按式(2-4-2)计算,结果精确至 1%。

$$B=\frac{V_W}{(W/m_T)\times m}\times 100 \tag{2-4-2}$$

$$m=m_2-m_1 \tag{2-4-3}$$

式中:B——泌水率(%);

V_W——泌水总质量(g);

m——混凝土拌合物的总质量(g);

m_T——试验拌制混凝土拌合物的总质量(g);

W——混凝土拌合物的用水量(g);

m_2——容量筒及试样总质量(g);

m_1——容量筒质量(g)。

试验时,从每批混凝土拌合物中取一个试样,泌水率取三个试样的算术平均值,精确至 0.1%。若三个试样的最大值或最小值中有一个与中间值之差大于中间值的 15%,则把最大值与最小值一并舍去,取中间值作为该组试验的泌水率;若最大值和最小值与中间值之差均大于中间值的 15%,则应重做。

(2)泌水率比按式(2-4-4)计算,结果精确至 1%。

$$R_B = \frac{B_t}{B_c} \times 100 \tag{2-4-4}$$

式中：R_B——泌水率比(%)；

B_t——受检混凝土泌水率(%)；

B_c——基准混凝土泌水率(%)。

试验时，每批混凝土拌合物取1个试样，泌水率比R_B以3批3个试样的算术平均值计，精确至0.1%。若试验中3个试样的最大值或最小值有1个与中间值之差超过中间值的15%，则把最大值与最小值一并舍去，取中间值作为该组试验的泌水率；若最大值和最小值与中间值之差均超过中间值的15%，则该批试验结果无效，应重做。

8. 原始记录、质量检测报告、异常情况处理

原始记录、质量检测报告、异常情况处理参照本书第二部分第一章第八节“常规检测参数试验方法及结果处理”中的要求进行。

三、抗压强度比

《公路工程水泥混凝土外加剂》(JT/T 523—2022)

1. 目的、适用范围及方法原理

(1)目的：检测得到混凝土外加剂的抗压强度比。

(2)适用范围：适用于高性能减水剂(早强型、标准型、缓凝型)、高效减水剂(标准型、缓凝型)、普通减水剂(早强型、标准型、缓凝型)、引气减水剂、泵送剂、早强剂、缓凝剂及引气剂等混凝土外加剂。

(3)方法原理：受检混凝土抗压强度与基准混凝土抗压强度之比。

2. 样品符合性

(1)标准试件为边长150mm的立方体试件。

(2)非标准试件为边长100mm和200mm的立方体试件。

(3)每组试件应为3块。

3. 仪具与材料

仪具与材料按现行《混凝土物理力学性能试验方法标准》(GB/T 50081)抗压强度试验中的要求执行。

4. 试验环境

试验环境相对湿度不宜小于50%，温度应保持在20℃±5℃。

5. 试验准备

检查试验仪具材料样品等是否满足试验要求。

6. 试验步骤

受检混凝土与基准混凝土的抗压强度按现行《混凝土物理力学性能试验方法标准》(GB/T

50081)的要求进行试验和计算。

7.结果计算

抗压强度比试验方法应按如下规定进行:

(1)防冻剂产品的抗压强度比试验按照现行《混凝土防冻剂》(JC 475)规定的步骤进行。受检混凝土与基准混凝土的抗压强度试验结果以3批试验测值的平均值表示,每批试验的取样量符合《公路工程水泥混凝土外加剂》(JT/T 523—2022)中表11的规定。若3批中的最大值或最小值有1个与中间值的差值超过中间值的15%,则把最大值和最小值一并舍去,取中间值作为试验结果;若有2批测值与中间值的差均超过中间值的15%,则试验结果无效,应重做。

(2)其他外加剂产品的抗压强度比以受检混凝土与基准混凝土同龄期抗压强度之比表示,按式(2-4-5)计算,结果精确至1%。

$$R_f = \frac{f_t}{f_c} \times 100 \tag{2-4-5}$$

式中:R_f——抗压强度比(%);

f_t——受检混凝土的抗压强度(MPa);

f_c——基准混凝土的抗压强度(MPa)。

受检混凝土与基准混凝土的抗压强度试验按现行《混凝土物理力学性能试验方法标准》(GB/T 50081)规定的步骤进行。试验结果以3批试验测值的平均值表示,每批试验的取样量符合《公路工程水泥混凝土外加剂》(JT/T 523—2022)中表11的规定。若3批中的最大值或最小值有1个与中间值的差值超过中间值的15%,则把最大值和最小值一并舍去,取中间值作为试验结果;若有2批测值与中间值的差均超过中间值的15%,则试验结果无效,应重做。

8.原始记录、质量检测报告、异常情况处理

原始记录、质量检测报告、异常情况处理参照本书第二部分第一章第八节"常规检测参数试验方法及结果处理"中的要求进行。

四、收缩率比

《公路工程水泥混凝土外加剂》(JT/T 523—2022)

1.目的、适用范围及方法原理

(1)目的:检测得到混凝土外加剂的收缩率比。

(2)适用范围:接触法;本方法适用于测定在无约束和规定的温湿度条件下硬化混凝土试件的收缩变形性能。

(3)方法原理:受检混凝土收缩率与基准混凝土收缩率之比。

2.样品符合性

参照《普通混凝土长期性能和耐久性能试验方法标准》(GB/T 50082—2009)中8.2.2的

要求执行。

3. 仪具与材料

(1)测量混凝土收缩变形的装置应具有硬钢或石英玻璃制作的标准杆,并应在测量前及测量过程中及时校核仪表的读数。

(2)收缩测量装置可采用下列形式之一:

①卧式混凝土收缩仪的测量标距应为540mm,并应装有精度为±0.001mm的千分表或测微器。

②立式混凝土收缩仪的测量标距和测微器同卧式混凝土收缩仪。

③其他形式的变形测量仪表的测量标距不应小于100mm及集料最大粒径的3倍,并至少能达到±0.001mm的测量精度。

4. 试验环境

室温应保持在20℃±2℃,相对湿度应保持在60%±5%。

5. 试验准备

检查试验仪具材料样品等是否满足试验要求。

6. 试验步骤

受检混凝土及基准混凝土的收缩率按《普通混凝土长期性能和耐久性能试验方法标准》(GB/T 50082—2009)的要求测定。

7. 结果计算

收缩率比以28d龄期时受检混凝土与基准混凝土的收缩率的比值表示,按式(2-4-6)计算。

$$R_{\varepsilon} = \frac{\varepsilon_{t}}{\varepsilon_{c}} \times 100 \tag{2-4-6}$$

式中:R_{ε}——收缩率比(%);

ε_{t}——受检混凝土的收缩率(%);

ε_{c}——基准混凝土的收缩率(%)。

每批混凝土拌合物取1个试样,以3个试样收缩率比的算术平均值表示,精确至1%。

8. 原始记录、质量检测报告、异常情况处理

原始记录、质量检测报告、异常情况处理参照本书第二部分第一章第八节“常规检测参数试验方法及结果处理”中的要求进行。

五、凝结时间差

《公路工程水泥混凝土外加剂》(JT/T 523—2022)

1. 目的、适用范围及方法原理

(1)目的:检测得到混凝土外加剂的凝结时间差。

(2)适用范围:适用于高性能减水剂(早强型、标准型、缓凝型)、高效减水剂(标准型、缓凝型)、普通减水剂(早强型、标准型、缓凝型)、引气减水剂、泵送剂、早强剂、缓凝剂及引气剂等混凝土外加剂。

(3)方法原理:受检混凝土的凝结时间与基准混凝土的凝结时间之差。

2. 样品符合性

参照现行《普通混凝土拌合物性能试验方法标准》(GB/T 50080)凝结时间试验中的要求执行。

3. 仪具与材料

(1)贯入阻力仪的最大测量值不应小于1000N,精度应为±10N;测针长100mm,在距贯入端25mm处应有明显标记;测针的承压面积应为$100mm^2$、$50mm^2$和$20mm^2$三种。

(2)砂浆试样筒应为上口内径160mm、下口内径150mm、净高150mm刚性不透水的金属圆筒,并配有盖子。

(3)试验筛应为筛孔公称直径为5.00mm的方孔筛,并应符合现行国家标准《试验筛 技术要求和检验 第2部分:金属穿孔板试验筛》(GB/T 6003.2)的规定。

(4)振动台应符合现行行业标准《混凝土试验用振动台》(JG/T 245)的规定。

(5)捣棒应符合现行行业标准《混凝土坍落度仪》(JG/T 248)的规定。

4. 试验环境

温度应保持在20℃±2℃。

5. 试验准备

检查试验仪具材料样品等是否满足试验要求。

6. 试验步骤

测试时,将砂浆试样筒置于贯入阻力仪上,测针端部与砂浆表面接触,应在10s±2s内均匀地使测针贯入砂浆25mm±2mm深度,记录最大贯入阻力值,精确至10N;记录测试时间,精确至1min。

每个砂浆筒每次测1个点至2个点,各测点的间距不应小于15mm,测点与试样筒壁的距离不应小于25mm。

每个试样的贯入阻力测试不应少于6次,直至单位面积贯入阻力大于28MPa为止。

7. 结果计算

贯入阻力按式(2-4-7)计算,结果精确至0.1MPa。

$$f_{PR} = \frac{P}{A} \tag{2-4-7}$$

式中:f_{PR}——贯入阻力值(MPa);

P——贯入阻力(N);

A——测针面积(mm^2)。

凝结时间宜按式(2-4-8)通过线性回归方法确定。根据式(2-4-8)可求得当单位面积贯入

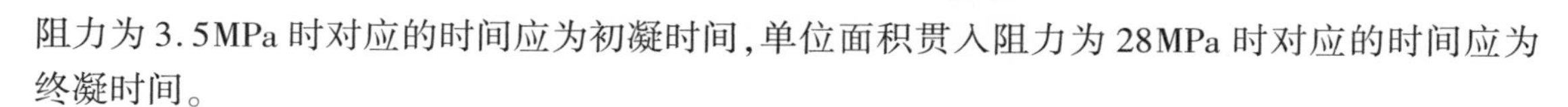

阻力为 3.5MPa 时对应的时间应为初凝时间,单位面积贯入阻力为 28MPa 时对应的时间应为终凝时间。

$$\ln t = a + b\ln f_{PR} \tag{2-4-8}$$

式中:t——单位面积贯入阻力对应的测试时间(min);

a、b——线性回归系数。

凝结时间也可用绘图拟合方法确定,应以单位面积贯入阻力为纵坐标,测试时间为横坐标,绘制出单位面积贯入阻力与测试时间之间的关系曲线;分别以 3.5MPa 和 28MPa 绘制两条平行于横坐标的直线,与曲线交点的横坐标应分别为初凝时间和终凝时间;凝结时间结果应用 h:min 表示,精确至 5min。

应以 3 个试样的初凝时间和终凝时间的算术平均值作为此次试验初凝时间和终凝时间的试验结果。若 3 个测值的最大值或最小值中有 1 个与中间值之差超过中间值的 10%,应以中间值作为试验结果;若最大值和最小值与中间值之差均超过中间值的 10%,应重新试验。

凝结时间差按式(2-4-9)计算。

$$\Delta T = T_t - T_c \tag{2-4-9}$$

式中:ΔT——凝结时间之差(min);

T_t——受检混凝土的初凝或终凝时间(min);

T_c——基准混凝土的初凝或终凝时间(min)。

试验时,每批混凝土拌合物取 1 个试样,凝结时间取 3 个试样的算术平均值。若试验中 3 批试验的最大值或最小值之中有 1 个与中间值之差超过 30min,则把最大值与最小值一并舍去,取中间值作为该组试验的凝结时间;若最大值和最小值与中间值之差均大于 30min,则该次试验结果无效,应重做。凝结时间以 min 表示,并修约至 5min。

8. 原始记录、质量检测报告、异常情况处理

原始记录、质量检测报告、异常情况处理参照本书第二部分第一章第八节"常规检测参数试验方法及结果处理"中的要求进行。

六、含气量、经时变化量(坍落度、含气量)

《公路工程水泥混凝土外加剂》(JT/T 523—2022)

1. 目的、适用范围

(1)目的:检测得到混凝土外加剂的含气量与坍落度的经时变化量。

(2)适用范围:坍落度经时变化量试验可用于混凝土拌合物的坍落度随静置时间变化的测定。

2. 样品符合性

参照现行《普通混凝土拌合物性能试验方法标准》(GB/T 50080)坍落度经时损失试验以及含气量试验中的要求执行。

3. 仪具与材料

(1)坍落度经时变化量

①坍落度仪应符合现行行业标准《混凝土坍落度仪》(JG/T 248)的规定;

②应配备2把钢尺,钢尺的量程不应小于300mm,分度值不应大于1mm;

③底板应采用平面尺寸不小于1500mm×1500mm、厚度不小于3mm的钢板,其最大挠度不应大于3mm。

(2)含气量经时变化量

①含气量测定仪应符合现行行业标准《混凝土含气量测定仪》(JG/T 246)的规定;

②捣棒应符合现行行业标准《混凝土坍落度仪》(JG/T 248)的规定;

③振动台应符合现行行业标准《混凝土试验用振动台》(JG/T 245)的规定;

④电子天平的最大量程应为50kg,感量不应大于10g。

4. 试验环境

试验环境相对湿度不宜小于50%,温度应保持在20℃±5℃;所用材料、试验设备、容器及辅助设备的温度宜与试验室温度保持一致。

5. 试验准备

检查试验仪具材料样品等是否满足试验要求。

6. 试验步骤

(1)含气量及含气量经时变化量的测定

按现行《普通混凝土拌合物性能试验方法标准》(GB/T 50080)用气水混合式含气量测定仪,并按仪器说明进行操作,但混凝土拌合物应一次装满并稍高于容器,用振动台振实15~20s。

按前文要求搅拌的混凝土留下足够一次含气量试验的数量,并装入用湿布擦过的试样筒内,容器加盖,静置至1h(从加水搅拌时开始计算),然后倒出,在铁板上用铁锹翻拌均匀后,再按照含气量测定方法测定含气量。

(2)坍落度及坍落度经时变化量的测定

混凝土坍落度按照现行《普通混凝土拌合物性能试验方法标准》(GB/T 50080)的要求测定;但坍落度为210mm±10mm的混凝土,分两层装料,每层装入高度为筒高的一半,每层用插捣棒插捣15次。

坍落度1h经时变化量测定:当要求测定此项时,应将搅拌的混凝土留下足够一次混凝土坍落度的试验数量,并装入用湿布擦过的试样筒内,容器加盖,静置1h(从加水搅拌时开始计算),然后倒出,在铁板上用铁锹翻拌至均匀后,再按照坍落度测定方法测定坍落度。计算出机时和1h之后的坍落度之差值,即得到坍落度的经时变化量。

7. 结果计算

含气量按式(2-4-10)计算,结果精确至0.1%。

$$A = A' - C \tag{2-4-10}$$

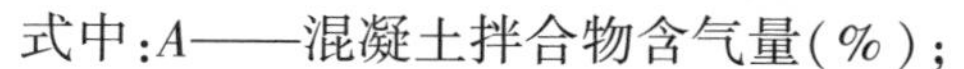

式中：A——混凝土拌合物含气量(%)；

A'——混凝土拌合物的未校正含气量(%)；

C——集料含气量(%)。

含气量 1h 经时变化量按式(2-4-11)计算。

$$\Delta A = A_0 - A_{1h} \tag{2-4-11}$$

式中：ΔA——含气量经时变化量(%)；

A_0——出机后测得的含气量(%)；

A_{1h}——1h 后测得的含气量(%)。

坍落度 1h 经时变化量按式(2-4-12)计算。

$$\Delta Sl = Sl_0 - Sl_{1h} \tag{2-4-12}$$

式中：ΔSl——坍落度经时变化量(mm)；

Sl_0——出机时测得的坍落度(mm)；

Sl_{1h}——1h 后测得的坍落度(mm)。

8. 原始记录、质量检测报告、异常情况处理

原始记录、质量检测报告、异常情况处理参照本书第二部分第一章第八节“常规检测参数试验方法及结果处理”中的要求进行。

七、相对耐久性

《公路工程水泥混凝土外加剂》(JT/T 523—2022)

1. 目的、适用范围及方法原理

(1)目的：检测得到混凝土外加剂的相对耐久性值。

(2)适用范围：本方法适用于测定混凝土试件在水冻水融条件下，以经受的快速冻融循环次数来表示的混凝土抗冻性能。

(3)方法原理：参照现行《普通混凝土长期性能和耐久性能试验方法标准》(GB/T 50082)(快冻法)。

2. 样品符合性

快冻法抗冻试验所采用的试件应符合如下规定：

(1)快冻法抗冻试验应采用尺寸为 100mm×100mm×400mm 的棱柱体试件，每组试件应为 3 块。

(2)成型试件时，不得采用憎水性脱模剂。

(3)除制作冻融试验的试件外，尚应制作同样形状、尺寸，但中心埋有温度传感器的测温试件，测温试件应采用防冻液作为冻融介质，测温试件所用混凝土的抗冻性能应高于冻融试件。测温试件的温度传感器应埋设在试件中心。温度传感器不应采用钻孔后插入的方式埋设。

3. 仪具与材料

(1)试件盒宜采用具有弹性的橡胶材料制作,其内表面底部应有半径为3mm橡胶突起部分。盒内加水后水面应至少高出试件顶面5mm。试件盒横截面尺寸宜为115mm×115mm,试件盒长度宜为500mm。

(2)快速冻融装置应符合现行行业标准《混凝土抗冻试验设备》(JG/T 243)的规定。除应在测温试件中埋设温度传感器外,尚应在冻融箱内防冻液中心、中心与任何一个对角线的两端分别设有温度传感器。运转时冻融箱内防冻液各点温度的极差不得超过2℃。

(3)称量设备的最大量程应为20kg,感量不应超过5g。

(4)混凝土动弹性模量测定仪应满足现行《普通混凝土长期性能和耐久性能试验方法标准》(GB/T 50082)动弹性模量试验中的设备要求。

(5)温度传感器(包括热电偶、电位差计等)应在-20~20℃范围内测定试件中心温度,且测量精度应为±0.5℃。

4. 试验环境

室温。

5. 试验准备

检查试验仪具材料样品等是否满足试验要求。

6. 试验步骤

快冻试验应按照下列步骤进行:

(1)在标准养护室内或同条件养护的试件应在养护龄期为24d时提前将冻融试验的试件从养护地点取出,随后应将冻融试件放在20℃±2℃的水中浸泡,浸泡时水面应高出试件顶面20~30mm。在水中浸泡时间应为4d,试件应在28d龄期时开始进行冻融试验。始终在水中养护的试件,当试件养护龄期达到28d时,可直接进行后续试验。对于此种情况,应在试验报告中予以说明。

(2)当试件养护龄期达到28d时应及时取出试件,用湿布擦除表面水分后应对外观尺寸进行测量,并应编号、称量试件初始质量W_{oi};然后应按《普通混凝土长期性能和耐久性能试验方法标准》(GB/T 50082—2009)第5章的规定测定其横向基频的初始值f_{oi}。

(3)将试件放入试件盒内,试件应位于试件盒中心,然后将试件盒放入冻融箱内的试件架中,并向试件盒中注入清水。在整个试验过程中,盒内水位高度应始终保持至少高出试件顶面5mm。

(4)测温试件盒应放在冻融箱的中心位置。

(5)冻融循环过程应符合下列规定:

①每次冻融循环应在2~4h内完成,但用于融化的时间不得少于整个冻融循环时间的1/4;

②在冷冻和融化过程中,试件中心最低和最高温度应分别控制在-18℃±2℃和5℃±2℃内。在任意时刻,试件中心温度不得高于7℃,且不得低于-20℃。

③每块试件从3℃降至-16℃所用的时间不得少于冷冻时间的1/2;每块试件从-16℃升

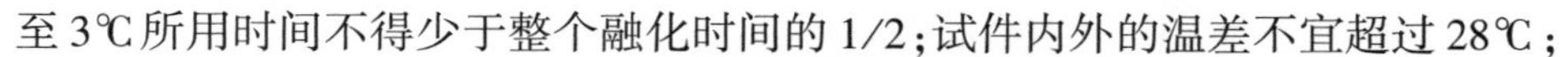

至3℃所用时间不得少于整个融化时间的1/2；试件内外的温差不宜超过28℃；

④冷冻和融化之间的转换时间不宜超过10min。

(6)每隔25次冻融循环宜测量试件的横向基频f_{ni}。测量前应先将试件表面浮渣清洗干净并擦干表面水分，然后应检查其外部损伤并称量试件的质量W_{ni}。随后应按《普通混凝土长期性能和耐久性能试验方法标准》(GB/T 50082—2009)第5章规定的方法测量横向基频。测完后，应迅速将试件调头重新装入试件盒内并加入清水，继续试验。试件的测量、称量及外观检查应迅速，待测试件应用湿布覆盖。

(7)当有试件停止试验被取出时，应另用其他试件填充空位。当试件在冷冻状态下因故中断时，试件应保持在冷冻状态，直至恢复冻融试验为止，并应将故障原因及暂停时间在试验结果中注明。试件在非冷冻状态下发生故障的时间不宜超过两个冻融循环的时间。在整个试验过程中，超过两个冻融循环时间的中断故障次数不得超过两次。

7.结果计算

相对动弹性模量按式(2-4-13)计算，结果精确至0.1%。

$$P_i = \frac{f_{ni}^2}{f_{oi}^2} \times 100 \tag{2-4-13}$$

式中：P_i——经n次冻融循环后第i个混凝土试件的相对动弹性模量(%)；

f_{ni}——经n次冻融循环后第i个混凝土试件的横向基频(Hz)；

f_{oi}——冻融循环试验前第i个混凝土试件的横向基频初始值(Hz)。

一组混凝土试件的相对动弹性模量按式(2-4-14)计算，结果精确至0.1%。

$$P = \frac{1}{3}\sum_{i=1}^{3} P_i \tag{2-4-14}$$

式中：P——经n次冻融循环后一组混凝土试件的相对动弹性模量(%)。

相对动弹性模量P应以3个试件试验结果的算术平均值作为测定值。当最大值或最小值与中间值之差超过中间值的15%时，应剔除此值，并应取其余两值的算术平均值作为测定值；当最大值和最小值与中间值之差均超过中间值的15%时，应取中间值作为测定值。

相对耐久性指标以掺外加剂混凝土冻融200次后的动弹性模量是否不小于80%来评定外加剂的质量。每批混凝土拌合物取一个试样，相对动弹性模量以3个试件测值的算术平均值表示。

8.原始记录、质量检测报告、异常情况处理

原始记录、质量检测报告、异常情况处理参照本书第二部分第一章第八节“常规检测参数试验方法及结果处理”中的要求进行。

八、透水压力比

《砂浆、混凝土防水剂》(JC/T 474—2008)

1. 目的、适用范围

(1)目的:检测得到混凝土外加剂的透水压力比。

(2)适用范围:混凝土防水剂。

2. 样品符合性

检查样品是否符合以下质量检测要求:

(1)水泥应为符合《混凝土外加剂》(GB 8076—2008)中附录A规定的水泥,砂应为符合现行《水泥强度试验用标准砂》(GB 178)规定的标准砂。

(2)水泥与标准砂的质量比为1:3,用水量根据各项试验要求确定。

(3)防水剂掺量采用生产厂家的推荐掺量。

3. 仪具与材料

(1)水泥胶砂流动度测定仪(简称"跳桌")技术要求及其安装方法见《水泥胶砂流动度测定方法》(GB/T 2419—2005)附录A。

(2)水泥胶砂搅拌机:符合现行《行星式水泥胶砂搅拌机》(JC/T 681)的要求。

(3)试模:由截锥圆模和模套组成。金属材料制成,内表面加工光滑。

圆模尺寸:高度60mm ±0.5mm;

上口内径:70mm ±0.5mm;

下口内径:100mm ±0.5mm;

下口外径:120mm;

模壁厚:>5mm。

(4)捣棒

由金属材料制成,直径为20mm ±0.5mm,长度约200mm。

捣棒底面与侧面成直角,其下部光滑,上部手柄滚花。

(5)卡尺

量程不小于300mm,分度值不大于0.5mm。

(6)小刀

刀口平直,长度大于80mm。

(7)天平

量程不小于1000g,分度值不大于1g。

4. 试验环境

试验室的温度应保持在20℃ ±2℃,相对湿度不应低于50%。

5. 试验准备

检查试验仪具材料样品等是否满足试验要求。

6. 试验步骤

按现行《水泥胶砂流动度测定方法》(GB/T 2419)的要求确定基准砂浆和受检砂浆的用水量,二者保持相同的流动度,并以基准砂浆在0.3~0.4MPa压力下透水为准,确定水灰比。用

上口直径 70mm、下口直径 80mm、高 30mm 的截头圆锥带底金属试模成型基准和受检试样，成型后用塑料布将试件盖好静停。脱模后放入 20℃ ±2℃的水中养护至 7d，取出待表面干燥后，用密封材料密封装入渗透仪中进行透水试验。水压从 0.2MPa 开始，恒压 2h 增至 0.3MPa，以后每隔 1h 增加水压0.1MPa。当 6 个试件中有 3 个试件端面呈现渗水现象时，即可停止试验，记下当时的水压值。若加压至 1.5MPa，恒压 1h 还未透水，应停止升压。砂浆透水压力为每组 6 个试件中 4 个未出现渗水时的最大水压力。

7. 结果计算

透水压力比按式(2-4-15)计算，结果精确至 1%。

$$R_{pm}=\frac{P_{tm}}{P_{rm}}\times 100 \qquad (2\text{-}4\text{-}15)$$

式中：R_{pm}——受检砂浆与基准砂浆透水压力比(%)；

P_{tm}——受检砂浆的透水压力(MPa)；

P_{rm}——基准砂浆的透水压力(MPa)。

8. 原始记录、质量检测报告、异常情况处理

原始记录、质量检测报告、异常情况处理参照本书第二部分第一章第八节“常规检测参数试验方法及结果处理”中的要求进行。

九、渗透高度比

《砂浆、混凝土防水剂》(JC/T 474—2008)

1. 目的、适用范围

(1)目的：检测得到混凝土外加剂的渗透高度比。

(2)适用范围：混凝土防水剂。

2. 样品符合性

(1)水泥应为符合《混凝土外加剂》(GB 8076—2008)中附录 A 规定的水泥，砂应为符合现行《水泥强度试验用标准砂》(GB 178)规定的标准砂。

(2)水泥与标准砂的质量比为 1∶3，用水量根据各项试验要求确定。

(3)防水剂掺量采用生产厂家的推荐掺量。

3. 仪具与材料

(1)水泥胶砂流动度测定仪(简称“跳桌”)技术要求及其安装方法见《水泥胶砂流动度测定方法》(GB/T 2419—2005)附录 A。

(2)水泥胶砂搅拌机：符合现行《行星式水泥胶砂搅拌机》(JC/T 681)的要求。

(3)试模。

由截锥圆模和模套组成。金属材料制成，内表面加工光滑。

圆模尺寸：高度 60mm ±0.5mm；

上口内径：70mm ±0.5mm；

下口内径：100mm ±0.5mm；

下口外径：120mm；

模壁厚：>5mm。

(4)捣棒。

金属材料制成，直径为 20mm ±0.5mm，长度约 200mm。

捣棒底面与侧面成直角，其下部光滑，上部手柄滚花。

(5)卡尺。

量程不小于 300mm，分度值不大于 0.5mm。

(6)小刀。

刀口平直，长度大于 80mm。

(7)天平。

量程不小于 1000g，分度值不大于 1g。

4. 试验环境

试验室的温度应保持在 20℃ ±2℃，相对湿度不应低于 50%。

5. 试验准备

检查试验仪具材料样品等是否满足试验要求。

6. 试验步骤

渗透高度比试验的混凝土一律采用坍落度为 180mm ±10mm 的配合比。参照现行《普通混凝土长期性能和耐久性能试验方法标准》(GB/T 50082)规定的抗渗透性能试验方法，但初始压力为 0.4MPa。若基准混凝土在 1.2MPa 以下的某个压力透水，则受检混凝土也加到这个压力，并保持相同时间，然后劈开，在底边均匀取 10 点，测定平均渗透高度。若基准混凝土与受检混凝土在 1.2MPa 时都未透水，则停止升压，劈开，如上所述测定平均渗透高度。

7. 结果计算

渗透高度比按式(2-4-16)计算，结果精确至 1%。

$$R_{hc} = \frac{H_{tc}}{H_{rc}} \times 100 \tag{2-4-16}$$

式中：R_{hc}——受检混凝土与基准混凝土渗透高度之比(%)；

H_{tc}——受检混凝土的渗透高度(mm)；

H_{rc}——基准混凝土的渗透高度(mm)。

8. 原始记录、质量检测报告、异常情况处理

原始记录、质量检测报告、异常情况处理参照本书第二部分第一章第八节“常规检测参数试验方法及结果处理”中的要求进行。

十、限制膨胀率

《混凝土膨胀剂》(GB/T 23439—2017)

1. 目的、适用范围

(1)目的:检测得到混凝土外加剂的限制膨胀率。

(2)适用范围:混凝土膨胀剂。

2. 样品符合性

(1)水泥

采用符合现行《混凝土外加剂》(GB 8076)规定的基准水泥。因故得不到基准水泥时,允许采用由熟料与二水石膏共同粉磨而成的强度等级为42.5MPa的硅酸盐水泥,且熟料中C_3A含量为6%~8%,C_3S含量为55%~60%,游离氧化钙含量不超过1.2%,碱(Na_2O+0.658K_2O)含量不超过0.7%,水泥的比表面积为$350m^2/kg \pm 10m^2/kg$。

(2)标准砂

符合现行《水泥胶砂强度检验方法(ISO法)》(GB/T 17671)要求。

(3)水

符合现行《混凝土用水标准》(JGJ 63)要求。

3. 仪具与材料

(1)搅拌机、振动台、试模及下料漏斗符合现行《水泥胶砂强度检验方法(ISO法)》(GB/T 17671)的要求。

(2)测量仪。

测量仪由千分表、支架和标准杆组成(图2-4-1),千分表的分辨率为0.001mm。

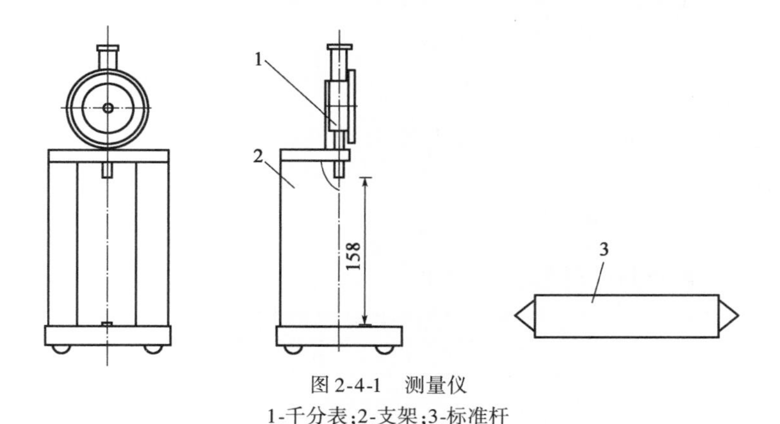

图2-4-1 测量仪

1-千分表;2-支架;3-标准杆

(3)纵向限制器。

①纵向限制器由纵向钢丝与钢板焊接制成(图2-4-2)。

②钢丝采用现行《冷拉碳素弹簧钢丝》(GB/T 4357)规定的D级弹簧钢丝,铜焊处拉脱强

度不低于785MPa。

③纵向限制器不应变形，生产检验使用次数不应超过5次，仲裁检验次数不应超过1次。

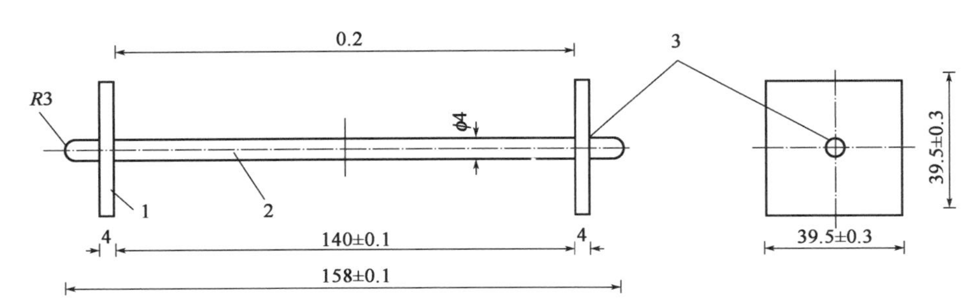

图2-4-2　纵向限制器(尺寸单位：mm)

1-钢板；2-钢丝；3-铜焊处

4. 试验环境

(1)试验室。

试验室的温度应保持在20℃ ±2℃，相对湿度不应低于50%。

试验室温度和相对湿度在工作期间每天至少记录1次。

(2)养护箱。

①带模养护试体养护箱的温度应保持在20℃ ±1℃，相对湿度不低于90%。养护箱的使用性能和结构应符合现行《水泥胶砂试体养护箱》(JC/T 959)的要求。

②养护箱的温度和湿度在工作期间至少每4h记录1次。在自动控制的情况下记录次数可以酌减至每天2次。

(3)养护水池。

①水养用养护水池(带箅子)的材料不应与水泥发生反应。

②试体养护池的水温度应保持在20℃ ±1℃。

③试体养护池的水温度在工作期间每天至少记录1次。

(4)试验用水泥、中国ISO标准砂和水应与试验室温度相同。

5. 试验准备

检查试验仪具材料样品等是否满足试验要求。

6. 试验步骤

(1)水泥胶砂配合比

每成型3条试体需称量的材料和用量如表2-4-2所示。

限制膨胀率材料用量表　　表2-4-2

材料	代号	材料质量(kg)
水泥	C	607.5 ±2.0
膨胀剂	E	67.5 ±0.2
标准砂	S	1350.0 ±5.0
拌和水	W	270.0 ±1.0

注：$\frac{E}{C+E}=0.10$；$\frac{S}{C+E}=2.00$；$\frac{W}{C+E}=0.40$。

（2）水泥胶砂搅拌、试体成型

按现行《水泥胶砂强度检验方法（ISO 法）》（GB/T 17671）的规定进行。同一条件有 3 条试体供测长用，试体全长 158mm，其中胶砂部分尺寸为 40mm × 40mm × 140mm。

（3）试体脱模

脱模时间以《混凝土膨胀剂》（GB/T 23439—2017）A. 3. 2 规定的配比试体抗压强度达到 10MPa ± 2MPa 时的时间确定。

（4）试体测长

测量前 3h，将测量仪、标准杆放在标准试验室内，用标准杆校正测量仪并调整千分表零点。测量前，将试体及测量仪测头擦净。每次测量时，试体记有标志的一面与测量仪的相对位置必须一致，纵向限制器测头与测量仪测头应正确接触，读数应精确至 0. 001mm。不同龄期的试体应在规定时间 ± 1h 内测量。

试体脱模后在 1h 内测量试体的初始长度。

测量完初始长度的试体立即放入水中养护，测量第 7 天的长度。然后放入恒温恒湿（箱）室养护，测量第 21 天的长度。也可以根据需要测量不同龄期的长度，观察膨胀收缩变化趋势。养护时，应注意不损伤试体测头。试体之间应保持 15mm 以上间隔，试体支点距限制钢板两端约 30mm。

7. 结果计算

各龄期限制膨胀率按式（2-4-17）计算。

$$\varepsilon = \frac{L_1 - L}{L_0} \tag{2-4-17}$$

式中：ε——所测龄期的限制膨胀率（%）；

L_1——所测龄期的试体长度测量值（mm）；

L——试体的初始长度测量值（mm）；

L_0——试体的基准长度（mm），取值为 140mm。

取相近 2 个试件测定值的平均值作为限制膨胀率的测量结果，精确至 0. 001%。

8. 原始记录、质量检测报告、异常情况处理

原始记录、质量检测报告、异常情况处理参照本书第二部分第一章第八节“常规检测参数试验方法及结果处理”中的要求进行。

十一、含固量（干燥法）

《混凝土外加剂匀质性试验方法》（GB/T 8077—2023）

1. 目的、适用范围

（1）目的：检测得到混凝土外加剂的含固量。

（2）适用范围：适用于高性能减水剂（早强型、标准型、缓凝型）、高效减水剂（标准型、缓凝型），普通减水剂（早强型、标准型、缓凝型）、引气减水剂、泵送剂、早强剂、缓凝剂及引气剂等

混凝土外加剂。

2. 样品符合性

参照《混凝土外加剂匀质性试验方法》(GB/T 8077—2023)执行。

3. 仪具与材料

(1)天平:分度值为0.0001g。
(2)干燥箱:温度范围为室温至200℃。
(3)带盖称量瓶。
(4)干燥器:内盛变色硅胶。

4. 试验环境

室温。

5. 试验准备

检查试验仪具材料样品等是否满足试验要求。

6. 试验步骤

(1)将洁净带盖称量瓶放入干燥箱内,于100~105℃烘30min,取出置于干燥器内,冷却至少30min后称量,重复上述步骤直至恒量,其质量为m_0。

(2)在已恒量的称量瓶中称取约5g试样,精确到0.0001g,称出液体试样及称量瓶的总质量为m_1。

(3)将盛有液体试样的称量瓶放入干燥箱内,开启瓶盖,升温至100~105℃(特殊品种除外)烘至少2h,盖上盖置于干燥器内冷却至少30min后称量;再开启瓶盖放入烘箱内烘30min,盖上盖置于干燥器内冷却至少30min后称量;重复上述步骤直至恒量,其质量为m_2。

7. 结果计算

含固量X_m按式(2-4-18)计算。

$$X_m = \frac{m_2 - m_0}{m_1 - m_0} \times 100 \tag{2-4-18}$$

式中:X_m——含固量(%);
m_0——称量瓶的质量(g);
m_1——称量瓶加液体试样的质量(g);
m_2——称量瓶加液体试样烘干后的质量(g)。

8. 原始记录、质量检测报告、异常情况处理

原始记录、质量检测报告、异常情况处理参照本书第二部分第一章第八节“常规检测参数试验方法及结果处理”中的要求进行。

十二、含水率(干燥法)

《混凝土外加剂匀质性试验方法》(GB/T 8077—2023)

1. 目的、适用范围

（1）目的：检测得到混凝土外加剂的含水率。

（2）适用范围：适用于高性能减水剂（早强型、标准型、缓凝型）、高效减水剂（标准型、缓凝型），普通减水剂（早强型、标准型、缓凝型）、引气减水剂、泵送剂、早强剂、缓凝剂及引气剂等混凝土外加剂。

2. 样品符合性

参照《混凝土外加剂匀质性试验方法》（GB/T 8077—2023）执行。

3. 仪具与材料

（1）天平：分度值 0.0001g。

（2）鼓风电热恒温干燥箱：温度范围室温至 200℃。

（3）带盖称量瓶。

（4）干燥器：内盛变色硅胶。

4. 试验环境

室温。

5. 试验准备

检查试验仪具材料样品等是否满足试验要求。

6. 试验步骤

（1）将洁净带盖称量瓶放入干燥箱内，于 100 ~ 105℃烘 30min，取出置于干燥器内，冷却至少 30min 后称量，重复上述步骤直至恒量，其质量为 m_3。

（2）在已恒量的称量瓶中称取约 10g 试样，精确到 0.0001g，称出粉剂试样及称量瓶的总质量为 m_4。

（3）将盛有粉剂试样的称量瓶放入干燥箱内，开启瓶盖，升温至 100 ~ 105℃烘至少 2h，盖上盖置于干燥器内冷却至少 30min 后称量；再开启瓶盖放入烘箱内烘 30min，盖上盖置于干燥器内冷却至少 30min 后称量；重复上述步骤直至恒量，其质量为 m_5。

7. 结果计算

含水率 w_w 按式（2-4-19）计算。

$$w_w = \frac{m_4 - m_5}{m_4 - m_3} \times 100 \tag{2-4-19}$$

式中：w_w——含水率（%）；

m_4——称量瓶加试样的质量（g）；

m_5——称量瓶加烘干后试样的质量（g）；

m_3——称量瓶的质量（g）。

8. 原始记录、质量检测报告、异常情况处理

原始记录、质量检测报告、异常情况处理参照本书第二部分第一章第八节“常规检测参数

试验方法及结果处理”中的要求进行。

十三、密度(比重瓶法)

《混凝土外加剂匀质性试验方法》(GB/T 8077—2023)

1.目的、适用范围及方法原理

(1)目的:检测得到混凝土外加剂的密度。

(2)适用范围:适用于高性能减水剂(早强型、标准型、缓凝型)、高效减水剂(标准型、缓凝型),普通减水剂(早强型、标准型、缓凝型)、引气减水剂、泵送剂、早强剂、缓凝剂及引气剂等混凝土外加剂。

(3)方法原理:比重瓶法。将已校正容积的比重瓶灌满被测溶液,置于20℃ ±1℃恒温,在天平上称出其质量。

2.样品符合性

(1)被测溶液的温度为20℃ ±1℃。

(2)如有沉淀应滤去。

3.仪具与材料

(1)比重瓶:25mL或50mL。

(2)天平:分度值0.0001g。

(3)干燥器:内盛变色硅胶。

(4)超级恒温器或同等条件的恒温设备,控温精度为±0.1℃。

4.试验环境

室温。

5.试验准备

检查试验仪具材料样品等是否满足试验要求。

6.试验步骤

(1)比重瓶容积的校正

比重瓶依次用水、乙醇、丙酮和乙醚洗涤并吹干,塞子连瓶一起放入干燥器内,取出,称量比重瓶之质量,直至恒量,记为m_6。然后将预先煮沸并经冷却的水装入瓶内,塞上塞子,使多余的水分从塞子毛细管流出,用吸水纸吸干瓶外的水。注意不能让吸水纸吸出塞子毛细管里的水,水要保持与毛细管上口相平,立即在天平称出比重瓶装满水后的质量m_7。

比重瓶在(20 ±1)℃时的容积V按式(2-4-20)计算。

$$V=\frac{m_7-m_6}{\rho_{水}} \tag{2-4-20}$$

式中:V——比重瓶在(20 ±1)℃时的容积(mL);

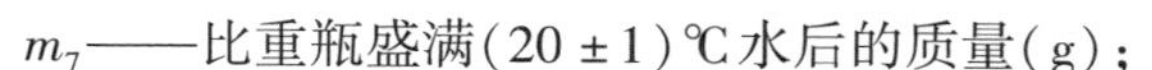

m_7——比重瓶盛满(20±1)℃水后的质量(g)；

m_6——干燥的比重瓶质量(g)；

$\rho_{水}$——(20±1)℃时纯水的密度(g/mL)。

(2)外加剂溶液密度ρ的测定

将已校正V值的比重瓶洗净、干燥、灌满被测溶液，塞上塞子后浸入20℃±1℃超级恒温器内，恒温20min后取出，用吸水纸吸干瓶外的水及由毛细管溢出的溶液后，在天平上称出比重瓶装满外加剂溶液后的质量为m_8。

7. 结果计算

外加剂溶液的密度ρ按式(2-4-21)计算。

$$\rho = \frac{m_8 - m_6}{V} = \frac{m_8 - m_6}{m_7 - m_6} \times \rho_{水} \tag{2-4-21}$$

式中：ρ——(20±1)℃时外加剂溶液的密度(g/mL)；

m_8——比重瓶装满(20±1)℃外加剂溶液后的质量(g)。

8. 原始记录、质量检测报告、异常情况处理

原始记录、质量检测报告、异常情况处理参照本书第二部分第一章第八节“常规检测参数试验方法及结果处理”中的要求进行。

十四、细度(负压筛析法)

《混凝土外加剂匀质性试验方法》(GB/T 8077—2023)

1. 目的、适用范围及方法原理

(1)目的：检测得到混凝土外加剂的细度。

(2)适用范围：适用于高性能减水剂(早强型、标准型、缓凝型)、高效减水剂(标准型、缓凝型)，普通减水剂(早强型、标准型、缓凝型)、引气减水剂、泵送剂、早强剂、缓凝剂及引气剂等混凝土外加剂。

(3)方法原理：采用孔径为0.080mm的试验筛，称取烘干试样倒入筛内，用负压筛，计算筛余占称样量的比值即为细度，0.080mm的试验筛用于速凝剂。

2. 样品符合性

参照《混凝土外加剂匀质性试验方法》(GB/T 8077—2023)执行。

3. 仪具与材料

(1)天平：分度值0.001g。

(2)试验筛：采用孔径为0.080mm的试验筛。筛框有效直径150mm、高50mm。筛布应紧绷在筛框上，接缝应严密，并附有筛盖。

4. 试验环境

室温。

5. 试验准备

检查试验仪具材料样品等是否满足试验要求。

6. 试验步骤

筛析试验前应把负压筛放在筛座上，盖上筛盖，接通电源，检查控制系统，调节负压至4000～6000Pa范围内。称取试样约10g(m_9)，精确至0.001g，置于洁净的负压筛中，放在筛座上，盖上筛盖，接通电源，开动筛析仪连续筛析2min，在此期间如有试样附着在筛盖上，可轻轻地敲击筛盖使试样落下。筛毕，用天平称量全部筛余物m_{10}。

7. 结果计算

细度按式(2-4-22)计算。

$$\omega_f = \frac{m_{10}}{m_9} \times 100 \tag{2-4-22}$$

式中：ω_f——细度(%)；

m_{10}——筛余物质量(g)；

m_9——试样质量(g)。

8. 原始记录、质量检测报告、异常情况处理

原始记录、质量检测报告、异常情况处理参照本书第二部分第一章第八节“常规检测参数试验方法及结果处理”中的要求进行。

十五、水泥净浆流动度

《混凝土外加剂匀质性试验方法》(GB/T 8077—2023)

1. 目的、适用范围及方法原理

(1)目的：检测得到混凝土外加剂的水泥净浆流动度值。

(2)适用范围：适用于高性能减水剂(早强型、标准型、缓凝型)、高效减水剂(标准型、缓凝型)，普通减水剂(早强型、标准型、缓凝型)、引气减水剂、泵送剂、早强剂、缓凝剂及引气剂等混凝土外加剂。

(3)方法原理：在水泥净浆搅拌机中，加入一定量的水泥外加剂和水进行搅拌。将搅拌好的净浆注入截锥圆模内，提起截锥圆模，测定水泥净浆在玻璃平面上自由流淌的最大直径。

2. 样品符合性

(1)水泥：水泥样品应储存在气密的容器里，容器不应与水泥发生反应。试验前将水泥混合均匀。

(2)水：验收试验或有争议时应使用符合现行《分析实验室用水规格和试验方法》(GB/T 6682)规定的三级水，其他试验可用饮用水。

(3)砂:采用中国ISO标准砂。

3.仪具与材料

(1)双转双速水泥净浆搅拌机:符合现行《水泥净浆搅拌机》(JC/T 729)的要求;

(2)截锥圆模:上口直径36mm,下口直径60mm,高度为60mm,内壁光滑无接缝的金属制品;

(3)玻璃板:400mm×400mm×5mm;

(4)秒表:精度为±0.1s;

(5)钢直尺:300mm;

(6)刮刀;

(7)天平:分度值0.01g;

(8)天平:分度值1g。

4.试验环境

环境温度20℃±2℃。

5.试验准备

检查试验仪具材料样品等是否满足试验要求。

6.试验步骤

(1)将玻璃板放置在水平位置,用湿布抹擦玻璃板、截锥圆模、搅拌器及搅拌锅,使其表面湿而不带水渍。将截锥圆模放在玻璃板的中央,并用湿布覆盖待用。

(2)于搅拌锅中加入推荐掺量的外加剂及87g或105g水,并加入300g水泥。立即搅拌(慢速120s,停15s,快速120s)。

(3)将拌好的净浆迅速注入截锥圆模内,用刮刀刮平,将截锥圆模按垂直方向提起,任水泥净浆在玻璃板上流动,用直尺量取流淌部分互相垂直的两个方向的最大直径,从加水开始计时至测量完毕总时间不超过6min,且净浆流动时间为30s。取平均值作为水泥净浆流动度。

7.结果计算

表示净浆流动度时,应注明用水量,以及所用水泥的强度等级标号、名称、型号及生产厂和外加剂掺量。

8.原始记录、质量检测报告、异常情况处理

原始记录、质量检测报告、异常情况处理参照本书第二部分第一章第八节“常规检测参数试验方法及结果处理”中的要求进行。

第七节　行业标准与国家标准比较

混凝土外加剂相关行业标准与国家标准的比较见表2-4-3。

混凝土外加剂行业标准与国家标准比较 表 2-4-3

序号	参数名称	国家标准	公路行业标准	主要区别
1	试件制作	《混凝土外加剂》(GB 8076—2008)	《公路工程水泥混凝土外加剂》(JT/T 523—2022)	国标： 试验时，检验同一种外加剂的三批混凝土制作宜在开始试验一周的不同日期完成。对比的基准混凝土和受检混凝土应同时成型。 行标： 试验时，检验一种外加剂的三批混凝土宜在同一天内完成
2	减水率	《混凝土外加剂》(GB 8076—2008)	《公路工程水泥混凝土外加剂》(JT/T 523—2022)	1. 粗集料 行标：其中 5 ~ 10mm 占(30 ± 10)%，10 ~ 20mm 占(60 ± 10)%。 国标：其中 5 ~ 10mm 占 40%，10 ~ 20mm 占 60%。 2. 用水量要求 国标： 用水量：掺高性能减水剂或泵送剂的基准混凝土和受检混凝土的坍落度控制在(210 ± 10)mm，用水量为坍落度在(210 ± 10)mm 时的最小用水量；掺其他外加剂的基准混凝土和受检混凝土的坍落度控制在(80 ± 10)mm。 行标： 普通减水剂、高效减水剂、早强剂、缓凝剂、引气剂、防冻剂品质检验的混凝土配合比：当外加剂用于路面或桥面时，其基准混凝土和掺外加剂的受检混凝土的坍落度应控制在 40mm ± 10mm，用水量为坍落 40mm ± 10mm 时的最小用水量。当外加剂用于除路面和桥面的其他结构时，基准混凝土和掺外加剂的受检混凝土的坍落度控制在 80mm ± 10mm，用水量为坍落度在 80mm ± 10mm 时的最小用水量。用水量包括液体外加剂、细集料以及粗集料中所含的水量。 高性能减水剂和减缩剂品质检验的混凝土配合比：掺缓释型高性能减水剂的受检混凝土的初始坍落度应控制在 120mm ± 10mm，掺其他外加剂的受检混凝土的坍落度应控制在 210mm ± 10mm，基准混凝土坍落度应控制在 210mm ± 10mm，用水量为基准混凝土和受检混凝土坍落度达到相应控制值时的最小用水量。用水量包括液体外加剂、细集料以及粗集料中所含的水量
3	泌水率比	《混凝土外加剂》(GB 8076—2008)	《公路工程水泥混凝土外加剂》(JT/T 523—2022)	国标： 先用湿布润湿容积为 5L 的带盖筒(内径为 185mm，高 200mm)将混凝土拌合物一次装入，在振动台上振动 20s，然后用抹刀轻轻抹平，加盖以防水分蒸发。试样表面应比筒口边低约 20mm。自抹面开始计算时间，在前 60min，每隔 10min 用吸液管吸出泌水一次，以后每隔 20min 吸水一次，直至连续三次无泌水为止。每次吸水前 5min，应将筒底一侧垫高约 20mm，使筒倾斜，以便于吸水。吸水后，将筒轻轻放平盖好。将每次吸出的水都注入带塞量筒，最后计算出总的泌水量。 行标： 1. 混凝土拌合物试样应按下列要求装入容量筒，并进行振实或插捣密实，振实或捣实的混凝土拌合物表面应低于容量筒筒口 30mm ± 3mm，并用抹刀抹平。 (1)混凝土拌合物坍落度不大于 90mm 时，宜用振动台振实，应将混凝土拌合物一次性装入容量筒内，振动持续到表面出浆为止，并应避免过振；

续上表

序号	参数名称	国家标准	公路行业标准	主要区别
3	泌水率比	《混凝土外加剂》(GB 8076—2008)	《公路工程水泥混凝土外加剂》(JT/T 523—2022)	(2)混凝土拌合物坍落度大于90mm时,宜用人工插捣,应将混凝土拌合物分两层装入,每层的插捣次数为5次;捣棒由边缘向中心均匀地插捣,插捣底层时捣棒应贯穿整个深度,插捣第二层时,捣棒应插透本层至下一层的表面;每一层捣完后应使用橡皮锤沿容量筒外壁敲击5~10次,进行振实,直至混凝土拌合物表面插捣孔消失并不见大气泡为止; (3)自密实混凝土应一次性填满,且不应进行振动和插捣。 2. 计时开始后60min内,应每隔10min吸取1次试样表面泌水;60min后,每隔30min吸取1次试样表面泌水,直至不再泌水为止。每次吸水前2min,应将一片35mm±5mm厚的垫块垫入筒底一侧使其倾斜,吸水后应平稳地复原盖好。吸出的水应盛放于量筒中,并盖好塞子;记录每次的吸水量,并应计算累计吸水量,精确至1mL
4	凝结时间差	《混凝土外加剂》(GB 8076—2008)	《公路工程水泥混凝土外加剂》(JT/T 523—2022)	1. 筛孔要求 国标: 筛孔要求:将混凝土拌合物用5mm(圆孔筛)振动筛筛出砂浆。 行标: 筛孔要求:试验筛应为筛孔公称直径为5.00mm的方孔筛。 2. 振动要求 国标: 振动要求:振动台振实约3~5s,置于20℃±2℃的环境中,容器加盖。 行标: 振动要求:取样混凝土坍落度不大于90mm时,宜用振动台振实砂浆;取样混凝土坍落度大于90mm时,宜用捣棒人工捣实。用振动台振实砂浆时,振动应持续到表面出浆为止,不得过振;用捣棒人工捣实时,应沿螺旋方向由外向中心均匀插捣25次,然后用橡皮锤击筒壁直至表面插捣孔消失为止。振实或插捣后,砂浆表面宜低于砂浆试样筒口10mm,并应立即加盖。 3. 检测要求 国标: 检测要求:一般基准混凝土在成型后3~4h、掺早强剂的在成型后1~2h、掺缓凝剂的在成型后4~6h开始测定,以后每0.5h或1h测定一次,但在临近初、终凝时,可以缩短测定间隔时间。 行标: 检测要求:凝结时间测定从混凝土搅拌加水开始计时。根据混凝土拌合物的性能,确定测针试验时间,以后每隔0.5h测试一次,在临近初凝和终凝时间,应缩短测试间隔时间。 4. 检测前准备 国标: 检测前未说明。 行标: 测试前2min,将一片20mm±5mm厚的垫块垫入筒底一侧使其倾斜,用吸液管吸去表面的泌水,吸水后应复原。 每个砂浆筒每次测1~2个点,各测点的间距不应小于15mm,测点与试样筒壁的距离不应小于25mm。 每个试样的贯入阻力测试不应少于6次,直至单位面积贯入阻力大于28MPa为止。

续上表

序号	参数名称	国家标准	公路行业标准	主要区别
4	凝结时间差	《混凝土外加剂》(GB 8076—2008)	《公路工程水泥混凝土外加剂》(JT/T 523—2022)	5. 试针选择 国标: 测定初凝时间用截面积为 100mm² 的试针,测定终凝时间用 20mm² 的试针。 行标: 砂浆凝结状况,在测试过程中应以测针承压面积从大到小顺序更换测针。0.2 ~ 3.5MPa 用 100mm² 的测针、3.5 ~ 20MPa 用 50mm² 的测针、20 ~ 28MPa 用 20mm² 的测针。 6. 结果 国标: 试验时,每批混凝土拌合物取一个试样,凝结时间取三个试样的平均值。若三批试验的最大值或最小值之中有一个与中间值之差超过 30min,把最大值与最小值一并舍去,取中间值作为该组试验的凝结时间。若两测值与中间值之差均超过 30min 组试验结果无效,则应重做。 行标: 应以三个试样的初凝时间和终凝时间的算术平均值作为此次试验初凝时间和终凝时间的试验结果。三个测值的最大值或最小值中有一个与中间值之差超过中间值的 10% 时,应以中间值作为试验结果;最大值和最小值与中间值之差均超过中间值的 10% 时,应重新试验
5	含气量	《混凝土外加剂》(GB 8076—2008)	《公路工程水泥混凝土外加剂》(JT/T 523—2022)	国标: 按现行《普通混凝土拌合物性能试验方法标准》(GB/T 50080)用气水混合式含气量测定仪,并按仪器说明进行操作,但混凝土拌合物应一次装满并稍高于容器,用振动台振实 15 ~ 20s。 行标: 按现行《普通混凝土拌合物性能试验方法标准》(GB/T 50080)检测
6	含固量	《混凝土外加剂》(GB 8076—2008)	《公路工程水泥混凝土外加剂》(JT/T 523—2022)	参照现行《混凝土外加剂匀质性试验方法》(GB/T 8077)执行
7	经时变化量	《混凝土外加剂》(GB 8076—2008)	《公路工程水泥混凝土外加剂》(JT/T 523—2022)	相同
8	收缩率比	《混凝土外加剂》(GB 8076—2008)	《公路工程水泥混凝土外加剂》(JT/T 523—2022)	国标: 受检混凝土及基准混凝土的收缩率按现行《普通混凝土长期性能和耐久性能试验方法》(GBJ 82)测定和计算。试件用振动台成型,振动 15 ~ 20s。 行标: 受检混凝土与基准混凝土的收缩率测试按现行《普通混凝土长期性能和耐久性能试验方法标准》(GB/T 50082)规定的收缩试验(接触法)的步骤进行

续上表

序号	参数名称	国家标准	公路行业标准	主要区别
9	相对耐久性	《混凝土外加剂》(GB 8076—2008)	《公路工程水泥混凝土外加剂》(JT/T 523—2022)	国标： 按现行《普通混凝土长期性能和耐久性能试验方法》(GBJ 82)进行,试件采用振动台成型,振动15~20s。标准养护28d后进行冻融循环试验(快冻法)。 行标： 冻融耐性测试中受混凝试件的冻融循环测试按现行《普通混凝土长期性能和耐久性能试验方法标准》(GB/T 50082)规定的抗冻试验(快冻法)的步骤进行
10	含水率	《混凝土外加剂》(GB 8076—2008)	《公路工程水泥混凝土外加剂》(JT/T 523—2022)	参照现行《混凝土外加剂匀质性试验方法》(GB/T 8077)执行
11	密度			
12	细度			
13	水泥净浆流动度			
14	氯离子含量	《混凝土外加剂》(GB 8076—2008)	《公路工程水泥混凝土外加剂》(JT/T 523—2022)	国标： 氯离子含量按现行《混凝土外加剂匀质性试验方法》(GB/T 8077)进行测定,或按《混凝土外加剂》(GB 8076—2008)附录B的方法测定,仲裁时采用附录B的方法。 行标： 参照现行《混凝土外加剂匀质性试验方法》(GB/T 8077)执行

练习题

1.［单选］掺入外加剂混凝土凝结时间测定,贯入阻力(　　)MPa时对应的时间为初凝时间,(　　)MPa时对应的时间为终凝时间。

A. 3.5;24　　B. 3.5;28　　C. 4.5;24　　D. 4.5;28

【答案】B

解析：贯入阻力3.5MPa时对应的时间为初凝时间,28MPa时对应的时间为终凝时间。

2.［单选］外加剂含固量检验,称量瓶加试样烘干前质量37.3464g,称量瓶加烘干后试样质量35.1149g,称量瓶34.2782g,含固量为(　　)%。

A. 27.27　　B. 28.59　　C. 25.26　　D. 29.52

【答案】A

解析：含固量=(称量瓶加液体试样烘干后的质量－称量瓶质量)/(称量瓶加液体试样的质量－称量瓶质量)×100=27.27%。

3.［判断］外加剂的减水率为坍落度基本相同时基准混凝土和掺外加剂混凝土单位用水量之差与基准混凝土单位用水量之比。(　　)

【答案】√

4.［多选］进行混凝土外加剂减水率检测时,必须用到的仪器设备有(　　)。

A. 混凝土搅拌机　　B. 含气量测定仪　　C. 坍落度筒　　D. 捣棒

【答案】ACD

第五章　水泥混凝土

第一节　混凝土拌合物工作性能

一、混凝土拌合物取样及拌和方法

1. 目的、适用范围和引用标准

本方法规定了水泥混凝土拌合物室内拌和及现场取样方法。

本方法适用于普通水泥混凝土的拌和及现场取样，也适用于轻质水泥混凝土、防水水泥混凝土、碾压水泥混凝土等其他特种水泥混凝土的拌和与现场取样，但因其特殊性所引起的对仪具及方法的特殊要求，均应按这些水泥混凝土的相关技术规定进行。

引用标准：

现行《混凝土试验用搅拌机》(JG 244)；

现行《混凝土试验用振动台》(JG/T 245)。

2. 仪具与材料

(1)强制式搅拌机：应符合现行《混凝土试验用搅拌机》(JG 244)的规定。

(2)振动台：应符合现行《混凝土试验用振动台》(JG/T 245)的规定。

(3)磅秤：最大量程不小于50kg，感量不大于5g。

(4)天平：最大量程不小于2000g，感量不大于1g。

(5)其他：铁板、铁铲等。

3. 拌和步骤

(1)拌和时保持室温20℃ ±5℃，相对湿度大于50%。

(2)拌和前，应将材料放置在温度为20℃ ±5℃的室内，且时间不宜少于24h。

(3)为防止粗集料的离析，可将集料分档堆放，使用时再按一定比例混合。试样从抽样至试验结束的整个过程中，避免阳光直晒和水分蒸发，必要时应采取保护措施。

(4)拌合物的总量至少应比所需量多20%以上。拌制混凝土的材料以质量计，称量的精确度：集料为 ±1%，水、水泥、掺合料和外加剂为 ±0.5%。

(5)粗集料、细集料均以干燥状态(含水率小于0.5%的细集料和含水率小于0.2%的粗集料)为基准，计算用水量时应扣除粗集料、细集料的含水率。

(6)外加剂的加入：

①对于不溶于水或难溶于水且不含潮解型盐类的外加剂,应先和一部分水泥拌和,以保证分散。

②对于不溶于水或难溶于水但含潮解型盐类的外加剂,应先与细集料拌和。

③对于水溶性或液体外加剂,应先与水均匀混合。

④其他特殊外加剂尚应符合相关标准的规定。

(7)拌制混凝土所用各种用具,如铁板、铁铲、抹刀,应预先用水润湿,使用后必须清洗干净。

(8)使用搅拌机前,应先用少量砂浆进行涮膛,再刮出涮膛砂浆,以避免正式拌和混凝土时水泥砂浆黏附筒壁的损失。涮膛砂浆的水胶比及砂胶比,应与正式的混凝土配合比相同。

(9)用拌和机拌和时,拌和量宜为搅拌机最大容量的1/4~3/4。

(10)搅拌机搅拌:

按规定称好原材料,往搅拌机内顺序加入粗集料、细集料、水泥。开动搅拌机,将材料拌和均匀,在拌和过程中徐徐加水,全部加料时间不宜超过2min。水全部加入后,继续拌和约2min,而后将拌合物倒出在铁板上,再经人工翻拌1~2min,务必使拌合物均匀一致。

(11)人工拌和:

采用人工拌和时,先用湿布将铁板、铁铲润湿,再将称好的砂和水泥在铁板上拌匀,加入粗集料,再混合搅拌均匀。而后将此拌合物堆成长堆,中心扒成长槽,将称好的水倒入约一半,将其与拌合物仔细拌匀,再将材料堆成长堆,扒成长槽,倒入剩余的水,继续进行拌和,来回翻拌至少10遍。

(12)从试样制备完毕到开始做各项性能试验不宜超过5min(不包括成型试件)。

4.现场取样

(1)新拌混凝土现场取样:凡是从搅拌机、料斗、运输小车以及浇制的构件中取新拌混凝土代表性样品时,均须从三处以上的不同部位抽取大致相同分量的代表性样品(不要抽取已经离析的混凝土),在室内集中用铁铲翻拌均匀,而后立即进行拌合物的试验。拌合物取样量应多于试验所需数量的1.5倍,且最小体积不宜小于20L。

(2)从第一次取样到最后一次取样,不宜超过15min。

二、混凝土试样的制备

(1)试验室制备混凝土拌合物的搅拌应符合下列规定:

①混凝土拌合物应采用搅拌机搅拌,搅拌前应将搅拌机冲洗干净,并预拌少量同种混凝土拌合物或水胶比相同的砂浆,搅拌机内壁挂浆后将剩余料卸出。

②应将称好的粗集料、胶凝材料、细集料和水依次加入搅拌机,难溶和不溶的粉状外加剂宜与胶凝材料同时加入搅拌机,液体和可溶外加剂宜与拌和水同时加入搅拌机。

③混凝土拌合物宜搅拌2min以上,直至搅拌均匀。

④混凝土拌合物一次搅拌量不宜少于搅拌机公称容量的1/4,不应大于搅拌机公称容量,且不应少于20L。

(2)试验室搅拌混凝土时,材料用量应以质量计。集料的称量精度应为±0.5%;水泥、掺合料、水、外加剂的称量精度均应为±0.2%。

第二节　混凝土拌合物性能试验

一、稠度

(一)坍落度仪法

《公路工程水泥及水泥混凝土试验规程》(JTG 3420—2020)T 0522—2005

1.目的与适用范围

(1)本方法规定了采用坍落度仪测定水泥混凝土拌合物稠度的试验方法。

(2)坍落度仪法适用于坍落度大于10mm、集料最大粒径不大于31.5mm的水泥混凝土坍落度的测定。

2.仪具与材料

坍落度仪法的试验设备应符合下列规定:

(1)坍落度仪应符合现行《混凝土坍落度仪》(JG/T 248)的规定(图2-5-1);

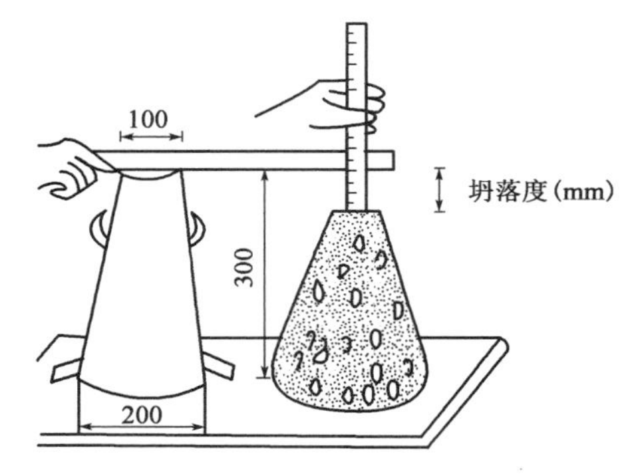

图2-5-1　混凝土坍落度仪

(2)应配备2把钢尺,钢尺的量程不应小于300mm,分度值不应大于1mm;

(3)底板应采用平面尺寸不小于1500mm×1500mm、厚度不小于3mm的钢板,其最大挠度不应大于3mm。

(4)捣棒:直径为16mm、长约600mm,并具有半球形端头的钢质圆棒。

3.试验环境

温度20℃±5℃,相对湿度大于50%。

4.试验准备

试验准备参照本章第一节中"混凝土拌合物取样及拌和方法"的有关规定。

5. 试验步骤

(1)试验前将坍落筒内外洗净,放在经水润湿过的平板上(平板吸水时应垫塑料布),并踏紧踏脚板。

(2)将代表样分三层装入筒内,每层装入高度稍大于筒高的1/3,用捣棒在每一层的横截面上均匀插捣25次。插捣在全部面积上进行,沿螺旋线由边缘至中心,插捣底层时插至底部,插捣其他两层时,应插透本层并插入下层20~30mm,插捣须垂直压下(边缘部分除外),不得冲击。在插捣顶层时,装入的混凝土高出坍落筒,随插捣过程随时添加拌合物,当顶层插捣完毕后,将捣棒用锯和滚的动作清除多余的混凝土,用抹刀抹平筒口,刮净筒底周围的拌合物,而后立即垂直地提起坍落筒,提筒宜控制在3~7s内完成,并使混凝土不受横向及扭力作用。从开始装料到提出坍落筒整个过程应在150s内完成。

(3)将坍落筒放在锥体混凝土试样一旁,筒顶平放木尺,用钢尺量出木尺底面至试样顶面最高点的垂直距离,即为该混凝土拌合物的坍落度,精确至1mm。

(4)当混凝土试件的一侧发生崩坍或一边剪切破坏,应重新取样另测。如果第二次仍发生上述情况,则表示该混凝土和易性不好,应记录。

(5)当混凝土拌合物的坍落度大于160mm时,用钢尺测量混凝土扩展后最终的最大直径和最小直径,在这两个直径之差小于50mm的条件下,用其算术平均值作为坍落扩展度值;否则,此次试验无效。

(6)坍落度试验的同时,可用目测方法评定混凝土拌合物的下列性质,并予记录。

①棍度:按插捣混凝土拌合物时难易程度评定,分"上""中""下"三级。

"上":表示插捣容易;

"中":表示插捣时稍有石子阻滞的感觉;

"下":表示很难插捣。

②黏聚性:观测拌合物各组成分相互黏聚情况。评定方法是用捣棒在已坍落的混凝土锥体侧面轻打,如锥体在轻打后逐渐下沉,表示黏聚性良好;如锥体突然倒坍、部分崩裂或发生石子离析现象,则表示黏聚性不好。

③保水性:指水分从拌合物中析出情况,分"多量""少量""无"三级评定。

"多量":表示提起坍落筒后,有较多水分从底部析出;

"少量":表示提起坍落筒后,有少量水分从底部析出;

"无":表示提起坍落筒后,没有水分从底部析出。

6. 结果处理

混凝土拌合物坍落度和坍落扩展值以毫米(mm)为单位,测量值精确至1mm,结果修约至5mm。

7. 原始记录、质量检测报告、异常情况处理

原始记录、质量检测报告、异常情况处理参照本书第二部分第一章第八节"常规检测参数试验方法及结果处理"中的要求进行。

(二)维勃仪法

《公路工程水泥及水泥混凝土试验规程》(JTG 3420—2020)T 0523—2005

1. 目的与适用范围

(1)本方法规定了用维勃稠度仪测定水泥混凝土拌合物稠度的试验方法。

(2)本方法适用于集料最大粒径不大于31.5mm的水泥混凝土及维勃时间在5~30s的干稠性水泥混凝土的稠度测定。

2. 仪具与材料

(1)稠度仪(维勃仪):如图2-5-2所示,应符合现行《维勃稠度仪》(JG/T 250)的规定。

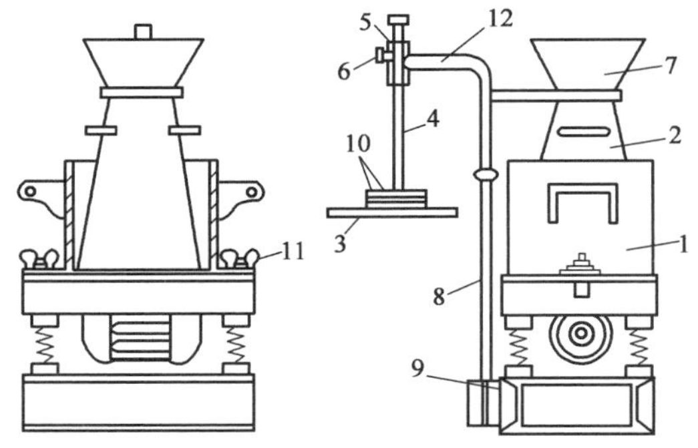

图2-5-2　稠度仪(维勃仪)

1-容量筒;2-坍落筒;3-圆盘;4-滑杆;5-套筒;6-螺栓;7-漏斗;8-支柱;9-定位螺栓;10-荷载;11-元宝螺栓;12-旋转架

①容量筒:为金属圆筒,内径为240mm±5mm、高为200mm、壁厚为3mm、底厚为7.5mm。容器应不漏水并有足够刚度,上有把手,底部外伸部分可用螺母将其固定在振动台上。

②坍落筒:筒底部直径为200mm±2mm,顶部直径为100mm±2mm,高度为300mm±2mm,壁厚不小于1.5mm,上、下开口并与锥体轴线垂直,内壁光滑,筒外安有把手。

③透明圆盘:用透明塑料制成,上装有滑杆4。滑杆可以穿过套筒5垂直滑动。套筒装在一个可用螺栓6固定位置的旋转悬臂上。悬臂上还装有一个漏斗7。坍落筒在容器中放好后,转动旋臂,使漏斗底部套在坍落筒上口。旋臂装在支柱8上,可用定位螺栓9固定位置。滑杆和漏斗的轴线应与容器的轴线重合。

圆盘直径为230mm±2mm,厚为10mm±2mm,圆盘、滑杆及荷重块组成的滑动部分总质量为2.75kg±0.05kg。滑杆刻度可用来测量坍落度值。

④振动台:工作频率为50Hz±3Hz,空载振幅为0.5mm±0.1mm,振动台上有固定容器的螺栓。

(2)捣棒:直径为16mm、长约600mm,并具有半球形端头的钢质圆棒。

(3)秒表:分度值为0.5s。

3. 试验环境

温度20℃±5℃,相对湿度大于50%。

4. 试验准备

试验准备参照本章第一节中“混凝土拌合物取样及拌和方法”的有关规定。

5. 试验步骤

(1)将容量筒1用螺母固定在振动台上,放入润湿的坍落筒2,把漏斗7转到坍落筒上口,

拧紧螺栓 9,使漏斗对在坍落筒口上方。

(2)按坍落度试验步骤,分三层经漏斗装拌合物,每装一层用捣棒从周边向中心螺旋形均匀插捣 25 次,插捣底层时捣棒应贯穿整个深度,插捣第二层时,捣棒应插透本层至下一层的表面,捣毕第三层混凝土后,拧松螺栓 6,把漏斗转回到原先的位置,并将筒模顶上的混凝土刮平,然后轻轻提起筒模。

(3)拧紧定位螺栓 9,使圆盘可定向地向下滑动,仔细转圆盘到混凝土上方,并轻轻与混凝土接触。检查圆盘是否可以顺利滑向容器。

(4)开动振动台并按动秒表,通过透明圆盘观察混凝土的振实情况,当圆盘整个底面刚被水泥浆布满时,立即按停秒表和关闭振动台,记下秒表所计时间,精确至 1s。

(5)仪器每测试一次后,必须将容器、筒模及透明圆盘洗净擦干,并在滑杆等处涂薄层黄油,以备下次使用。

6. 结果处理

水泥混凝土拌合物稠度的维勃时间用秒(s)表示;以两次试验结果的平均值作为混凝土拌合物稠度的维勃时间,结果精确到 1s。

7. 原始记录、质量检测报告、异常情况处理

原始记录、质量检测报告、异常情况处理参照本书第二部分第一章第八节“常规检测参数试验方法及结果处理”中的要求进行。

二、体积密度

《公路工程水泥及水泥混凝土试验规程》(JTG 3420—2020)T 0525—2020

1. 目的与适用范围

(1)本方法规定了水泥混凝土拌合物体积密度的试验方法。

(2)本方法适用于测定水泥混凝土拌合物捣实后的体积密度。

2. 仪具与材料

(1)容量筒应为刚性金属制成的圆筒,筒外壁两侧应有提手。对于集料最大粒径不大于 31.5mm 的混凝土拌合物,宜采用容积不小于 5L 的容量筒,其内径与内高均为 186mm ± 2mm,筒壁厚不应小于 3mm;对于集料最大粒径大于 31.5mm 的拌合物所采用容量筒,其内径与内高均应大于集料最大粒径的 4 倍。容量筒上沿及内壁应光滑平整,顶面与底面应平行并应与圆柱体的轴垂直。

(2)电子天平的量程应不小于 50kg,感量不应大于 10g。

(3)振动台应符合现行《混凝土试验用振动台》(JG/T 245)的规定。

(4)捣棒为直径 16mm,长约 600mm,并具有半球形端头的钢制圆棒。

(5)其他:金属直尺、抹刀、玻璃板等。

3. 试验环境

温度 20℃ ±5℃,相对湿度大于 50%。

4. 试验准备

试验准备参照本章第一节中“混凝土拌合物取样及拌和方法”的有关规定。

5. 试验步骤

(1)应按下列步骤测定容量筒的容积:

①应将干净容量筒与玻璃板一起称重;

②将容量筒装满水,缓慢将玻璃板从筒口一侧推到另一侧,容量筒内应满水并且不应存在气泡,擦干容量筒外壁,再次称重;

③两次称重结果之差除以该温度下水的密度应为容量筒容积 V;常温下水的密度可取1kg/L。

④容量筒内外壁应擦干净,称出容量筒质量 m_1,精确至10g。

(2)混凝土拌合物试样应按下列要求进行装料,并插捣密实:

①坍落度不大于90mm时,混凝土拌合物宜用振动台振实;振动台振实时,应一次性将混凝土拌合物装填至高出容量筒筒口;装料时可用捣棒稍加插捣,振动过程中混凝土低于筒口,应随时添加混凝土,振动直至拌合物表面出现水泥浆为止。

②坍落度大于90mm时,混凝土拌合物宜用捣棒插捣密实。插捣时,应根据容量筒的大小决定分层与插捣次数;用5L容量筒时,混凝土拌合物应分两层装入,每层的插捣次数应为25次;用大于5L的容量筒时,每层混凝土的高度不应大于100mm,每层插捣次数应按每10000mm^2 截面不小于12次计算。各次插捣应由边缘向中心均匀地插捣;捣棒应垂直压下,不得冲击,插捣底层时捣棒应至筒底,插捣第二层时,捣棒应插透本层至下一层的表面;每一层捣完后用橡皮锤沿容量筒外壁敲击5~10次,进行振实,直至混凝土拌合物表面插捣孔消失并不见大泡为止。

③自密实混凝土应一次性填满,且不应进行振动和插捣。

(3)将筒口多余的混凝土拌合物刮去,表面若有凹陷应填补,用抹刀抹平,并用玻璃板检验;应将容量筒外壁擦净,称出混凝土拌合物试样与容量筒总质量 m_2,精确至10g。

6. 结果计算

混凝土拌合物的体积密度按式(2-5-1)计算。

$$\rho = \frac{m_2 - m_1}{V} \times 1000 \tag{2-5-1}$$

式中:ρ——混凝土拌合物体积密度(kg/m^3),精确至10kg/m^3;

m_1——容量筒质量(kg);

m_2——捣实或振实后混凝土和容量筒总质量(kg);

V——容量筒容积(L)。

三、含气量

《公路工程水泥及水泥混凝土试验规程》(JTG 3420—2020)T 0526—2005

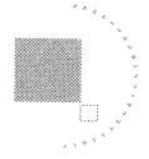

1. 目的与适用范围

(1)本方法规定了采用混合式气压法测定水泥混凝土拌合物含气量的试验方法。

(2)本方法适用于集料最大粒径不大于31.5mm、含气量不大于10%且坍落度不为零的水泥混凝土拌合物。

2. 仪具与材料

(1)混合式气压法含气量测定仪:包括量钵和量钵盖,钵体与钵盖之间有密封圈,如图2-5-3所示。

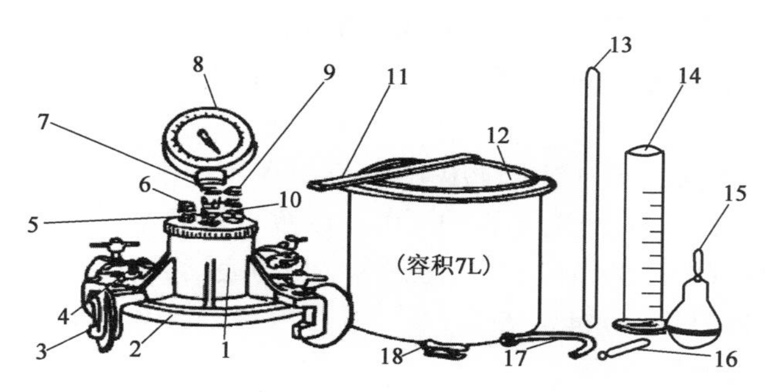

图2-5-3　混合式气压法含气量测定仪

1-气室;2-上盖;3-夹子;4-小龙头;5-出水口;6-微调阀;7-排气阀;8-压力表;9-手泵;10-阀门杆;11-刮尺;12-量钵;13-捣棒;14-量筒;15-注水器;16-校正管(2);17-校正管(1);18-水平仪

(2)测定仪附件:校正管、100mL量筒、注水器、水平仪、插捣棒。

(3)压力表:量程为0.25MPa,分度值为0.01MPa。

(4)电子天平:最大量程不小于50kg,感量不大于10g。

(5)橡皮锤:带有质量约250g的橡皮锤头。

(6)捣棒:直径16mm,长约600mm,并具有半球形端头的钢质圆棒。

(7)振动台:应符合现行《混凝土试验用振动台》(JG/T 245)的规定。

3. 试验环境

温度20℃ ±5℃,相对湿度大于50%。

4. 试验准备

试验准备参照本章第一节中“混凝土拌合物取样及拌和方法”的有关规定。

5. 试验步骤

1)标定仪器

(1)含气量测定仪应在同一海拔下标定与使用。

(2)量钵容积的标定:

先称量含气量测定仪量钵和玻璃板总重,然后将量钵加满水,用玻璃板沿量钵顶面平推,使量钵内盛满水且玻璃板下无气泡。擦干钵体外表面后连同玻璃板一起称重。两次质量的差值除以该温度下水的密度即为量钵的容积 V。

(3)含气量0%点的标定:

把量钵加满水,将校正管(2)接在钵盖下面小龙头的端部。将钵盖轻放在量钵上,用夹子夹紧使其气密良好并用水平仪检查仪器的水平。打开小龙头,松开排气阀,用注水器从小龙头处加水,直至排气阀出水口冒水为止。然后拧紧小龙头和排气阀,此时钵盖和钵体之间的空隙被水充满。用手泵向气室充气,使表压稍大于0.1MPa,然后用微调阀调整表压使其为0.1MPa。按下阀门杆1~2次,使气室的压力气体进入量钵内,读取压力表读数,此时指针所示压力相当于含气量0%。

(4)含气量1%~10%的标定:

含气量0%标定后,将校正管(1)接在钵盖小龙头的上端,然后按一下阀门杆,慢慢打开小龙头,量钵中的水就通过校正管(1)流到量筒中。当量筒中的水为量钵容积的1%时,关闭小龙头。

打开排气阀,使量钵内的压力与大气压平衡,然后重新用手泵加压,并用微调阀准确地调到0.1MPa。按1~2次阀门杆,此时测得的压力表读数相当于含气量1%,同样方法可测得含气量2%、3%、4%、5%、6%、7%、8%、9%、10%时的压力表读数。

含气量分别为0%、2%、3%、4%、5%、6%、7%、8%、9%、10%的试验均应进行两次,以两次压力值的平均值作为测量结果。

以压力表读数为横坐标,含气量为纵坐标,绘制含气量与压力表读数关系曲线,如图2-5-4所示。

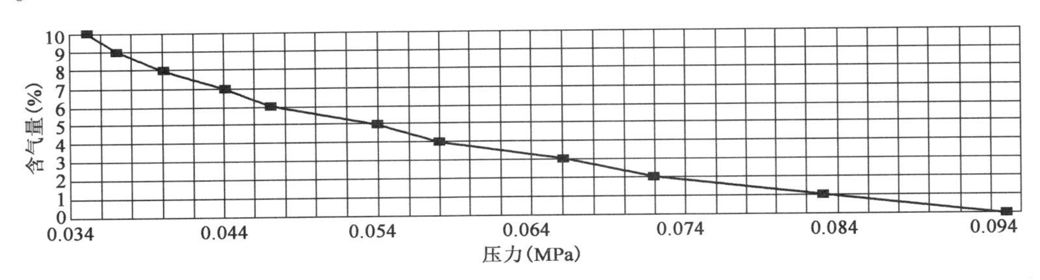

图2-5-4　含气量与压力表读数关系曲线

2)集料含气量 C 的测定

(1)按式(2-5-2)和式(2-5-3),分别计算试样中粗、细集料的质量。

$$m_g = \frac{V}{1000} \times m'_g \tag{2-5-2}$$

$$m_s = \frac{V}{1000} \times m'_s \tag{2-5-3}$$

式中:m_g——拌合物试样中粗集料质量(kg);

m'_g——混凝土配合比中每立方米混凝土的粗集料质量(kg);

m_s——拌合物试样中细集料质量(kg);

m'_s——混凝土配合比中每立方米混凝土的细集料质量(kg)。

(2)先向含气量测定仪的容器中注入1/3高度的水,然后称取质量为 m_g、m_s 的粗、细集料,搅拌均匀,慢慢倒入容器。加料同时进行搅拌:水面升高25mm左右时应轻轻插捣10次,并略予搅动,以排除夹杂进去的空气;加料过程中应始终保持水面高出集料的顶面;集料全部加入后,应浸泡约5min,再用橡皮锤轻敲容器外壁,排净气泡,除去水面气泡,加水至满,擦净容器上口边缘;装好密封圈,加盖拧紧螺栓。

(3)关闭微调阀和排气阀,打开排水阀和加水阀,通过加水阀向容器内注入水;当排水阀流出的水流中不出现气泡时,在注水的状态下,关闭加水阀和排气阀。

(4)关闭排气阀,用气泵向气室内注入空气,打开微调阀,使气室内的压力略大于0.1MPa,待压力表显示值稳定后,打开排气阀,并用微调阀调整压力至0.1MPa,同时关闭排气阀。

(5)开启微调阀,使气室里的压缩空气进入容器,待压力表显示稳定后记录显示值 C_{g1},然后开启排气阀,压力仪表应归零。根据含气量与压力值之间的关系曲线确定压力值对应的集料的含气量,精确至0.1%。

(6)重复上述(2)~(5)步骤,对容器内的试样再检测一次,记为 C_{g2}。

(7)混凝土所用集料的含气量 C 应取两次测值结果 C_{g1}、C_{g2} 的平均值;两次测量结果的含气量相差大于0.5%时,应重新试验。

3)混凝土拌合物含气量测定

(1)应用湿布擦净混凝土含气量测定仪容器内壁和盖的内表面,确保筒内无明水。

(2)当坍落度不大于90mm时,混凝土拌合物宜用振动台振实;振动台振实时,应一次性将混凝土拌合物装填至高出容量筒筒口,振动过程中混凝土低于筒口,应随时添加混凝土,振动直至拌合物表面出现水泥浆为止。

(3)当坍落度大于90mm时,混凝土拌合物宜用捣棒插捣密实。插捣时,混凝土拌合物应分3层装入,每层捣实后高度约为1/3容器高度,每层装料后用捣棒从边缘到中心沿螺旋形均匀插捣25次,捣棒应插透本层至下一层的表面;每一层捣完后用橡皮锤沿量筒外壁敲击5~10次,进行振实,直至混凝土拌合物表面插捣孔消失并不见大气泡为止。

(4)自密实混凝土应一次性填满,且不应进行振动和插捣。

(5)刮去表面多余的混凝土拌合物,用抹刀抹平,表面有凹陷应填平抹光。

(6)擦净钵体和钵盖边缘,将密封圈放于钵体边缘的凹槽内,盖上钵盖,用夹子夹紧,使之气密性良好。

(7)应按本方法2)中(2)~(5)的操作步骤测得混凝土拌合物未校正含气量 A',精确至0.1%。

(8)混凝土拌合物未校正的含气量 A',以两次测量结果的平均值作为试验结果,两次测量结果的含气量相差大于0.5%时,应重新试验。

6. 结果计算

含气量按式(2-5-4)计算,结果精确至0.1%。

$$A = A' - C \tag{2-5-4}$$

式中:A——混凝土拌合物含气量(%);

A'——混凝土拌合物的未校正含气量(%);

C——集料含气量(%)。

7. 原始记录、质量检测报告、异常情况处理

原始记录、质量检测报告、异常情况处理参照本书第二部分第一章第八节“常规检测参数

试验方法及结果处理”中的要求进行。

四、凝结时间

《公路工程水泥及水泥混凝土试验规程》(JTG 3420—2020)T 0527—2005

1. 目的与适用范围

(1)本方法规定了贯入阻力法测定水泥混凝土拌合物凝结时间的试验方法。

(2)本方法适用于各通用水泥和常见外加剂以及不同水泥混凝土配合比、坍落度值不为零的水泥混凝土拌合物的凝结时间测定。

2. 仪具与材料

(1)贯入阻力仪:如图 2-5-5 所示,最大测量值不应小于 1000N,刻度盘分度值为 10N。

(2)测针(图 2-5-6):长约 100mm,平头测针圆面积为 $100mm^2$、$50mm^2$ 和 $20mm^2$ 三种,在距离贯入端 25mm 处刻有标记。

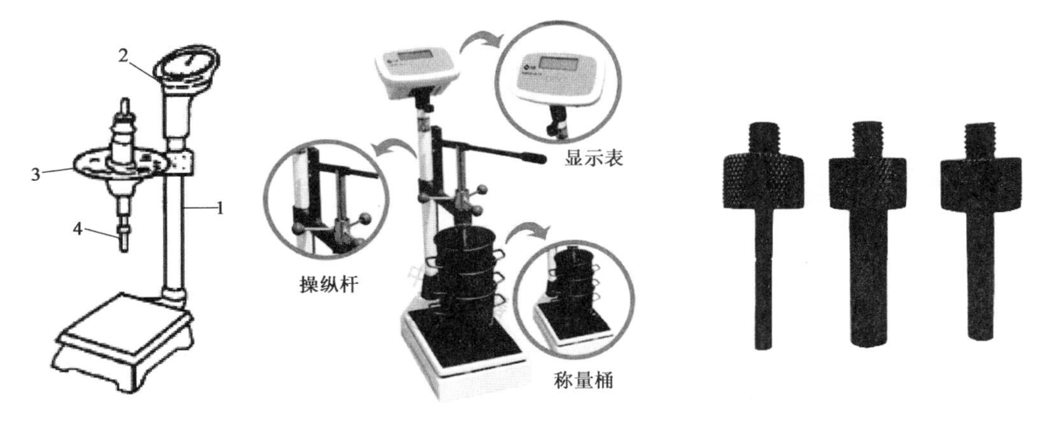

图 2-5-5　贯入阻力仪示意图
1-主体;2-刻度盘;3-手轮;4-测针

图 2-5-6　测针

(3)试样筒:上口径为 160mm,下口径为 150mm,净高为 150mm 的刚性容器,并配有盖子。

(4)试验筛:筛孔直径应为 4.75mm,并应符合现行《试验筛　技术要求和检验　第 2 部分:金属穿孔板试验筛》(GB/T 6003.2)的规定。

(5)振动台:应符合现行《混凝土试验用振动台》(JG/T 245)的规定。

(6)捣棒:直径 16mm,长约 600mm,并具有半球形端头的钢质圆棒。

(7)其他:铁制拌和板、吸液管和玻璃片等。

3. 试验环境

试验环境温度为 20℃ ±2℃,相对湿度大于 50%。

4. 试验准备

(1)应用试验筛从混凝土拌合物中筛出砂浆,再经人工翻拌后,装入一个试样筒。每批混

凝土拌合物取一个试样,共取3个试样,分装3个试样筒。

(2)对于坍落度不大于90mm的混凝土宜用振动台振实砂浆,振动应持续到表面出浆为止,且应避免过振;对于坍落度大于90mm的混凝土宜用捣棒人工捣实,沿螺旋方向由外向中心均匀插捣25次,然后用橡皮锤轻击试样筒侧壁,以排除在捣实过程中留下的空洞。进一步整平砂浆的表面,使其低于试样筒上沿约10mm,并应立即加盖。

(3)砂浆试样制备完毕,静置于温度为20℃±2℃的环境中待测,并在整个测试过程中,环境温度始终保持20℃±2℃。在整个测试过程中,除吸取泌水或进行贯入试验外,试样筒应始终加盖。在其他较为恒定的温度、湿度环境中进行试验时,应在试验结果中加以说明。

(4)砂浆试样制备完毕后1h,将试件一侧稍微垫高约20mm,使其倾斜静置约2min,用吸管吸去泌水。以后每到测试前约2min,同上步骤用吸管吸去泌水(低温或缓凝的混凝土拌合物试样,静置与吸水间隔时间可适当延长)。若在贯入测试前还有泌水,也应吸干。

(5)凝结时间测定从搅拌加水开始计时。根据混凝土拌合物的性能,确定测针试验时间,以后每隔0.5h测试一次,在临近初凝和终凝时,应缩短测试间隔时间。

5. 试验步骤

(1)测试时,将砂浆试样筒置于贯入阻力仪上,测针端面刚刚接触砂浆表面,然后转动手轮,使测针在10s±2s内垂直且均匀地插入试样内,深度为25mm±2mm,记录最大贯入阻力值,精确至10N;记下从开始加水拌和起所经过的时间(精确至1min)及环境温度(精确至0.5℃)。

(2)测定时,每个试样筒每次测1~2个点,各测点的间距不小于15mm,测点与试样筒壁的距离不小于25mm。

(3)每个试样的贯入测试不少于6次,直至单位面积贯入阻力大于28MPa为止。

(4)根据砂浆凝结状况,在测试过程中应以测针承压面积从大到小顺序更换测针,一般当砂浆表面测孔边出现微裂缝时,应更换较小截面积的测针。更换测针应按表2-5-1的规定选用。

测针选用规定　　表2-5-1

单位面积贯入阻力(MPa)	0.2~3.5	3.5~20.0	20.0~28.0
平头测针圆面积(mm^2)	100	50	20

6. 结果计算

(1)单位面积贯入阻力按式(2-5-5)计算,结果精确至0.1MPa。

$$f_{PR}=\frac{P}{A} \tag{2-5-5}$$

式中:f_{PR}——单位面积贯入阻力(MPa);

P——测针贯入深度为25mm时的贯入压力(N);

A——贯入测针截面面积(mm^2)。

(2)凝结时间宜按式(2-5-6)通过线性回归方法确定。根据式(2-5-6),当单位面积贯入阻力为3.5MPa时,对应的时间应为初凝时间;单位面积贯入阻力为28MPa时,对应的时间应为终凝时间。

$$\ln t = a + b\ln f_{PR} \tag{2-5-6}$$

式中：t——单位面积贯入阻力对应的测试时间(min)；

a、b——线性回归系数。

(3)凝结时间也可用绘图拟合方法确定。应以单位面积贯入阻力为纵坐标，测试时间为横坐标，绘制单位面积贯入阻力与测试时间关系曲线。经3.5MPa及28MPa画两条平行于横坐标的直线，则直线与曲线相交点的横坐标即为初凝及终凝时间，如图2-5-7所示。

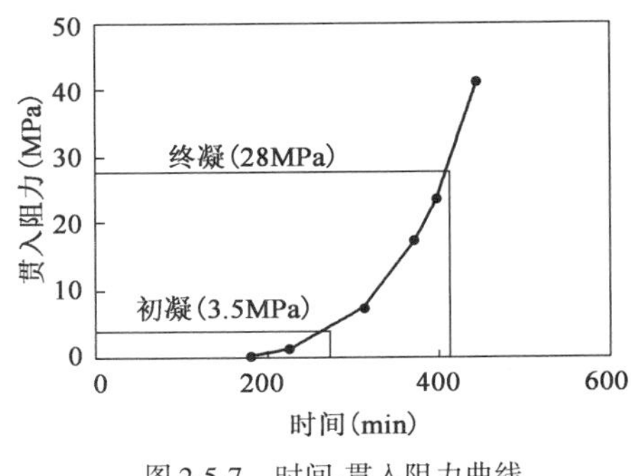

图2-5-7　时间-贯入阻力曲线

(4)以3个试样的初凝时间和终凝时间的算术平均值作为此次试样初凝时间和终凝时间的试验结果，凝结时间用h:min表示，并精确至5min。3个测值中的最大值或最小值，若有一个与中间值之差超过中间值的10%，则应以中间值为试验结果；若最大值和最小值与中间值之差均超过中间值的10%，则此试验无效，应重新试验。

7. 原始记录、质量检测报告、异常情况处理

原始记录、质量检测报告、异常情况处理参照本书第二部分第一章第八节"常规检测参数试验方法及结果处理"中的要求进行。

五、泌水率

《公路工程水泥及水泥混凝土试验规程》(JTG 3420—2020)T 0528—2005

1. 目的及适用范围

(1)本方法规定了水泥混凝土拌合物泌水的试验方法。

(2)本方法适用于集料最大粒径不大于31.5mm的水泥混凝土拌合物泌水的测定。

2. 仪具与材料

(1)试样筒：试样筒为刚性金属圆筒，两侧装有把手，筒壁坚固且不漏水。对于集料最大粒径不大于31.5mm的拌合物采用5L的试样筒，其内径与内高均为186mm±2mm，壁厚约为3mm，并配有筒盖。

(2)振动台：工作频率为50Hz±3Hz，空载(含筒)振幅为0.5mm±0.1mm。

(3)台秤：最大量程不小于50kg，感量不大于5g。

(4)量筒：容量分别为10mL、50mL、100mL的量筒各一个，分度值均为1mL。

(5)捣棒：直径为16mm、长约600mm，并具有半球形端头的钢质圆棒。

(6)秒表：分度值为1s。

3. 试验环境

试验室温度为20℃±2℃，相对湿度不小于50%。

4. 试验准备

试验准备参照本章第一节中“混凝土拌合物取样及拌和方法”的有关规定。

5. 试验步骤

(1)应用湿布湿润试样筒内壁后立即称量,记录试样筒的质量 m_0。再将混凝土试样装入试样筒,混凝土的装料及捣实方法如下:

①坍落度不大于 90mm,用振动台振实。将试样一次装入试样筒内,开启振动台,振动应持续到表面出浆为止,且应避免过振;使混凝土拌合物低于试样筒表面 30mm ± 3mm,并用抹刀抹平,抹平后立即称量并记录试样筒与试样的总质量 m_1,开始计时。

②坍落度大于 90mm,用捣棒捣实。混凝土拌合物应分两层装入,每装一层混凝土拌合物,应用捣棒由边缘向中心按螺旋形均匀地插捣 25 次,插捣底层时捣棒应贯穿整个深度,插捣第二层时,捣棒应插透本层至下一层的表面;每一层捣完后用橡皮锤轻轻敲击容器外壁 5 ~ 10次,直到拌合物表面插捣孔消失并不见大气泡为止;使混凝土拌合物表面低于试样筒表面 30mm ± 3mm,并用抹刀抹平,抹平后立即称量并记录试样筒与试样的总质量 m_1,开始计时。

(2)保持试样筒水平且不振动,试验过程中除了吸水操作外,应始终盖好筒盖。

(3)拌合物加水拌和开始计时,从计时开始后的 60min 内,每 10min 吸取一次试样表面渗出的水。60min 后,每 30min 吸取一次试样表面渗出的水,直到认为不再泌水为止。为便于吸水,每次吸水前 2min,将一片 35mm 厚的垫块,垫入筒底一侧使其倾斜;吸水后,恢复水平。吸出的水放入量筒中,记录每次吸水的水量并计算累计水量 V,精确到 1mL。当吸水累计总量用质量表述时,用 W_W 表示。

6. 结果计算

(1)泌水量按式(2-5-7)计算,结果精确至 0.01mL/mm²。

$$B_a = \frac{V}{A} \tag{2-5-7}$$

式中:B_a——单位面积混凝土拌合物的泌水量(mL/mm²);

V——累计吸水量(mL);

A——试件外露表面面积(mm²)。

泌水量以 3 个试样测试值的算术平均值作为试验结果,结果精确至 0.01mL/mm²。如果其中一个与中间值之差超过中间值的 15%,则以中间值为试验结果。如果最大值和最小值与中间值之差超过中间值的 15%,则试验无效。

(2)泌水率按式(2-5-8)计算,结果精确至 1%。

$$B = \frac{W_W}{(w/m)(m_1 - m_0)} \times 100 \tag{2-5-8}$$

式中:B——泌水率(%);

W_W——泌水总量(g);

m——拌和混凝土时,拌合物总质量(g);

w——拌和混凝土时，拌合物所需总用水量（g）；

m_1——泌水前试样筒及试样总质量（g）；

m_0——试样筒总质量（g）。

泌水率以3个试样测试值的算术平均值作为试验结果，结果精确至1%。如果其中一个与中间值之差超过中间值的15%，则以中间值为试验结果。如果最大值和最小值与中间值之差超过中间值的15%，则试验无效。

7. 原始记录、质量检测报告、异常情况处理

原始记录、质量检测报告、异常情况处理参照本书第二部分第一章第八节“常规检测参数试验方法及结果处理”中的要求进行。

六、扩展度及扩展度经时损失

《公路工程水泥及水泥混凝土试验规程》（JTG 3420—2020）T 0532—2020

1. 目的与适用范围

（1）本方法规定了水泥混凝土拌合物坍落扩展度及扩展时间的试验方法。

（2）本方法适用于集料最大粒径不大于31.5mm、坍落度不小于160mm的水泥混凝土坍落扩展度和扩展时间的测定。

2. 仪具与材料

（1）坍落筒：应符合现行《混凝土坍落度仪》（JG/T 248）的规定。

（2）坍落度底板：应采用边长不小于1000mm的正方形平板、最大挠度不大于3mm的钢板，并应在平板表面标出坍落度筒的中心位置和直径分别为200mm、300mm、500mm、600mm、700mm、800mm及900mm的同心圆，其形状如图2-5-8所示。

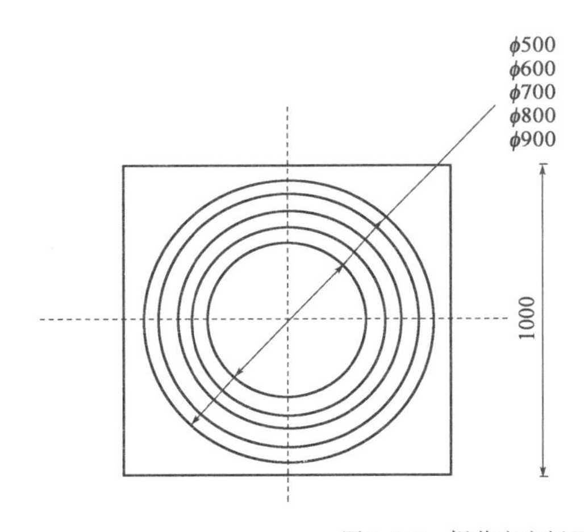

图2-5-8 坍落度底板示意图（尺寸单位：mm）

(3)捣棒:直径16mm、长约600mm,并具有半球形端头的钢质圆棒。
(4)秒表:分度值为0.1s。
(5)钢尺:最大量程不小于1000mm,分度值不大于1mm。
(6)其他:抹布、铲子、抹刀等。

3. 试验环境

试验室温度为20℃ ±5℃,相对湿度不小于50%。

4. 试验准备

试验准备参照本章第一节中"混凝土拌合物取样及拌和方法"的有关规定。

5. 试验步骤

(1)用海绵或毛巾润湿底板和坍落筒,在坍落度内壁和底板上应无明水;底板放置在坚实的水平面上,坍落筒放在底板中心位置,下缘与200mm刻度圈重合,坍落筒在装料时保持位置固定不动。

(2)混凝土拌合物应分三层均匀装入坍落筒内,每装一层混凝土拌合物,应用捣棒由边缘向中心按螺旋形均匀地插捣25次,捣实后每层混凝土拌合物试样高度约为筒高的1/3;插捣底层时,捣棒应贯穿整个深度,插捣第二层和顶层时,捣棒应插透本层至下一层的表面;顶层插捣完后,取下装料漏斗,应将多余混凝土拌合物刮去,并沿筒口抹平。

(3)自密实混凝土拌合物应不分层一次填充至满,且整个装料过程中不施以任何振动或捣实,同时应将多余混凝土拌合物刮去,并沿筒口抹平。

(4)将底盘坍落筒周围多余的混凝土清除,随即将坍落筒沿铅直方向匀速向上快速提起300mm左右的高度,提起时间宜控制在3~7s。待混凝土停止流动或扩展持续时间达50s时,应使用钢尺测量拌合物展开圆形的最大直径以及与最大直径呈垂直方向的直径。从开始装料到提离坍落筒的整个过程应不间断地进行,并在40s内完成。

(5)混凝土的扩展度应为混凝土拌合物坍落度扩展终止后扩展面相互垂直的两个直径的平均值,当两个直径值之差大于50mm时,需要重新测量,测量精确至1mm,结果修约至5mm。

(6)测定扩展度达500mm的时间,即T_{500},应自坍落筒提起离开底板时开始计时,采用秒表测定时间,精确至0.1s。

(7)扩展度试验从开始装料到测得混凝土扩展度值的整个过程应连续进行,并应在4min内完成,发现粗集料在中央堆集或边缘有浆体析出时,应记录说明。

6. 结果计算

混凝土的扩展度应为混凝土拌合物坍落度扩展终止后扩展面相互垂直的两个直径的平均值,当两个直径值之差大于50mm时,需要重新测量,测量精确至1mm,结果修约至5mm。

7. 原始记录、质量检测报告、异常情况处理

原始记录、质量检测报告、异常情况处理参照本书第二部分第一章第八节"常规检测参数试验方法及结果处理"中的要求进行。

第三节　混凝土试件制作养护和混凝土力学性能试验

一、混凝土试件的制作和养护

《公路工程水泥及水泥混凝土试验规程》(JTG 3420—2020)T 0551—2020

1. 目的、适用范围和引用标准

(1)本方法规定了在常温环境中室内试验时水泥混凝土试件制作与硬化水泥混凝土现场取样方法。

(2)本方法适用于普通水泥混凝土及喷射水泥混凝土硬化后试件的现场取样方法,但因其特殊性所引起的对试验设备及方法的特殊要求,均应按对这些水泥混凝土试件制作和取样的有关技术规定进行。

(3)引用标准:

《混凝土试验用搅拌机》(JG 244);

《混凝土试验用振动台》(JG/T 245);

《混凝土试模》(JG 237);

《混凝土坍落度仪》(JG/T 248);

《钻芯法检测混凝土强度技术规程》(JGJ/T 384)。

2. 仪具与材料

(1)强制搅拌机:应符合现行《混凝土试验用搅拌机》(JG 244)的规定。

(2)振动台:应符合现行《混凝土试验用振动台》(JG/T 245)的规定。

(3)试模。

①非圆柱试模:应符合现行《混凝土试模》(JG 237)的规定。

②圆柱试模:直径误差小于 $1/200d$,高度误差应小于 $1/100h$(d 为直径,h 为高度)。试模的底板平面度公差不超过 0.02mm。组装试模时,圆筒纵轴与底板应成直角,允许公差为 0.5°。

③喷射混凝土试模:尺寸为 450mm × 450mm × 120mm(长 × 宽 × 高),模具一侧边为敞开状。

(4)试件尺寸。

常用的几种试件尺寸(试件内部尺寸)和最大粒径规定如表 2-5-2 所示。所有试件承压面的平面度公差不超过 $0.0005d$(d 为边长)。

试件尺寸　　表 2-5-2

试件名称	标准尺寸(集料最大粒径)(mm)	非标准尺寸(集料最大粒径)(mm)
立方体抗压强度试件	150 × 150 × 150 (31.5)	100 × 100 × 100 (26.5) 200 × 200 × 200 (53)

续上表

试件名称	标准尺寸(集料最大粒径)(mm)	非标准尺寸(集料最大粒径)(mm)
圆柱轴心抗压强度试件 (高径比2:1)	ϕ150×300 (31.5)	ϕ100×200 (26.5) ϕ200×400 (53)
钻芯样抗压强度试件 (高径比1:1)	ϕ150×150 (31.5)	ϕ100×100 (26.5) ϕ75×75 (19)
棱柱体轴心抗压强度试件	150×150×300 (31.5)	200×200×400 (53) 100×100×300 (26.5)
立方体劈裂抗拉强度试件	150×150×150 (31.5)	100×100×100 (26.5)
圆柱劈裂抗拉强度试件	$\phi150\times L_m$(31.5)	$\phi100\times L_m$(26.5) $\phi200\times L_m$(53)
钻芯样劈裂强度试件	$\phi150\times L_m$(31.5)	$\phi100\times L_m$(26.5) $\phi75\times L_m$(19)
抗压弹性模量试件	150×150×300 (31.5)	200×200×400 (53) 100×100×300 (26.5)
圆柱轴心抗压弹性模量试件 (高径比2:1)	ϕ150×300 (31.5)	ϕ100×200 (26.5) ϕ200×400 (53)
抗弯拉强度试件	150×150×550 (31.5)	100×100×400 (26.5)
抗弯拉弹性模量试件	150×150×550 (31.5)	100×100×400 (26.5)
喷射混凝土试件	100×100×100 或 ϕ100×100	—
混凝土动弹性模量试件	100×100×400 (31.5)	L/α=3、4、5的其他尺寸, 其中:α为宽度(mm),不小于100mm; L为长度(mm)
混凝土收缩试件(接触法)	ϕ100×400 (31.5)	—
混凝土收缩试件(非接触法)	100×100×515 (31.5)	150×150×515 (31.5) 200×200×515 (50)
混凝土限制膨胀率试件	100×100×400 (31.5)	—
混凝土抗冻试件(快冻法)	100×100×400 (31.5)	—
混凝土耐磨试件	150×150×150 (31.5)	$\phi150\times L_m$ 芯样试件
抗渗试件	上口直径175mm,下口直径185mm,高150mm的锥台	上下直径与高度均为150mm的圆柱体
抗氯离子渗透试件	ϕ100×50 (26.5)	—

注:括号中的数字为试件中集料最大粒径。标准试件的最小尺寸不宜小于粗集料最大粒径的3倍。

(5)捣棒:直径16mm,长约600mm,并具有半球形端头的钢质圆棒。

(6)压板:用于圆柱试件的顶端处理,一般为厚6mm以上的毛玻璃,压板直径应比试模直径大25mm以上。

(7)橡皮锤:带有质量约250g的橡皮锤头。

(8)钻孔取样机:钻孔取样机一般用金刚石钻头,从结构表面垂直钻取,钻孔取样机应具有足够的刚度，保证钻取的芯样周面垂直且表面损伤最少。钻芯时，钻头应做无显著偏差的同心运动。

(9)游标卡尺：最大量程不小于300mm，分度值为0.02mm。

(10)锯：用于切割适用于抗弯拉试验的试件。

3.非圆柱体试件成型

(1)水泥混凝土的拌和应按本章的规定进行。成型前试模内壁涂一薄层矿物油。

(2)取拌合物的总量至少应比所需量高20%以上，并取出少量混凝土拌合物代表样，在5min内进行坍落度或维勃稠度试验，认为品质合格后，应在15min内开始制件或做其他试验。

(3)当坍落度小于25mm时，可采用ϕ25mm的插入式振捣棒成型。将混凝土拌合物一次装入试模，装料时应用抹刀沿各试模壁插捣，并使混凝土拌合物高出试模口；振捣时，捣棒距底板10～20mm，且不要接触底板。振动直到表面出浆为止，且应避免过振，以防止混凝土离析，一般振捣时间为20s。振捣棒拔出时要缓慢，拔出后不得留有孔洞。用刮刀刮去多余的混凝土，在临近初凝时，用抹刀抹平。试件抹面与试模边缘高低差不得超过0.5mm。

(4)当坍落度大于25mm且小于90mm时，用标准振动台成型。将试模放在振动台上夹牢，防止试模自由跳动，将拌合物一次装满试模并稍有富余，开动振动台至混凝土表面出现乳状水泥浆时为止，振动过程中随时添加混凝土使试模常满，记录振动时间(约为维勃稠度秒数的2～3倍，一般不超过90s)。振动结束后，用金属直尺沿试模边缘刮去多余混凝土，用抹刀将表面初次抹平，待试件收浆后，再次用抹刀将试件仔细抹平，试件表面与试模边缘的高低差不得超过0.5mm。

(5)当坍落度大于90mm时，用人工成型。拌合物分为厚度大致相等的两层装入试模。捣固时按螺旋方向从边缘到中心均匀地进行。插捣底层混凝土时，捣棒应到达模底；插捣上层混凝土时，捣棒应贯穿上层后插入下层20～30mm处。插捣时应用力将捣棒压下，保持捣棒垂直，不得冲击，捣完一层后，用橡皮锤轻轻击打试模外端面10～15下，以填平插捣过程中留下的孔洞。每层插捣次数为100cm^{2}面积内不少于12次。试件抹面与试模边缘高低差不得超过0.5mm。

(6)当试样为自密实混凝土时，在新拌混凝土不离析的状态下，将自密实混凝土搅拌均匀后直接倒入试模内，不得使用振动台和插捣方式成型，但可以采用橡皮锤辅助振动。试样一次填满试模后，可用橡皮锤沿着试模中线位置轻轻敲击6次/侧面。用抹刀将试件仔细抹平，使表面略低于试模边缘1～2mm。

4.圆柱体试件制作

(1)水泥混凝土的拌和应按本章第一节的规定进行。成型前试模内壁涂一薄层矿物油。

(2)取拌合物的总量至少应比所需量高20%以上，并取出少量混凝土拌合物代表样，在5min内进行坍落度或维勃稠度试验，认为品质合格后，应在15min内开始制件或做其他试验。

(3)当坍落度小于25mm时，可采用ϕ25mm的插入式振捣棒成型。拌合物分为厚度大致相等的两层装入试模。以试模的纵轴为对称轴，呈对称方式填料。插入密度以每层分三次插入。插捣底层时，振捣棒距底板10～20mm且不要接触底板；振捣上层时，振捣棒插入该层底面下15mm深。振动直到表面出浆为止，且应避免过振，防止混凝土离析。一般振捣时间为20s。捣完一层后，如有棒坑留下，可用橡皮锤敲击试模侧面10～15下。振捣棒拔除时要缓慢。用刮刀刮去多余的混凝土，在临近初凝时，用抹刀抹平，使表面略低于试模边缘1～2mm。

(4)当坍落度大于25mm且小于90mm时，用标准振动台成型。将试模放在振动台上夹牢，防止试模自由跳动，将拌合物一次装满试模并稍有富余，开动振动台至混凝土表面出现乳状水泥浆时为止，振动过程中随时添加混凝土使试模常满，记录振动时间(约为维勃稠度秒数的2～3倍，一般不超过90s)。振动结束后，用金属直尺沿试模边缘刮去多余混凝土，用抹刀将表面初次抹平，待试件收浆，再次用抹刀将试件仔细抹平，使表面略低于试模边缘1～2mm。

(5)当坍落度大于90mm时，用人工成型。

对于试件直径200mm的试模，拌合物分为厚度大致相等的三层装入试模。以试模的纵轴为对称轴，呈对称方式填料。每层插捣25下，捣固时按螺旋方向从边缘到中心均匀地进行。插捣底层时，捣棒到达模底；插捣上层时，捣棒插入该层底面下20～30mm处。插捣时应用力将捣棒压下，不得冲击，捣完一层后，如有棒坑留下，可用橡皮锤敲击试模侧面10～15下。用抹刀将试件仔细抹平，使表面略低于试模边缘1～2mm。

对于试件直径100mm或150mm的试模，分两层装料，隔层厚度大致相等。试件直径为150mm时，每层插捣15下；试件直径为100mm时，每层插捣8下。捣固时按螺旋方向从边缘到中心均匀地进行。插捣底层时，捣棒应到达模底；插捣上层时，捣棒插入该层底面下15mm深。用抹刀将试件仔细抹平，使表面略低于试模边缘1～2mm。

(6)当试样为自密实混凝土时，在新拌混凝土不离析的状态下，将自密实混凝土搅拌均匀后直接倒入试模内，不得使用振动台和插捣方式成型，但可以采用橡皮锤辅助振动。试样一次填满试模后，可用橡皮锤轻轻沿着试模中线位置均匀敲击25次。用抹刀将试件仔细抹平，使表面略低于试模边缘1～2mm。

(7)对端面应进行整平处理，但加盖层的厚度应尽量薄。

①拆模前，当混凝土具有一定强度后，用水洗去上表面的浮浆，并用干抹布吸去表面水之后，抹上干硬性水泥净浆，用压板均匀地盖在试模顶部。加盖层应与试件的纵轴垂直。为防止压板和水泥浆之间的黏结，应在压板下垫一层薄纸。

②对于硬化的试件端面的处理，可采用硬石膏或硬石膏和水泥的混合物，加水后平铺在端面，并用压板进行整平，也可采用下面任一方法：使用硫黄与矿质粉末的混合物(如耐火黏土粉、石粉等)在180～210℃间加热(温度更高时将使混合物烘成橡胶状，使强度变弱)，摊铺在试件顶面，用试模钢板均匀按压，放置2h以上即可进行强度试验；用环氧树脂拌和水泥，根据硬化时间需要加入乙二胺，将此浆膏在试件顶面大致摊平，在钢板面上垫一层薄塑料膜，再均匀地将浆膏压平；在时间充分时，也可用水泥浆膏抹顶，使用矾土水泥的养护时间在18h以上，使用硅酸盐水泥的养护时间在3d以上。

③对不采用端部整平处理的试件，可采用切割的方法使端面和纵轴垂直。整平后的端面应与试件的纵轴相垂直，端面的平整度公差在±0.1mm以内。

5. 养护

(1)试件成型后，用湿布覆盖表面(或采用其他保持湿度方法)，在室温20℃±5℃、相对湿度大于50%的情况下,静放一个到两个昼夜,然后拆模并作第一次外观检查、编号。对有缺陷的试件应除去,或加工补平。

(2)将完好试件放入标准养护室进行养护,标准养护室温度为20℃ ±2℃,相对湿度在95%以上,试件宜放在铁架或木架上,间距至少10~20mm。试件表面应保持一层水膜,并避免用水直接冲淋。当无标准养护室时,将试件放入温度20℃ ±2℃的饱和氢氧化钙溶液中养护。

(3)标准养护龄期为28d(以搅拌加水开始),非标准的龄期为1d、3d、7d、60d、90d、180d。

6.硬化普通水泥混凝土现场试样的钻取或切割取样

1)芯样的钻取

(1)钻取位置:在钻取前,应考虑钻芯可能对结构产生的不利影响,应尽可能避免在靠近混凝土构件的接缝或边缘处钻取,且不应带有钢筋。

(2)芯样尺寸:芯样直径宜为混凝土所用集料最大粒径的3倍以上,不宜小于最大粒径的2倍,一般为直径150mm ±10mm或100mm ±10mm,特殊部位可采用直径75mm的芯样。

(3)标记:钻出后的每个芯样应立即清楚地编号,并记录芯样在混凝土结构中的位置。

2)切割取样

对于现场取样的不规则混凝土试块,可按规范规定的棱柱体尺寸进行切割,以满足不同试验的需求。

3)检查与测量

(1)外观检查。

每个芯样应详细描述有关裂缝、接缝、分层、麻面或离析等不均匀性,必要时应记录下列事项:

集料情况:估计集料的最大粒径、形状及种类,粗细集料的比例与级配。

密实性:检查并记录存在的气孔、气孔的位置、尺寸与分布情况,必要时应拍下照片。

(2)测量。

平均直径:在芯样高度的中间及两个1/4处,每处垂直测量2次。6个测值的算术平均值为平均直径,精确至1.0mm。

平均长度:在芯样直径两端侧面测定钻取后芯样的长度及加工后的长度,其尺寸差应在0.25mm之内,取平均值作为试件平均长度,精确至1.0mm。

平均长、高、宽:对于切割棱柱体,分别量取所有边长,精确至1.0mm。

7.硬化喷射水泥混凝土试件的现场取样方法

(1)喷射水泥混凝土抗压强度标准试块应从现场施工的喷射水泥混凝土板件上切割或钻芯法制取。

(2)标准试块制作应符合下列步骤:

①在喷射作业面附近,将模具敞开且一侧朝下,以80°(与水平面的夹角)左右置于墙脚。

②先在模具外的边墙上喷射,待操作正常后将喷头移至模具位置,由下而上逐层向模具内喷满水泥混凝土。

③将喷满水泥混凝土的模具移至安全地方，用三角抹刀刮平混凝土表面。

④在潮湿环境中养护1d后脱模。将混凝土板件移至标养室，在标准养护条件下养护7d，用切割机去掉周边和上表面（底面不可切割）后加工成边长100mm的立方体试块或钻芯成ϕ100mm×100mm的圆柱体试件，立方体试块的边长允许偏差应为±10mm，直角允许偏差应为±2°。喷射水泥混凝土板件周边120mm范围内的混凝土不得用作试件。

（3）加工后的试块应继续在标准条件下养护至28d龄期，进行抗压强度试验。

二、混凝土力学性能试验

力学性能是水泥混凝土最重要的技术性质，混凝土力学性能试验主要包括抗压强度试验、抗压弹性模量试验、抗弯拉强度试验、抗弯拉弹性模量试验、劈裂抗拉强度试验等。

（一）抗压强度

《公路工程水泥及水泥混凝土试验规程》（JTG 3420—2020）T 0553—2005

1. 目的及适用范围

（1）本方法规定了水泥混凝土抗压强度的试验方法。

（2）本方法适用于各类水泥混凝土立方体试件的抗压强度试验，也适用于高径比1∶1的钻芯试件。

2. 样品符合性

混凝土立方体抗压强度试件应同龄期者为1组，每组为3个同条件制作和养护的混凝土试块。

3. 仪具与材料

（1）压力机或万能试验机（图2-5-9）：压力机应符合现行《液压式万能试验机》（GB/T 3159）及《试验机通用技术要求》（GB/T 2611）的规定，其测量精度为±1%，试件破坏荷载应大于压力机全程的20%且小于压力机全程的80%。压力机同时应具有加荷速度指示装置或加荷速度控制装置，上下压板平整并有足够刚度，可均匀地连续加荷卸荷，可保持固定荷载，开机停机均灵活自如，能够满足试件破型吨位要求。

图2-5-9　计算机控制压力试验机

（2）球座：钢质坚硬，面部平整度要求在100mm距离内的高低差值不超过0.05mm，球面及球窝粗糙度R_a=0.32μm，研磨、转动灵活。不应在大球座上做小试件破型，球座宜放置在试件顶面（特别是棱柱试件），并凸面朝上，当试件均匀受力后，不宜再敲动球座。

（3）混凝土强度等级大于或等于C50时，试件周围应设置防崩裂网罩。

4. 试验环境

常温。

5. 试验步骤

(1)至试验龄期时,自养护室取出试件,应尽快试验,避免其湿度变化。

(2)取出试件,检查其尺寸及形状,相对两面应平行。量出棱边长度,精确至1mm。试件受力截面积按其与压力机上下接触面的平均值计算。在破型前,保持试件原有湿度,在试验时擦干试件。

(3)以成型时侧面为上下受压面,试件中心应与压力机几何对中。圆柱体应对端面进行处理,确保端面的平行度。

(4)混凝土强度等级小于C30时,取0.3~0.5MPa/s的加荷速度;混凝土强度等级大于或等于C30小于C60时,取0.5~0.8MPa/s的加荷速度;混凝土强度等级大于或等于C60时,取0.8~1.0MPa/s的加荷速度。当试件接近破坏而开始迅速变形时,应停止调整试验机油门,直至试件破坏,记下破坏极限荷载F。

6. 结果计算

(1)混凝土试件抗压强度按式(2-5-9)计算,结果精确至0.1MPa。

$$f_{cu}=\frac{F}{A} \tag{2-5-9}$$

式中:f_{cu}——混凝土立方体抗压强度(MPa);

F——极限荷载(N);

A——受压面积(mm^2)。

(2)混凝土强度等级小于C60时,用非标准试件的抗压强度应乘以尺寸换算系数(表2-5-3),并应在报告中注明。

立方体抗压强度尺寸换算系数　　表2-5-3

试件尺寸	尺寸换算系数
100mm×100mm×100mm	0.95
150mm×150mm×150mm	1.00
200mm×200mm×200mm	1.05

(3)当混凝土强度等级大于或等于C60时,宜采用150mm×150mm×150mm标准试件;使用非标准试件时,换算系数由试验确定。

(4)以3个试件测量值的算术平均值为测定值,结果精确至0.1MPa。3个试件测量值的最大值或最小值中如有一个与中间值之差超过中间值的15%,则取中间值为测定值;如最大值和最小值与中间值的差值均超过中间值的15%,则该组试验结果无效。

7. 原始记录、质量检测报告、异常情况处理

原始记录、质量检测报告、异常情况处理参照本书第二部分第一章第八节“常规检测参数试验方法及结果处理”中的要求进行。

(二)抗压弹性模量

《公路工程水泥及水泥混凝土试验规程》(JTG 3420—2020)T 0556—2005

1. 目的及适用范围

(1)本方法规定了水泥混凝土在静力作用下的抗压弹性模量的试验方法,水泥混凝土的抗压弹性模量取1/3的轴心抗压强度对应的弹性模量。

(2)本方法适用于各类水泥混凝土的直角棱柱体试件。

2. 样品符合性

每组为同龄期同条件制作和养护的试件6根,其中3根用于测定棱柱体轴心抗压强度,提出弹性模量试验的加荷标准,另3根则做弹性模量试验。

3. 仪具与材料

(1)压力机或万能试验机:压力机应符合现行《液压式万能试验机》(GB/T 3159)及《试验机通用技术要求》(GB/T 2611)的规定,其测量精度为±1%,试件破坏荷载应大于压力机全程的20%且小于压力机全程的80%。压力机同时应具有加荷速度指示装置或加荷速度控制装置,上下压板平整并有足够刚度,可均匀地连续加荷卸荷,可保持固定荷载,开机停机均灵活自如,能够满足试件破型吨位要求。

(2)球座:钢质坚硬,面部平整度要求在100mm距离内的高低差值不超过0.05mm,球面及球窝粗糙度 R_a =0.32μm,研磨、转动灵活。不应在大球座上做小试件破型,球座宜放置在试件顶面(特别是棱柱试件),并凸面朝上,当试件均匀受力后,不宜再敲动球座。

(3)微变形测量仪:应满足现行《指示表(指针式、数显式)》(JJG 34)的规定,分度值为0.001mm。

(4)微变形测量仪固定架两对,标距为150mm,如图2-5-10和图2-5-11所示。

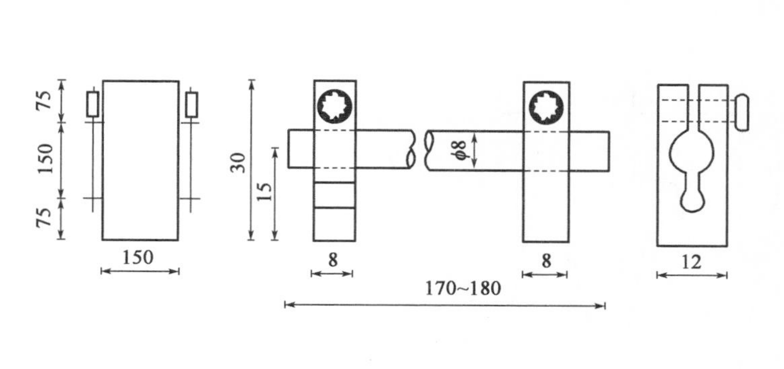

图2-5-10　千分表架(一对)(尺寸单位:mm)

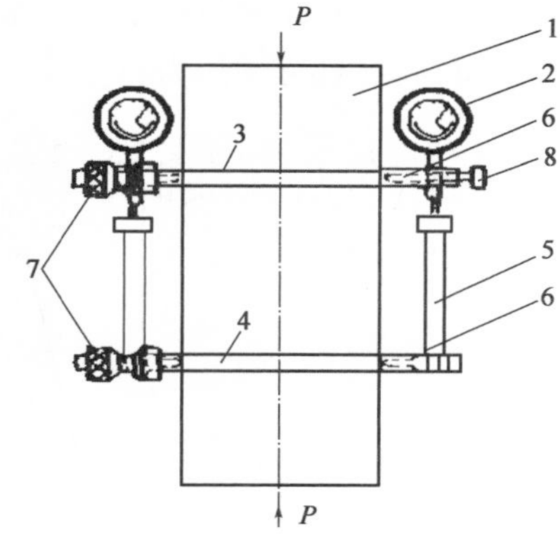

图2-5-11　框式千分表座示意图(一对)
1-试件;2-量表;3-上金属环;4-下金属环;5-接触杆;6-刀口;7-金属环;8-千分表固定螺栓

(5)其他:钢尺(量程 600mm,分度值为 1mm)、502 胶水、铅笔和秒表等。

4. 试验环境

常温。

5. 试验步骤

(1)至试验龄期时,自养护室取出试件,用湿布覆盖,避免其湿度变化。取 3 根试件,进行轴心抗压强度试验,在试验时擦干试件,测量其高度和宽度,精确至 1mm。

(2)在压力机下压板上放好试件,几何对中。

(3)加载速度:混凝土强度等级小于 C30 时,取 0.3 ~ 0.5MPa/s;混凝土强度等级大于或等于 C30 小于 C60 时,取 0.5 ~ 0.8MPa/s;混凝土强度等级大于或等于 C60 时,取 0.8 ~ 1.0MPa/s。当试件接近破坏而开始迅速变形时,应停止调整试验机油门,直至试件破坏,记下破坏极限荷载 F,并按式(2-5-10)计算混凝土棱柱体轴心抗压强度 f_{cp},结果精确至 0.1MPa。

$$f_{cp} = \frac{F}{A} \tag{2-5-10}$$

式中:f_{cp}——混凝土棱柱体轴心抗压强度(MPa);

F——极限荷载(N);

A——受压面积(mm^2)。

(4)采用非标准尺寸试件测得的棱柱体轴心抗压强度,应乘以尺寸换算系数,对于 200mm × 200mm 截面试件的尺寸换算系数为 1.05;对于 100mm × 100mm 截面试件的尺寸换算系数为 0.95。当混凝土强度等级大于或等于 C60 时,宜用 150mm × 150mm 截面的标准试件。

(5)以 3 个试件测量值的算术平均值为测定值,结果精确至 0.1MPa。3 个试件测量值的最大值或最小值中如有一个与中间值之差超过中间值的 15%,则取中间值为测定值;如最大值和最小值与中间值的差值均超过中间值的 15%,则该组试验结果无效。

(6)取另 3 根做抗压弹性模量试验,擦净试件,量出尺寸并检查外形,尺寸量测精确至 1mm。试件不得有明显缺损,端面不平时须预先抹平。

(7)微变形量测仪应安装在试件两侧的中线上并对称于试件两侧。

(8)将试件移于压力机球座上,几何对中。加荷方法如图 2-5-12 所示。

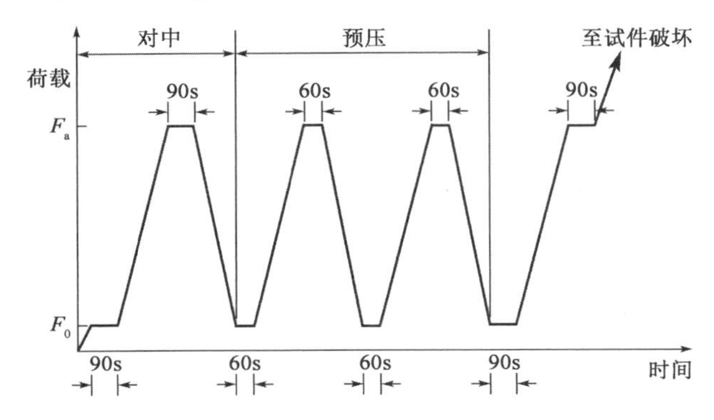

图 2-5-12　弹性模量加荷方法示意图

注:90s 包括 60s 持荷时间,30s 读数时间;60s 为持荷时间。

(9)调正试件位置,开动压力机,当上压板与试件接近时,调整球座,使接触均衡。加荷至基准应力为0.5MPa对应的初始荷载值F_0,并记录两侧变形量测仪的读数$\varepsilon_0^{左}$、$\varepsilon_0^{右}$。

应立即以0.6MPa/s±0.4MPa/s的加荷速度连续均匀加荷至1/3轴心抗压强度f_{cp}对应的荷载值F_a,保持恒载60s并在以后的30s内记录两侧变形量测仪的读数$\varepsilon_a^{左}$、$\varepsilon_a^{右}$。

(10)以上读数和它们的平均值相差应在20%以内,否则应重新对中试件后重复(9)中的步骤。如果无法使差值降低到20%以内,则此次试验无效。

(11)预压。确认(10)后,以相同的速度卸荷至基准应力0.5MPa对应的初始荷载值F_0并持荷60s。以相同的速度加荷至荷载值F_a,再保持60s恒载,最后以相同的速度卸荷至初始荷载值F_0,至少进行两次预压循环。

(12)测试。在完成最后一次预压后,保持60s初始荷载值F_0,在后续的30s内记录两侧变形量测仪的读数$\varepsilon_a^{左}$、$\varepsilon_0^{右}$。以同样的加荷速度加荷至荷载值F_a,再保持60s恒载,并在后续的30s内记录侧变形量测仪的读数$\varepsilon_a^{左}$、$\varepsilon_a^{右}$。

(13)卸除微变形量测仪,以同样的速度加荷至破坏,记下破坏极限荷载F。如果试件的轴心抗压强度与f_{cp}之差超过f_{cp}的20%时,应在报告中注明。

6.结果计算

(1)混凝土棱柱体抗压弹性模量按式(2-5-11)计算,结果精确至100MPa。

$$E_c = \frac{F_a - F_0}{A} \times \frac{L}{\Delta n} \tag{2-5-11}$$

式中:E_c——混凝土棱柱体抗压弹性模量(MPa);

F_a——终荷载(N)($1/3f_{cp}$时对应的荷载值);

F_0——初荷载(N)(0.5MPa时对应的荷载值);

L——测量标距(mm);

A——试件承压面积(mm^2);

Δn——最后一次加荷时,试件两侧在F_a及F_0作用下变形差平均值(mm),$\Delta n=(\varepsilon_a^{左}+\varepsilon_a^{右})/2=(\varepsilon_0^{左}+\varepsilon_0^{右})/2$;

ε_a——F_a时标距间试件变形(mm);

ε_0——F_0时标距间试件变形(mm)。

(2)以3根试件试验结果的算术平均值为测定值,结果精确至100MPa。如果其循环后的任一根轴心抗压强度与循环前轴心抗压强度与之差超过后者的20%时,则弹性模量值按另两根试件试验结果的算术平均值计算;如有两根试件试验结果超出规定,则试验结果无效。

7.原始记录、质量检测报告、异常情况处理

原始记录、质量检测报告、异常情况处理参照本书第二部分第一章第八节"常规检测参数试验方法及结果处理"中的要求进行。

(三)抗弯拉强度

《公路工程水泥及水泥混凝土试验规程》(JTG 3420—2020)T 0558—2005

1. 适用范围

(1)本方法规定了水泥混凝土弯拉强度的试验方法。

(2)本方法适用于各类水泥混凝土棱柱体试件。

2. 样品符合性

试件尺寸应符合《公路工程水泥及水泥混凝土试验规程》(JTG 3420—2020)中表T 0551-1的规定,同时在试件长向中部1/3区段内表面不得有直径超过5mm、深度超过2mm的孔洞。混凝土弯拉强度试件应以同龄期者为1组,每组为3根同条件制作和养护的试件。

3. 仪具与材料

(1)压力机或万能试验机:压力机应符合现行《液压式万能试验机》(GB/T 3159)及《试验机通用技术要求》(GB/T 2611)的规定,其测量精度为±1%,试件破坏荷载应大于压力机全程的20%且小于压力机全程的80%。压力机同时应具有加荷速度指示装置或加荷速度控制装置,上下压板平整并有足够刚度,可均匀地连续加荷卸荷,可保持固定荷载,开机停机均灵活自如,能够满足试件破型吨位要求。

(2)抗弯拉试验装置(即三分点处双点加荷和三点自由支承式混凝土抗弯拉强度与抗弯拉弹性模量试验装置),如图2-5-13所示。

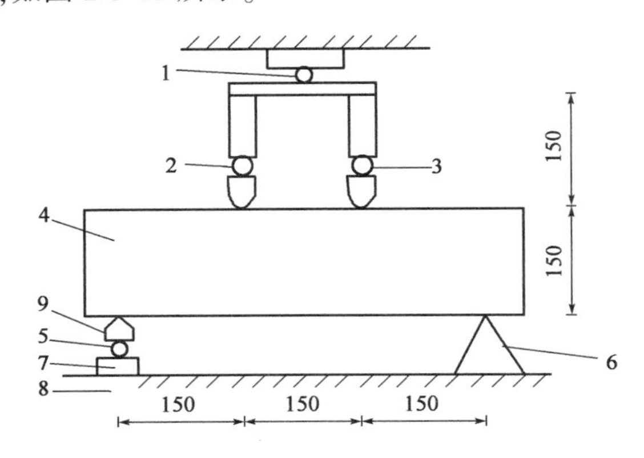

图2-5-13 抗弯拉试验装置图(尺寸单位:mm)

1、2-一个钢球;3、5-二个钢球;4-试件;6-固定支座;7-活动支座;8-机台;9-活动船形垫块

4. 试验环境

常温。

5. 试验准备

无。

6. 试验步骤

(1)试件取出后,用湿毛巾覆盖并及时进行试验,保持试件干湿状态不变。在试件中部量出其宽度和高度,精确至1mm。

(2)调整两个可移动支座,将试件安放在支座上,试件成型时的侧面朝上,几何对中后,应

使支座及承压面与活动船形垫块的接触面平稳、均匀，否则应垫平。

（3）加荷时，应保持均匀、连续。当混凝土的强度等级小于 C30 时，加荷速度为 0.02 ~ 0.05MPa/s；当混凝土的强度等级大于或等于 C30 且小于 C60 时，加荷速度为 0.05 ~ 0.08MPa/s；当混凝土的强度等级大于或等于 C60 时，加荷速度为 0.08 ~ 0.10MPa/s。当试件接近破坏而开始迅速变形时，不得调整试验机油门，直至试件破坏，记下破坏极限荷载 F。

（4）记录下最大荷载和试件下边断裂的位置。

7. 结果计算

（1）当断面发生在两个加荷点之间时，试件的抗弯拉强度按式（2-5-12）计算，结果精确至 0.01MPa。

$$f_{\mathrm{f}} = \frac{FL}{bh^2} \tag{2-5-12}$$

式中：f_{f}——试件的弯拉强度（MPa）；

F——极限荷载（N）；

L——支座间距离（mm）；

b——试件宽度（mm）；

h——试件高度（mm）。

（2）采用 100mm × 100mm × 400mm 非标准试件时，在三分点加荷的试验方法同前，但所取得的抗弯拉强度值应乘以尺寸换算系数 0.85。当混凝土强度等级大于或等于 C60 时，应采用 150mm × 150mm × 550mm 标准试件。

（3）以 3 个试件测量值的算术平均值为测定值。3 个试件测量值的最大值或最小值中如有一个与中间值之差超过中间值的 15%，则把最大值和最小值舍去，以中间值作为试件的抗弯拉强度。如有两个测量值与中间值的差值均超过 15% 时，则该组试验结果无效。

（4）3 个试件中如有一个断裂面位于加荷点外侧，则混凝土抗弯拉强度按另外两个试件的试验结果计算。如这两个测量值的差值不大于这两个测量值中最小值的 15%，则以两个测量值的平均值为测试结果，否则结果无效。如有两试件均出现断裂面位于加荷点外侧，则该组结果无效。

8. 原始记录、质量检测报告、异常情况处理

原始记录、质量检测报告、异常情况处理参照本书第二部分第一章第八节“常规检测参数试验方法及结果处理”中的要求进行。

（四）抗弯拉弹性模量

《公路工程水泥及水泥混凝土试验规程》（JTG 3420—2020）T 0559—2005

1. 目的及适用范围

（1）本方法规定了水泥混凝土抗弯拉弹性模量的试验方法，抗弯拉弹性模量是以 1/2 极限抗弯拉强度时的加荷模量为准。

(2)本方法适用于各类水泥混凝土棱柱小梁试件。

2.样品符合性

(1)试件尺寸应符合《公路工程水泥及水泥混凝土试验规程》(JTG 3420—2020)中表 T 0551-1的规定,同时在试件长向中部 1/3 区段内表面不得有直径超过 5mm、深度超过 2mm 的孔洞。

(2)每组为 6 根同龄期同条件制作的试件,3 根用于测定抗弯拉强度,3 根用于做抗弯拉弹性模量试验。

3.仪具与材料

(1)压力机、弯拉试验装置:应符合《公路工程水泥及水泥混凝土试验规程》(JTG 3420—2020)中 T 0558—2005 的规定。

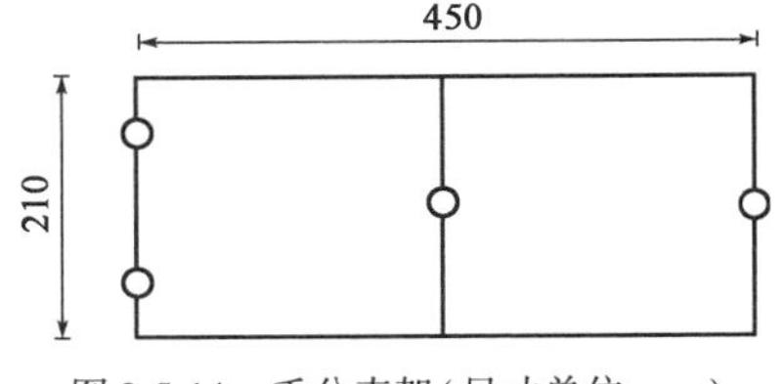

图 2-5-14　千分表架(尺寸单位:mm)

(2)千分表:应符合现行《指示表(指针式、数显式)》(JJG 34)的规定,分度值为 0.001mm。

(3)千分表架:1 个。图 2-5-14 为金属刚性框架,正中为千分表插座,两端有 3 个圆头长螺杆,可以调整高度。

(4)毛玻璃片(每片约 1.0cm^2)、502 胶水、平口刮刀、丁字尺、直尺、钢卷尺、铅笔等。

4.试验环境

常温。

5.试验准备

无。

6.试验步骤

(1)至试验龄期时,自养护室取出试件,用湿布覆盖,避免其湿度变化。清除试件表面污垢,修平与装置接触的试件部分(对抗弯拉强度试件即可进行试验)。在其上下面(即成型时两侧面)划出中线和装置位置线,在千分表架共 4 个脚点处用干毛巾先擦干水分,再用 502 胶水粘牢小玻璃片,量出试件中部的宽度和高度,精确至 1mm。

(2)将试件安放在支座上,使成型时的侧面朝上,千分表架放在试件上,压头及支座线垂直于试件中线且无偏心加载情况,而后缓缓加上约 1kN 压力,停机检查支座等各接缝处有无空隙(必要时应加金属薄垫片),应确保试件不扭动,而后安装千分表,其脚点及表架脚点稳立在小玻璃片上,如图 2-5-15 所示。

(3)取抗弯拉极限荷载平均值的 1/2 为抗弯拉弹性模量试验的荷载标准(即 $F_{0.5}$),进行 5 次加卸荷载循环,由 1kN 起,以 0.15 ~ 0.25kN/s 的速度加荷,至 3kN 刻度处停机(设为 F_0),保持约 30s(在此段加荷时间中,千分表指针应能起动,否则应提高 F_0 至 4kN 等),记下千分表读数 Δ_0,而后继续加至 $F_{0.5}$,保持约 30s,记下千分表读数 $\Delta_{0.5}$;再以同样速度卸荷至 1kN,保持约 30s。如此为第一次循环,如图 2-5-16 所示。

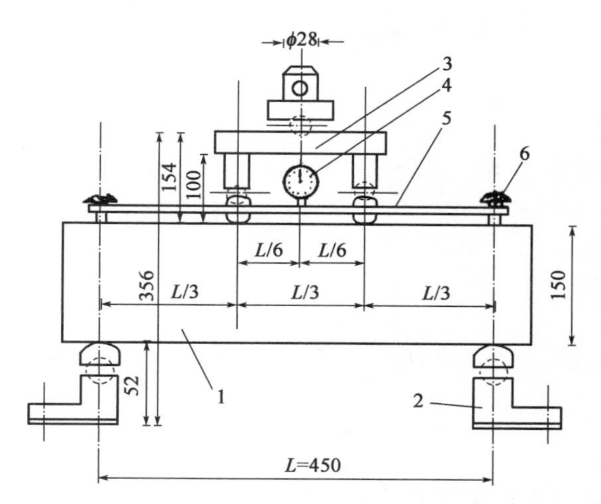

图 2-5-15　抗弯拉弹性模量试验装置示意图(尺寸单位:mm)
1-试件;2-可移动支座;3-加荷支座;4-千分表;5-千分表架;6-螺杆

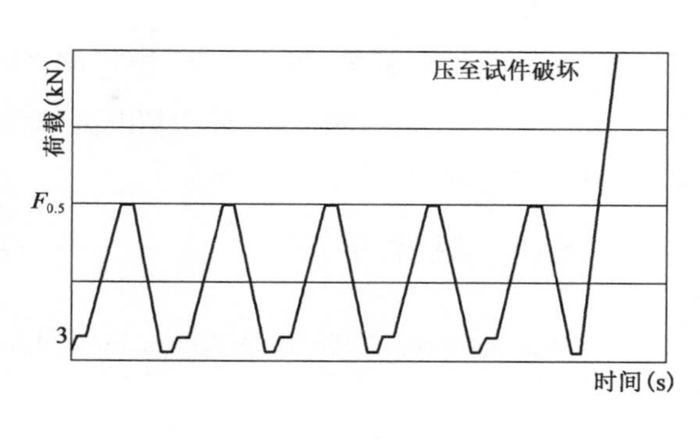

图 2-5-16　抗弯拉弹性模量试验加荷示意图

(4)同第一次循环,共进行 5 次循环,以第五次循环的挠度值为准。如第五次与第四次循环挠度值相差大于 0.5μm 时,应进行第六次循环,直到两次相邻循环挠度值之差符合上述要求为止,以最后一次挠度值为准。

(5)当最后一次循环完毕,检查各读数无误后,立即去掉千分表,继续加荷直至试件折断,记下循环后抗弯拉强度 f_f',观察断裂面形状和位置。如断面在三分点外侧,则此根试件结果无效;如有两根试件结果无效,则该组试验无效。

7. 结果计算

(1)混凝土弯拉弹性模量按式(2-5-13)计算,结果精确至 100MPa。

$$E_f=\frac{23L^3(F_{0.5}-F_0)}{1296J|\Delta_{0.5}-\Delta_0|} \tag{2-5-13}$$

式中:E_f——混凝土弯拉弹性模量(MPa);

$F_{0.5}$、F_0——终荷载及初荷载(N);

$\Delta_{0.5}$、Δ_0——对应 $F_{0.5}$ 及 F_0 的千分表读数(mm);

L——试件支座间距离,取 450mm;

J——试件断面转动惯量(mm^4),$J=\frac{1}{12}bh^3$。

(2)以 3 个试件测量值的算术平均值为测定值,结果精确至 100MPa。3 个试件测量值的最大值或最小值中如有一个与中间值之差超过中间值的 15%,则把最大值和最小值舍去,以中间值作为试件的抗弯拉强度。如有两个测量值与中间值的差值均超过 15% 时,则该组试验结果无效。

(3)3 个试件中如有一个断裂面位于加荷点外侧,则混凝土抗弯拉强度按另外两个试件的试验结果计算。如果这两个测量值的差值不大于这两个测量值中最小值的 15%,则两个测量值的平均值为测试结果，否则结果无效。如果有两个试件均出现断裂面位于加荷点外侧，则该组结果无效。

8. 原始记录、质量检测报告、异常情况处理

原始记录、质量检测报告、异常情况处理参照本书第二部分第一章第八节“常规检测参数试验方法及结果处理”中的要求进行。

(五)劈裂抗拉强度

《公路工程水泥及水泥混凝土试验规程》(JTG 3420—2020)T 0560—2005

1. 目的及适用范围

(1)本方法规定了水泥混凝土立方体试件劈裂抗拉强度的试验方法。

(2)本方法适用于各类水泥混凝土的立方体试件。

2. 样品符合性

(1)试件尺寸应符合《公路工程水泥及水泥混凝土试验规程》(JTG 3420—2020)中表 T 0551-1 的规定。

(2)本试件应同龄期者为 1 组，每组为 3 个同条件制作和养护的混凝土试块。

3. 仪具与材料

(1)压力机或万能试验机：压力机应符合现行《液压式万能试验机》(GB/T 3159)及《试验机通用技术要求》(GB/T 2611)的规定，其测量精度为 ±1%，试件破坏荷载应大于压力机全程的 20% 且小于压力机全程的 80%。压力机同时应具有加荷速度指示装置或加荷速度控制装置，上下压板平整并有足够刚度，可均匀地连续加荷卸荷，可保持固定荷载，开机停机均灵活自如，能够满足试件破型吨位要求。

(2)劈裂钢垫条和三合板垫层(或纤维板垫层)，如图 2-5-17 所示。钢垫条顶面为半径 75mm 弧形，长度不短于试件边长。木质三合板或硬质纤维板垫层的宽度为 20mm，厚 3 ~ 4mm，长度不小于试件长度，垫层不得重复使用。

(3)钢尺：分度值为 1mm。

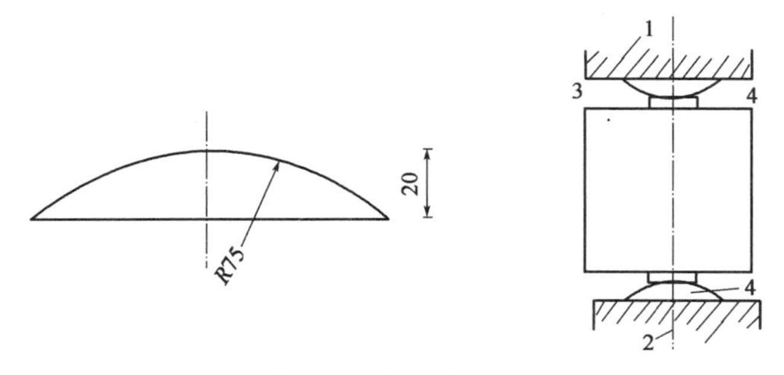

图 2-5-17　劈裂试验用钢垫条(尺寸单位：mm)

1-上压板；2-下压板；3-垫层；4-压条

4. 试验环境

常温。

5. 试验准备

无。

6. 试验步骤

(1)至试验龄期时,从标准养护室取出试件,用湿布覆盖,避免其湿度变化。检查外观,在试件中部划出劈裂面位置线,劈裂面与试件成型时的顶面垂直,尺寸测量精确至1mm。

(2)试件放在球座上,几何对中,放妥垫层垫条,其方向与试件成型时顶面垂直。

(3)当混凝土的强度等级小于C30时,加荷速度为0.02~0.05MPa/s;当混凝土的强度等级大于或等于C30且小于C60时,加荷速度为0.05~0.08MPa/s;当混凝土的强度等级大于或等于C60时,加荷速度为0.08~0.10MPa/s。当试件接近破坏而开始迅速变形时,不得调整试验机油门,直至试件破坏,记下破坏极限荷载F。

7. 结果计算

(1)混凝土立方体劈裂抗拉强度按式(2-5-14)计算,结果精确至0.01MPa。

$$f_{ts}=\frac{2F}{\pi A}=0.637\frac{F}{A} \tag{2-5-14}$$

式中:f_{ts}——混凝土立方体劈裂抗拉强度(MPa);

F——极限荷载(N);

A——试件劈裂面面积(mm^2),为试件横截面面积。

(2)以3个试件测量值的算术平均值为测定值,结果精确至0.01MPa。3个试件测量值的最大值或最小值中如有一个与中间值之差超过中间值的15%,则取中间值为测定值;如最大值和最小值与中间值的差值均超过中间值的15%,则该组试验结果无效。

8. 原始记录、质量检测报告、异常情况处理

原始记录、质量检测报告、异常情况处理参照本书第二部分第一章第八节“常规检测参数试验方法及结果处理”中的要求进行。

第四节　混凝土长期性能和耐久性能试验

一、混凝土试件的制作和养护

混凝土试件制作和养护方法见本章第三节中“混凝土试件制作与养护”。

二、混凝土长期性能和耐久性能试验

混凝土的长期性能和耐久性能是指除了具有足够的强度能够承受外力外,还应具有承受

周围使用环境介质侵袭破坏的能力，在预定作用和预期的维护与使用条件下，结构及部件能在预定的期限内维持其所需的最低性能的一种综合能力。

实践证明，混凝土在长期环境因素的作用下，也会发生破坏。因此，在设计混凝土结构时，强度与耐久性必须同时予以考虑。耐久性良好的混凝土，对延长结构的使用寿命、减少维修及保养的工作量、提高经济效益等具有十分重要的意义。

混凝土长期性能和耐久性能试验主要包括抗渗性试验、耐磨性试验、抗冻性试验、收缩试验、抗氯离子渗透试验（电通量法）等。

（一）抗渗性

《公路工程水泥及水泥混凝土试验规程》（JTG 3420—2020）T 0568—2005

1. 目的及适用范围

（1）本方法规定了逐级加压法测定水泥混凝土抗渗性的试验方法。

（2）本方法适用于测定水泥混凝土硬化后的防水性能以及其抗渗等级。

2. 样品符合性

（1）试块养护期不少于28d，不超过90d。

（2）试件成型后24h拆模，用钢丝刷刷净两端面水泥浆膜，标准养护龄期为28d。

3. 仪具与材料

（1）水泥混凝土渗透仪（图2-5-18）：应符合现行《混凝土抗渗仪》（JG/T 249）的规定。

抗渗试块

检验混凝土防水性能

图2-5-18 混凝土抗渗仪

（2）成型试模：上口直径175mm、下口直径185mm、高150mm的锥台或上下直径与高度均为150mm的圆柱体。

（3）密封材料：如石蜡，内掺松香约2%。

（4）螺旋加压器、烘箱、电炉、浅盘、铁锅、钢丝刷等。

4. 试验环境

常温。

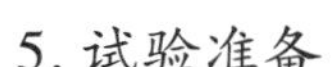

5. 试验准备

无。

6. 试验步骤

(1)试件到龄期后取出,擦净表面,待表面干燥后,在试件侧面滚涂一层熔化的密封材料,然后立即在螺旋加压器上压入经过烘箱或电炉预热过的试模中,使试件底面和试模底平齐,待试模变冷后,即可解除压力,装在渗透仪上进行试验。

(2)试验时,水压从 0.1MPa 开始,每隔 8h 增加水压 0.1MPa,并随时注意观察试件端面情况,一直加至 6 个试件中有 3 个试件表面发现渗水,记下此时的水压力,即可停止试验。当加压至设计抗渗等级,再经 8h 后第 3 个试件仍不渗水,表明混凝土已满足设计要求,即可停止试验。

(3)在试验过程中,如水从试件周边渗出,说明密封不好,应停止试验,重新密封,待密封后可继续加压试验。

7. 结果计算

混凝土的抗渗等级以每组 6 个试件中 4 个未发现有渗水现象时的最大水压力表示。抗渗等级按式(2-5-15)计算。

$$P = 10H - 1 \tag{2-5-15}$$

式中:P——混凝土抗渗等级;

H——6 个试件中第 3 个试件渗水时的水压力(MPa)。

混凝土抗渗等级分级为 P2、P4、P6、P8、P10、P12,若压力加至 1.2MPa,经过 8h,第 3 个试件仍未渗水,则停止试验,试件的抗渗等级以 P12 表示。

8. 原始记录、质量检测报告、异常情况处理

原始记录、质量检测报告、异常情况处理参照本书第二部分第一章第八节"常规检测参数试验方法及结果处理"中的要求进行。

(二)耐磨性

《公路工程水泥及水泥混凝土试验规程》(JTG 3420—2020)T 0567—2005

1. 目的及适用范围

(1)本方法规定了水泥混凝土耐磨性的试验方法。

(2)本方法适用于检验水泥混凝土的耐磨性,按规定的磨损方式磨削,以试件磨损面上单位面积的磨损量作为评定水泥混凝土耐磨性的相对指标。

2. 样品符合性

混凝土磨耗试验采用 150mm × 150mm × 150mm 立方体标准试件,每组 3 个试件。

3. 仪具与材料

(1)混凝土磨耗试验机,应符合下列条件:

①结构

水泥胶砂耐磨性试验机由直立主轴、水平转盘、传动机构和控制系统组成。主轴和转盘不在同一轴线上,主轴和转盘同时按相反方向转动,主轴下端配有磨头连接装置,可以装卸磨头。

②技术要求

a. 主轴与水平转盘垂直度,测量长度 80mm 时偏离度不大于 0.04mm。

b. 水平转盘转速 17.5r/min ±0.5r/min,主轴与转盘转速比为 35∶1。

c. 主轴与转盘的中心距为 40mm ±0.2mm。

d. 负荷分为 200N、300N、400N 三挡, 误差不超过 1%。

e. 主轴升降行程不小于 80mm,磨头最低点距水平转盘工作面不大于 25mm。

f. 水平转盘上配有能夹紧试件的卡具,卡头单向行程为 150^{+4}_{-1}mm。卡夹宽度不小于 50mm。夹紧试件后应保证试件不上浮或翘起。

g. 花轮磨头(图 2-5-19)由三组花轮组成,按星形排列成等分三角形,花轮与轴心最小距离为 16mm,最大距离为 25mm。每组花轮由两片花轮片装配而成,其间隔为 2.6 ~2.8mm。花轮片直径为 $25_{0}^{+0.02}$mm,厚度为 $3_{0}^{+0.02}$mm,边缘上均匀分布 12 个矩形齿,齿宽为 3.3mm,齿高为 3mm 由不小于 HRC60 硬质钢制成。

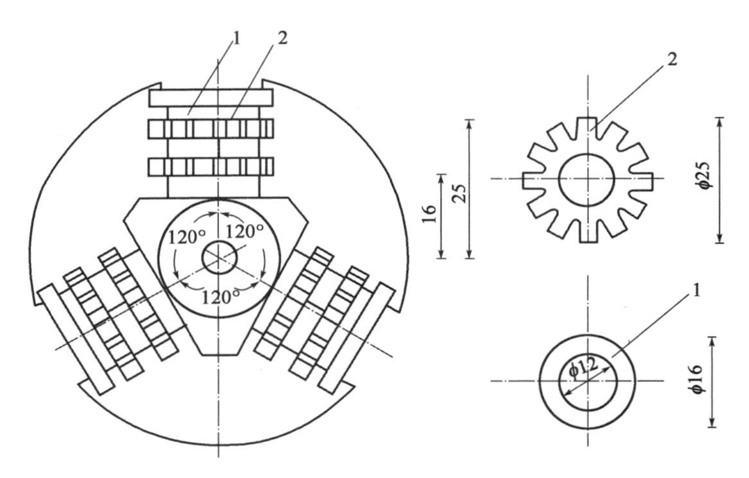

图 2-5-19 花轮磨头示意图(尺寸单位:mm)
1-垫片;2-刀片

h. 机器上装有必要的电器控制器,具有 0 ~999 转盘数字自动控制显示装置,其转数误差小于 1/4 转,并装有电源电压监测表及自动停车报警装置,电器绝缘性能良好,噪音小于 90dB。

i. 吸尘器装置:随时将磨下的粉尘吸走。

j. 水平转盘上的卡具,应能卡紧 150mm ×150mm ×150mm 立方体试件或直径为 φ150mm 的钻孔取芯试件,卡紧后试件不上浮和翘起。磨头与水平转盘间有效净空为 160 ~180mm。

(2)试模:模腔有效容积为 150mm ×150mm ×150mm。

(3)烘箱:调温范围为 5 ~200℃,控制温度允许偏差为 ±5℃。

(4)电子秤:量程不小于 10kg,感量为 1g。

4. 试验环境

常温。

5. 试验准备

无。

6. 试验步骤

(1)试件养护至27d龄期从养护地点取出，擦干表面水分放在室内空气中自然干燥12h，再放入60℃ ±5℃烘箱中，烘12h至恒重。

(2)试件烘干处理后放至室温，刷净表面浮尘。

(3)将试件放至耐磨试验机的水平转盘上(磨削面应与成型时的顶面垂直)，用夹具将其轻轻紧固。

(4)在200N负荷下磨30转，然后取下试件刷净表面粉尘称重，记下相应质量为m_1，精确至1g，该质量作为试件的初始质量。

(5)再在200N负荷下磨60转，然后取下试件刷净表面粉尘称重，并记录剩余质量为m_2，精确至1g。

(6)整个磨损过程应将吸尘器对准试件磨损面，使磨下的粉尘被及时吸走。如果混凝土具有高耐磨性，可再整加旋转次数，并应特别注明。

(7)每组花轮刀片只进行一组试件的磨耗试验，进行第二组磨耗试验时，必须更换一组新的花轮刀片。

7. 结果计算

(1)单位面积的磨损量按式(2-5-16)计算，结果精确至0.001kg/m²。

$$G_C = \frac{m_1 - m_2}{A} \tag{2-5-16}$$

式中：G_c——单位面积的磨损量(kg/m²)；

m_1——试件的初始质量(kg)；

m_2——试件磨损后的质量(kg)；

A——试件磨损面积(m²)。

(2)以3块试件磨损量的算术平均值作为试验结果，结果精确至0.001kg/m²。当其中一块磨损量超过平均值15%时，应予以剔除，取余下两块试件结果的平均值作为试验结果；如两块磨损量均超过平均值15%时，应重新试验。

8. 原始记录、质量检测报告、异常情况处理

原始记录、质量检测报告、异常情况处理参照本书第二部分第一章第八节“常规检测参数试验方法及结果处理”中的要求进行。

(三)抗冻等级及动弹性模量

《公路工程水泥及水泥混凝土试验规程》(JTG 3420—2020)T 0565—2005

1. 目的及适用范围

(1)本方法规定了快冻法测定水泥混凝土抗冻性的试验方法。

(2)本方法适用于以动弹性模量、质量损失率和相对耐久性指数作为评定指标的水泥混凝土抗冻性试验。

2. 样品符合性

(1)试件采用 100mm × 100mm × 400mm 的棱柱体混凝土试件,每组 3 根,在试验过程中可连续使用。除制作冻融试件外,尚应制备中心可插入热电偶电位差计测温的同样形状、尺寸的标准试件,其抗冻性能应高于冻融试件。

(2)现场切割的试件,其尺寸也为 100mm × 100mm × 400mm。

3. 仪具与材料

(1)快速冻融试验装置:能使试件固定在水中不动,依靠热交换液体的温度变化而连续、自动进行冻融的装置;满载运行时冻融箱内各点温度的极差不得超过 2℃。

(2)试件盒:橡胶盒(也可用不锈钢板制成),净截面尺寸为 110mm × 110mm,高 500mm。

(3)动弹性模量测定仪(图 2-5-20):共振法频率测量范围 100Hz ~ 20kHz。

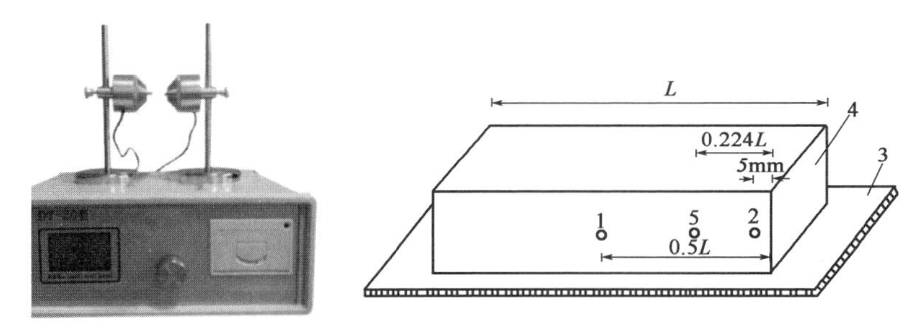

图 2-5-20 动弹性模量测定仪

1-激振器位置;2-拾振器位置;3-泡沫塑料垫;4-试件(测量时试件成型面朝上);5-节点

(4)台秤:量程不小于 20kg,感量不大于 10g。

(5)热电偶电位差计:能测量试件中心温度,测量范围 −20 ~ 20℃,允许偏差为 ±0.5℃。

4. 试验环境

常温。

5. 试验准备

无。

6. 试验步骤

(1)试验龄期如无特殊要求一般为 28d。在规定龄期的前 4d,将试件放在 20℃ ±2℃的水中浸泡,水面至少高出试件 20mm(对水中养护的试件,到达规定龄期后,可直接用于试验),浸泡 4d 后进行冻融试验。

(2)浸泡完毕,取出试件,用湿布擦去表面水分。应按《公路工程水泥及水泥混凝土试验

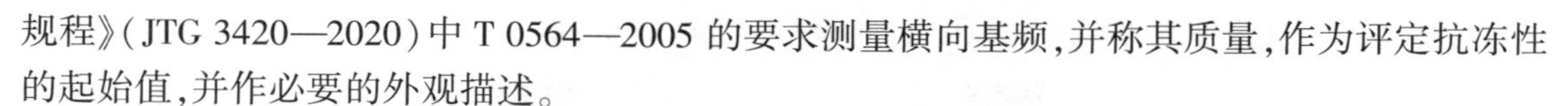

规程》(JTG 3420—2020)中 T 0564—2005 的要求测量横向基频,并称其质量,作为评定抗冻性的起始值,并作必要的外观描述。

(3)将试件(含测温试件)放入橡胶试件盒中,加入清水,使其没过试件顶面 1 ~ 3mm(如采用金属试件盒,则应在试件的侧面与底部垫放适当宽度与厚度的橡胶板或多根直径 3mm 的电线,用于分离试件和底部)。将装有试件的试件盒放入冻融试验箱的试件架中。

(4)按规定进行冻融循环试验,应符合下列要求:

①每次冻融循环应在 2 ~ 5h 完成,其中用于融化的时间不得小于整个冻融时间的 1/4。

②在冻结和融化终了时,试件中心温度应分别控制在 -18℃ ±2℃ 和 5℃ ±2℃。中心温度应以测温标准试件实测温度为准。

③在试验箱内,各个位置上的每个试件从 3℃ 降至 -16℃ 所用的时间不得少于整个受冻时间的 1/2,每个试件从 -16℃ 升至 3℃ 所用的时间也不得少于整个融化时间的 1/2,试件内外温差不宜超过 28℃。

④冻和融之间的转换时间不应超过 10min。

(5)通常每隔 25 次冻融循环对试件进行一次横向基频的测试并称重,也可根据试件抗冻性高低来确定测试的间隔次数。测试时,小心将试件从试件盒中取出,冲洗干净,擦去表面水,进行称重及横向基频的测定,并作必要的外观描述。测试完毕后,将试件调头重新装入试件盒中,注入清水,继续试验。试件在测试过程中,应防止失水,待测试件须用湿布覆盖。

(6)如果试验因故中断,应将试件在受冻状态下保存在原试验箱内。如果达不到此要求,试件处在融解状态下的时间不宜超过两个循环。

(7)冻融试验到达下列两种情况的任何一种时,即可停止试验。

①试件的相对动弹性模量下降至 60% 以下;

②试件的质量损失率达 5%。

7. 结果计算

(1)相对动弹性模量按式(2-5-17)计算。

$$P = \frac{f_n^2}{f_0^2} \times 100\% \tag{2-5-17}$$

式中:P——经 n 次冻融循环后试件的相对动弹性模量(%);

f_n——冻融 n 次循环后试件的横向基频(Hz);

f_0——试验前的试件横向基频(Hz)。

以 3 个试件的算术平均值为试验结果,精确至 0.1%。

(2)质量变化率按式(2-5-18)计算。

$$W_n = \frac{m_0 - m_n}{m_0} \times 100\% \tag{2-5-18}$$

式中:W_n——经 n 次冻融循环后的试件质量变化率(%);

m_0——试件冻融试验前的试件质量(kg);

m_n——n 次冻融循环后的试件质量(kg)。

以 3 个试件的平均值为试验结果,精确至 0.1%。

(3)相对耐久性指数按式(2-5-19)计算,结果精确至0.1%。

$$K_n = \frac{P \times N}{300} \tag{2-5-19}$$

式中:K_n——经 n 次冻融循环后的试件相对耐久性指数(%);

N——达到本方法规定的冻融循环次数;

P——经 n 次冻融循环后3个试件的相对动弹模量平均值(%)。

(4)当 P 大于60%或质量损失率达5%时的冻融循环次数 n,即为试件的最大抗冻循环次数。

(5)冻融循环结束时试件的弯拉强度:当试件外观完整时,可按抗弯拉弹性模量试验的规定进行抗弯拉强度试验。

8. 原始记录、质量检测报告、异常情况处理

原始记录、质量检测报告、异常情况处理参照本书第二部分第一章第八节“常规检测参数试验方法及结果处理”中的要求进行。

(四)收缩试验(接触法)

《公路工程水泥及水泥混凝土试验规程》(JTG 3420—2020)T 0574—2005

1. 目的及适用范围

(1)本方法规定了在恒温、恒湿条件下测定水泥混凝土轴向长度变形的试验方法。

(2)本方法适用于不同水泥混凝土自收缩和干燥收缩的试验,本方法规定集料最大粒径不大于31.5mm。

2. 样品符合性

无。

3. 仪具与材料

(1)试模:规格为 ϕ100mm×420mm的聚氯乙烯(PVC)试模,PVC管沿轴任意方向的一侧,预先切开一条通透缝,可撑开成U形。

(2)平整钢板:直径为100mm,厚度为20mm。

(3)铁架:铁架台高度不小于500mm。

(4)千分表:分度值为0.001mm。

(5)玻璃片:尺寸为20mm×20mm。

(6)钢尺:最大量程不小于500mm,分度值为1mm。

(7)其他:保鲜膜、聚苯乙烯(EPX)泡沫板等。

4. 试验环境

试验环境温度为20℃±2℃,相对湿度为60%±5%。室(箱)内配有温度、湿度自动记录仪,记录温度、湿度变化。

5. 试验准备

无。

6. 试验步骤

(1)试模制备。将一侧预先切开的 ϕ100mm × 420mm 的 PVC 管材内侧壁均匀涂抹润滑油,并将直径为 100mm、厚度为 20mm 的平整钢板作为底座装入试模,用胶带将切口与底座黏结密封为一整体,并用保鲜膜将除顶口外的整个模具密封包裹,以防水分和浆体流出。

(2)水泥、集料、水等原材料放置在温度为 20℃ ±2℃ 的环境中 24h 后,方可拌和成型试件。

(3)收缩试验以 3 个试件为一组。

(4)试件成型后,表面抹平,用保鲜膜密封(用于自收缩测试)。

(5)将试模平稳地移入收缩室,竖直放置在用泡沫板材减振的铁架上,试件顶端保鲜膜上放置 20mm × 20mm 的玻璃片,千分表测头与玻璃片相接触,用铁架台固定千分表。

(6)千分表安装完以后,即可开始记录收缩值。成型后,前 8h 每隔 30min 记录 1 次,第一次测量值记为 L_{a0},精确至 0.001mm;8h 后每隔 1h 记录 1 次,成型 1d 后每 2h 记录 1 次,成型 2d 后每 4h 记录 1 次,记录直到 3d 为止,最后一次测量值记为 L_{at},精确至 0.001mm。

(7)自收缩测试完毕后,除去试件表面的 PVC 管材、保鲜塑料薄膜,用钢尺测量试件的初始长度,初始长度应重复测定 3 次,取算术平均值作为基准长度的测定值 D_{d0},精确至 1mm。装上玻璃片和千分表,开始测试干燥收缩率,每天记录千分表读数一次,直到试验龄期为止。

(8)测试过程中,收缩室温度和湿度始终保持在 20℃ ±2℃ 和 60% ±5%,收缩室要求尽可能无过大振动和风或气流流动,不能碰撞表架及表杆,否则影响试验准确性。

(9)每次读数应重复 3 次。

7. 结果计算

(1)混凝土自收缩率按式(2-5-20)计算。

$$\varepsilon_{\mathrm{auto}} = \frac{|L_{a0} - L_{at}|}{400} \tag{2-5-20}$$

式中:$\varepsilon_{\mathrm{auto}}$——测试龄期为 t 时刻的混凝土自收缩率,t 从开始加水算起;

L_{a0}——自收缩测试试件第 1 次测量时的千分表读数值,精确至 0.001mm;

L_{at}——自收缩测试试件 t 龄期时的千分表测量数值,精确至 0.001mm;

400——自收缩测试试件原始长度,为 400mm。

每组应取 3 个试件收缩率的算术平均值作为该组混凝土试件的自收缩率测定值,计算结果精确至 1.0×10^{-6}。

(2)混凝土干燥缩率按式(2-5-21)计算。

$$\varepsilon_{\mathrm{dry}} = \frac{|L_{d0} - L_{dt}|}{D_{d0}} \tag{2-5-21}$$

式中：ε_{dry}——测试龄期为 t 时刻的混凝土自收缩率，t 从开始加水算起；

L_{d0}——干燥收缩测试试件第 1 次测量时的千分表读数值(mm)，精确至 0.001mm；

L_{dt}——干燥收缩测试试件 t 龄期时的千分表测量数值(mm)，精确至 0.001mm；

D_{d0}——干燥收缩测试试件的初始长度(mm)，精确至 1mm。

以 3 个试件收缩率的算术平均值作为该组混凝土试件的干燥收缩率测定值，计算结果精确至 1.0×10^{-6}。

8. 原始记录、质量检测报告、异常情况处理

原始记录、质量检测报告、异常情况处理参照本书第二部分第一章第八节“常规检测参数试验方法及结果处理”中的要求进行。

(五)抗氯离子渗透试验电通量法

《公路工程水泥及水泥混凝土试验规程》(JTG 3420—2020)T 0580—2005

1. 目的及适用范围

(1)本方法规定了电通量法测定水泥混凝土抗氯离子渗透性的试验方法。

(2)本方法适用于测定以通过混凝土试件的电通量为指标来确定混凝土抗氯离子渗透性能，不适用于掺有亚硝酸盐和钢纤维等良导电材料的混凝土抗氯离子渗透试验。

2. 样品符合性

电通量试验应采用直径为 100mm ± 1mm，高度为 50mm ± 2mm 的圆柱体试件，试件的制作、养护应符合本章第三节中“混凝土试件的制作和养护”的规定。

3. 仪具与材料

(1)电通量试验装置：如图 2-5-21 所示，应符合现行《混凝土氯离子电通量测定仪》(JG/T 261)的规定。

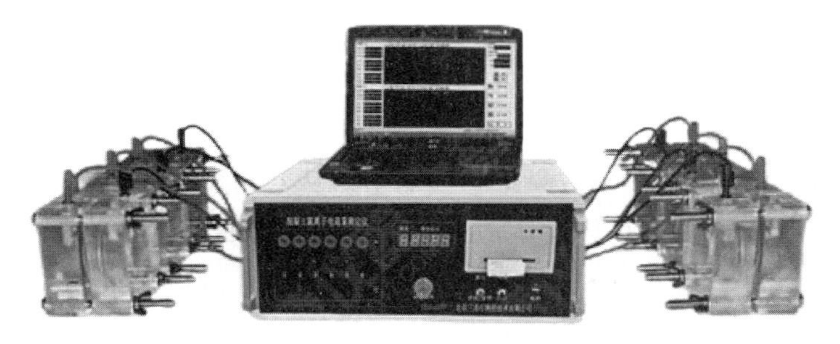

图 2-5-21　电通量试验装置

(2)仪器设备和化学试剂应符合下列要求：

①直流稳压电源的电压范围为 0 ~ 80V，电流范围为 0 ~ 10A，并能稳定输出 60V 直流电压，精度为 ±0.1V。

②耐热塑料或耐热有机玻璃试验槽(图 2-5-22)的边长为 150mm，总厚度不小于 51mm。

试验槽中心的两个槽的直径分别为89mm和112mm。两个槽的深度分别为41mm和6.4mm。在试验槽的一边开有直径为10mm的注液孔。

图2-5-22　试验槽

③紫铜垫板宽度为12mm ± 2mm，厚度为0.50mm ± 0.05mm；铜网孔径为0.95mm或20目。

④标准电阻精度为±0.1%；直流数字电流表量程为0～20A，精度为±0.1%。

⑤真空泵能保持容器内的气压处于1～5kPa；真空表或压力计的精度为±665Pa，量程为0～13300Pa。

⑥真空容器的内径不小于250mm，并能至少容纳3个试件。

⑦阴极溶液应用化学纯试剂配制的质量浓度为3.0%的NaCl溶液。

⑧阳极溶液应采用化学纯试剂配制的摩尔浓度为0.3mol/L的NaOH溶液。

⑨密封材料应采用硅胶或树脂等密封材料。

⑩硫化橡胶垫或硅橡胶垫的外径为100mm、内径为75mm、厚度为6mm。

⑪切割试件的设备应采用水冷式金刚锯或碳化硅锯。

⑫抽真空设备可由烧杯（体积在1000mL以上）、真空干燥器、真空泵、分液装置，真空表等组合而成。

⑬温度计的量程为0～120℃，精度为1℃。

⑭电吹风的功率为1000～2000W。

4. 试验环境

试验在20～25℃的室内进行。

5. 试验准备

（1）检查样品是否符合质量检测要求。

（2）识别、控制和记录质量检测环境。

6. 试验步骤

（1）电通量试验应采用直径为100mm ± 1mm，高度为50mm ± 2mm的圆柱体试件，试件的制作、养护应符合本章第三节中“混凝土试件的制作和养护”的规定。当试件表面有涂料等附加材料时，预先去除，且试样内不得含有钢筋等良导电材料。在试件移送试验室前，避免冻伤或其他物理伤害。

（2）电通量试验宜在试件养护到28d龄期进行。对于掺有大掺量矿物掺合料的混凝土，可在56d龄期进行试验。先将养护到规定龄期的试件暴露于空气中至表面干燥,并以硅胶或树脂密封材料涂刷试件圆柱侧面,填补涂层中的孔洞。

(3)电通量试验前将试件进行真空饱水。先将试件放入真空容器中,然后启动真空泵,并在5min内将真空容器中的绝对压强减少至1~5kPa;保持该真空度3h,然后在真空泵仍然运转的情况下,注入足够的蒸馏水或去离子水,直至淹没试件;在试件浸没1h后恢复常压,并继续浸泡18h±2h。

(4)真空饱水结束后,从水中取出试件,抹掉多余水分,并保持试件所处环境的相对湿度在95%以上。将试件安装于试验槽内,并采用螺杆将两试验槽和端面装有硫化橡胶垫的试件夹紧。试件安装好以后,采用蒸馏水或其他有效方式检查试件和试验槽之间的密封性能。

(5)检查试件和试验槽之间的密封性后,将质量浓度为3.0%的NaCl溶液和摩尔浓度为0.3mol/L的NaOH溶液分别注入试件两侧的试验槽中,注入NaOH溶液的试验槽内的铜网应连接电源负极,注入NaOH溶液的试验槽中的铜网应连接电源正极。

(6)在正确连接电源线后,应在保持试验槽中充满溶液的情况下接通电源,并对上述两铜网施加60V±0.1V的直流恒电压,且记录电流初始读数I_0。开始时每隔5min记录一次电流值,当电流值变化不大时,可间隔10min记录一次电流值;当电流变化很小时,每隔30min记录一次电流值,直至通电6h。

(7)当采用自动采集数据的装置时,记录电流的时间间隔可设定为5~10min。电流测量值精确至±0.5mA。试验过程中宜同时监测试验槽中溶液的温度。

(8)试验结束后,应及时排出试验溶液,并用凉开水和洗涤剂冲洗试验槽60s以上,然后用蒸馏水洗净并用电吹风的冷风吹干。

7. 结果计算

(1)试验过程中或试验结束后,绘制电流与时间的关系图。将各点数据以光滑曲线连接起来,对曲线作面积积分,或按梯形法进行面积积分,得到试验6h通过的电通量。

(2)每个试件的总电通量按式(2-5-22)计算。

$$Q=900(I_0+2I_{30}+2I_{60}+2I_{90}+\cdots+2I_{270}+2I_{300}+2I_{330}+I_{360}) \tag{2-5-22}$$

式中:Q——通过试件的总电通量(C);

I_0——初始电流(A),精确到0.001A;

I_t——在t(min)时刻的电流(A),精确到0.001A。

(3)计算得到的通过试件的总电通量应换算成直径为95mm试件的电通量值,可按式(2-5-23)计算。

$$Q_S=Q_x\times\left(\frac{95}{x}\right)^2 \tag{2-5-23}$$

式中:Q_S——通过直径为ϕ95mm的试件的电通量(C);

Q_x——通过直径为x(mm)的试件的电通量(C);

x——试件的实际直径(mm)。

(4)取3个试件电通量的算术平均值作为该组试件的电通量测定值,结果精确至1C。当3个试件电通量中的最大值或最小值与中间值的差值超过中间值的15%时,应取其余两个试

件的电通量的算术平均值作为该组试件的试验结果测定值。当最大值和最小值均超过中间值的15%时，应重新试验。

8. 原始记录、质量检测报告、异常情况处理

原始记录、质量检测报告、异常情况处理参照本书第二部分第一章第八节“常规检测参数试验方法及结果处理”中的要求进行。

第五节　普通水泥混凝土组成材料技术要求

一、水泥

水泥在混凝土中起胶结作用，对混凝土的性能起着关键性作用，应从水泥品种和强度等级两个方面进行选择。

1. 通用硅酸盐水泥品种

五种常见通用硅酸盐水泥品种都可以配制普通水泥混凝土，但应根据工程性质和气候环境及施工条件进行合理选择。表2-5-4提供了水泥品种及其适用性。

水泥品种及其适用性　　表2-5-4

通用硅酸盐水泥品种		硅酸盐水泥	普通硅酸盐水泥	矿渣硅酸盐水泥	火山灰质硅酸盐水泥	粉煤灰硅酸盐水泥
环境条件	普通气候环境	可以使用	优先选用	可以使用	可以使用	可以使用
	干燥环境	可以使用	优先选用	—	不得使用	不得使用
	高湿度环境或水下环境	可以使用	可以使用	优先选用	可以选用	可以选用
	严寒地区露天条件或严寒地区处在水位升降范围内	优先选用	优先选用	不得使用	不得使用	不得使用
工程特点	厚大体积混凝土	不宜使用	—	优先选用	优先选用	优先选用
	机场、道路混凝土路面	可以使用	优先选用	不宜使用	不宜使用	不宜使用
	要求快硬的混凝土	优先选用	可以使用	不得使用	不得使用	不得使用
	C40以上的混凝土	优先选用	可以使用	可以使用	不得使用	不得使用
	有抗渗要求的混凝土	可以选用	优先选用	可以使用	优先选用	可以使用
	有耐磨要求的混凝土(强度等级≥42.5MPa)	优先选用	优先选用	可以使用	不得使用	不得使用

2. 水泥强度等级

应合理选择水泥强度等级，使水泥的强度等级与配制的混凝土强度等级相匹配。要避免高强度等级的混凝土采用过低强度等级的水泥，这样会由于水泥用量过多，不仅不经济，还会引起诸如收缩性加大，耐磨性降低等不良后果；同样，也要避免过低强度等级的混凝土选用过高强度等级的水泥，以免因水泥用量偏少，造成混凝土耐久性不良等问题，并影响混凝土的工作性和密实度。根据经验，普通混凝土强度等级和水泥强度等级之间大致有1.0～1.5倍的匹配关系。

二、粗集料

混凝土用粗集料包括碎石和卵石，是混凝土中用量最多的组成材料，对混凝土的强度形成起着重要作用。总体上讲，为保证混凝土的质量，对粗集料技术性能要求主要体现在具有良好的物理力学性能，以及稳定的化学性能，使集料与水泥不发生有害反应。

1. 力学性质

粗集料在混凝土中起骨架作用，必须具备足够的承载能力，即具有良好的强度和坚固性，这类性质通常采用岩石的立方体抗压强度或集料压碎指标来表示。显然，不同抗压强度或压碎指标的原材料可适应不同的混凝土强度要求。根据《公路桥涵施工技术规范》（JTG/T 3650—2020），将卵石和碎石等粗集料的压碎值技术要求分为Ⅰ、Ⅱ、Ⅲ类，见表 2-5-5。

粗集料压碎值指标 表 2-5-5

项目	技术要求		
	Ⅰ类	Ⅱ类	Ⅲ类
碎石压碎值指标（%）	≤10	≤20	≤30
卵石压碎值指标（%）	≤12	≤14	≤16

2. 粒径、颗粒形状及级配

在讨论影响混凝土强度因素的内容中可知，粗集料的最大粒径将对混凝土的强度产生一定的影响。考虑最大粒径增加带来的影响，需对粗集料的最大粒径给出一定的限定。即混凝土用粗集料的最大粒径应不大于结构截面最小尺寸的 1/4，并且不超过钢筋最小净距的 3/4；对于实心混凝土板，粗集料的最大粒径不宜超过板厚的 1/3，且不得超过 31.5mm。

因粗集料中针、片状颗粒对混凝土的强度带来消极影响，应针对不同强度等级的混凝土限制粗集料中针、片状颗粒含量。

采用不同的级配类型配制混凝土，结果、成本会有所不同。连续级配矿料配制的混凝土较为密实，并具有优良的工作性，不易产生离析，是经常采用的级配形式。但连续级配与间断级配相比，配制相同强度的混凝土，所需的水泥消耗量较高；而采用间断级配矿料配制混凝土，水泥消耗量较低，并且可以得到密实高强的混凝土。但同时，间断级配混凝土拌合物容易产生离析现象。根据《公路桥涵施工技术规范》（JTG/T 3650—2020），混凝土中碎石或卵石颗粒组成应符合表 2-5-6 的规定。

碎石或卵石的颗粒级配规定 表 2-5-6

公称粒级（mm）		下列筛孔（mm）上的累计筛余（%）										
		2.36	4.75	9.5	16.0	19.0	26.5	31.5	37.5	53.0	63.0	75.0
连续粒级	5～16	95～100	85～100	30～60	0～10	—	—	—	—	—	—	—
	5～20	95～100	90～100	40～80	—	0～10	0	—	—	—	—	—
	5～25	95～100	90～100	—	30～70	—	0～5	0	—	—	—	—
	5～31.5	95～100	90～100	70～90	—	15～45	—	0～5	0	—	—	—
	5～40	—	95～100	70～90	—	30～65	—	—	0～5	0	—	—

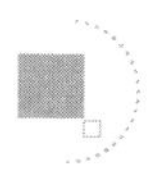

续上表

公称粒级(mm)		下列筛孔(mm)上的累计筛余(%)										
		2.36	4.75	9.5	16.0	19.0	26.5	31.5	37.5	53.0	63.0	75.0
单粒粒级	5~10	95~100	80~100	0~15	0	—	—	—	—	—	—	—
	10~20	—	95~100	85~100	—	0~15	—	—	—	—	—	—
	16~25	—	—	95~100	55~70	25~40	0~10					
	16~31.5	—	95~100	—	85~100	—	—	0~10	—	—	—	—
	20~40	—	—	95~100	—	80~100	—	—	0~10	—	—	—
	40~80	—	—	—	—	95~100	—	—	70~100	—	30~60	0~10

单粒粒级集料主要用于合成配制所需的连续级配,也可以与连续粒级集料掺配使用,以改善连续粒级的级配状况。一般不宜采用单粒粒级集料直接配制混凝土,但如果必须单独使用,应通过相应试验和分析,在证明不会因产生离析等问题而对混凝土造成不利影响后,方可使用。

3. 有害物质

粗集料中的有害物质主要以黏土、泥块、硫化物及硫酸盐、有机质等形式存在,这些杂质会影响到水泥与集料之间的黏结性,对水泥的水化效果产生消极作用。另外,粗集料中的一些活性成分,如活性氧化硅、活性碳酸盐等,在水存在的条件下可以与水泥中的碱性成分发生反应,引起混凝土膨胀、开裂,甚至造成严重的破坏,这种现象称为碱集料反应。所以对这些有害物质要加以限制,防止这些成分对水泥水化效果产生消极作用。

三、细集料

混凝土用细集料应采用级配良好、质地坚硬、颗粒洁净的河砂。各类砂的技术指标必须合格才能使用。细集料技术要求见表 2-5-7、表 2-5-8。

细集料技术指标[《公路桥涵施工技术规范》(JTG/T 3650—2020)]　　表 2-5-7

项目			技术要求		
			Ⅰ类	Ⅱ类	Ⅲ类
有害物质限量	云母(按质量计,%)		≤1.0	≤2.0	
	轻物质(按质量计,%)		≤1.0		
	有机物		合格		
	硫化物及硫酸盐(按 SO_3 质量计,%)		≤0.5		
	氧化物(以氯离子质量计,%)		≤0.01	≤0.02	≤0.06
天然砂	含泥量(按质量计,%)		<1.0	<3.0	≤5.0
	泥块含量(按质量计,%)		0	≤1.0	≤2.0
机制砂	MB 值≤1.4 或快速法试验合格	MB 值	≤0.5	≤1.0	≤1.4 或合格
		石粉含量(按质量计,%)	≤10.0		
		泥块含量(按质量计,%)	0	≤1.0	≤2.0

续上表

项目			技术要求		
			Ⅰ类	Ⅱ类	Ⅲ类
机制砂	MB 值>1.4 或快速法试验不合格	石粉含量(按质量计,%)	≤1.0	≤3.0	≤5.0
		泥块含量(按质量计,%)	0	≤1.0	≤2.0
坚固性	硫酸钠溶液法试验,砂的质量损失(%)		≤8		≤10
	机制砂单级最大压碎指标(%)		≤20	≤25	530
表观密度(kg/m^3)			≥2500		
松散堆积密度(kg/m^3)			≥1400		
空隙率(%)			≤44		
碱集料反应			经碱集料反应试验后,试件应无裂缝、酥裂、胶体外溢现象,在规定试验龄期的膨胀率应小于0.10%		

天然砂的质量标准[《公路水泥混凝土路面施工技术细则》(JTG/T F30—2014)]　表2-5-8

项目	技术要求		
	Ⅰ级	Ⅱ级	Ⅲ级
坚固性(按质量损失计)(%)	6.0	8.0	10.0
含泥量(按质量计)(%)　≤	1.0	2.0	3.0
泥块含量(按质量计)(%)　≤	0	0.5	1.0
氯离子含量(按质量计)(%)	0.02	0.03	0.06
云母含量(%)	1.0	1.0	2.0
硫化物及硫酸盐含量(按 SO_3 质量计)(%)	0.5	0.5	0.5
海砂中贝壳类物质含量(按质量计)(%)	3.0	5.0	8.0
轻物质含量(%)	1.0		
吸水率(%)	2.0		
表观密度(kg/m^3)	2500.0		
松散堆积密度(kg/m^3)	1400.0		
空隙率(备)　≤	45.0		
有机物含量(比色法)　≤	合格		
碱活性反应	不得有碱活性反应		
结晶态二氧化硅含量(%)	25.0		

1. 混凝土所用细集料级配类别

细集料级配类别见表2-5-9。

细集料级配类别　表2-5-9

类别	Ⅰ类	Ⅱ类	Ⅲ类
级配区	2区	1、2、3区	

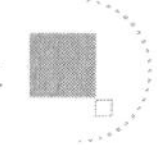

2. 级配与细度模数

细集料按细度模数分为粗砂、中砂、细砂和特细砂,其细度模数分别为:

粗砂:3.7 ~3.1;

中砂:3.0 ~2.3;

细砂:2.2 ~1.6;

特细砂:1.5 ~0.7。

再根据级配的不同分成 1、2、3 区,见表 2-5-10。其中 2 区的砂由中砂和部分偏粗的细砂组成,采用 2 区砂配制的混凝土有较好的保水性和捣实性,且混凝土的收缩小,耐磨性高,是配制混凝土优先选用的级配类型;1 区的砂属粗砂范畴,当采用 1 区的砂配制混凝土时,其砂率应高于 2 区的砂,否则混凝土拌合物的内摩擦力较大、保水性差、不易捣实成型;3 区的砂是由细砂和部分偏细的中砂组成,当采用 3 区的砂配制混凝土时,应较 2 区砂适当降低砂率,此时的拌合物较黏聚,易于振捣成型,但由于比表面积较大,对工作性能影响较为敏感,要适当提高水泥用量。为了保证混凝土结构物的质量,重要工程的混凝土用砂通常选用中砂,细度模数一般为 2.6 ~2.9。

细集料级配范围　　表 2-5-10

细集料的分类	天然砂			机制砂		
级配区	1 区	2 区	3 区	1 区	2 区	3 区
方孔筛	累计筛余(%)					
4.75mm	0 ~10	0 ~10	0 ~10	0 ~10	0 ~10	0 ~10
2.36mm	5 ~35	0 ~25	0 ~15	5 ~35	0 ~25	0 ~15
1.18mm	35 ~65	10 ~50	0 ~25	35 ~65	10 ~50	0 ~25
600μm	71 ~87	41 ~70	16 ~40	71 ~85	41 ~70	16 ~40
300μm	80 ~95	70 ~92	55 ~85	80 ~95	70 ~92	55 ~85
150μm	90 ~100	90 ~100	90 ~100	85 ~97	80 ~94	75 ~94

注:1. 表中除 4.75mm 和 600μm 筛档外,其余可略有超出,但各级累计筛余的超出值总和应不大于 5%。

2. 对砂浆用砂,4.75mm 筛孔的累计筛余量应为 0。

3. 有害物质

细集料中有害物质对混凝土的危害作用同粗集料中的有害物质,其含量应限制在规定的范围中。

四、拌和用水

混凝土拌和所用的水中,不应含有影响水泥水化反应和混凝土质量的有害物质。这些有害物质主要包括油、酸、碱、盐类、有机物等。海水可用于拌制素混凝土,但不得拌制钢筋混凝土或预应力混凝土。用水的选择可简单地概括为生活用水可拌制混凝土,符合表 2-5-11 指标的非生活用水也可使用。

混凝土拌和用水质量要求　　表 2-5-11

项目	素混凝土	钢筋混凝土	预应力混凝土
pH 值	≥4.5	≥4.5	≥5.0
不溶物(mg/L)≤	5000	2000	2000
可溶物(mg/L)≤	10000	5000	2000
氯化物(以 Cl^- 计)(mg/L)≤	3500	1000	500
硫酸盐(以 SO_4 计)(mg/L)	2700	2000	600
碱含量(mg/L)≤	1500	1500	1500

第六节　行业标准与国家标准比较

水泥混凝土相关行业标准与国家标准的比较见表 2-5-12。

水泥混凝土行业标准与国家标准比较　　表 2-5-12

序号	参数名称	国家标准	公路行业标准	主要区别
1	稠度	《普通混凝土拌合物性能试验方法标准》(GB/T 50080—2016)	《公路工程水泥及水泥混凝土试验规程》(JTG 3420—2020)	维勃稠度仪法： 国标： 本试验方法宜用于集料最大公称粒径不大于 40mm，维勃稠度在 5～30s的混凝土拌合物维勃稠度的测定；坍落度不大于 50mm 或干硬性混凝土和维勃稠度大于 0 的特干硬性混凝土拌合物的稠度，可采用《普通混凝土拌合物性能试验方法标准》(GB/T 50080—2016)附录 A 增实因数法进行测定。 行标： 本方法适用于集料最大粒径不大于 31.5mm 的水泥混凝土及维勃时间在 5～30s 的干稠性水泥混凝土的稠度测定
2	表观密度	《普通混凝土拌合物性能试验方法标准》(GB/T 50080—2016)	《公路工程水泥及水泥混凝土试验规程》(JTG 3420—2020)	国标： 容量筒应为金属制成的圆筒，筒外壁应有提手。集料最大公称粒径不大于 40mm 的混凝土拌合物宜采用容积不小于 5L 的容量筒，筒壁厚不应小于 3mm；集料最大公称粒径大于 40mm 的混凝土拌合物应采用内径与内高均大于集料最大公称粒径 4 倍的容量筒。容量筒上沿及内壁应光滑平整，顶面与底面应平行并应与圆柱体的轴垂直。 行标： 容量筒：应为刚性金属制成的圆筒，筒外壁两侧应有提手。对于集料最大粒径不大于 31.5mm 的混凝土拌合物，宜采用容积不小于 5L 的容量筒，其内径与内高均为 186mm ± 2mm，壁厚不应小于 3mm。对于集料最大粒径大于 31.5mm 的拌合物所采用容量筒，其内径与内高均应大于集料最大粒径的 4 倍。容量筒上沿及内壁应光滑平整，顶面与底面应平行并应与圆柱体的轴垂直

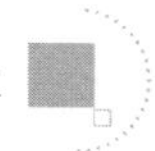

续上表

序号	参数名称	国家标准	公路行业标准	主要区别
3	凝结时间	《普通混凝土拌合物性能试验方法标准》(GB/T 50080—2016)	《公路工程水泥及水泥混凝土试验规程》(JTG 3420—2020)	国标: 本试验方法宜用于从混凝土拌合物中筛出砂浆用贯入阻力法测定坍落度值不为零的混凝土拌合物的初凝时间与终凝时间。 试验筛应为筛孔公称直径为5.00mm的方孔筛,并应符合现行国家标准《试验筛　技术要求和检验　第2部分:金属穿孔板试验筛》(GB/T 6003.2)的规定。 行标: 本方法适用于各通用水泥和常见外加剂以及不同水泥混凝土配合比、坍落度值不为零的水泥混凝土拌合物的凝结时间测定。 试验筛:筛孔直径应为4.75mm,并应符合现行《试验筛　技术要求和检验　第2部分:金属穿孔板试验筛》(GB/T 6003.2)的规定。 国标: 应用试验筛从混凝土拌合物中筛出砂浆,然后将筛出的砂浆搅拌均匀;将砂浆一次分别装入三个试样筒中。 行标: 应用试验筛从混凝土拌合物中筛出砂浆,再经人工翻拌后,装入一个试样筒。每批混凝土拌合物取一个试样,共取3个试样,分别装入三个试样筒。 国标: 在每次测试前2min,将一片20mm±5mm厚的垫块垫入筒底一侧使其倾斜,用吸液管吸去表面的泌水,吸水后应复原。 行标: 砂浆试样制备完毕后1h,将试件一侧稍微垫高约20mm,使其倾斜静置约2min,用吸管吸去泌水。以后每到测试前约2min,同上步骤用吸管吸去泌水(低温或缓凝的混凝土拌合物试样,静置与吸水间隔时间可适当延长)。若在贯入测试前还有泌水,也应吸干
4	抗压强度	《混凝土物理力学性能试验方法标准》(GB/T 50081—2019)	《公路工程水泥及水泥混凝土试验规程》(JTG 3420—2020)	国标: 混凝土强度不小于60MPa时,试件周围应设防护网罩。 行标: 混凝土强度等级大于或等于C50时,试件周围应设置防崩裂网罩。 国标: 当混凝土强度等级不小于C60时,宜采用标准试件;当使用非标准试件时,混凝土强度等级不大于C100时,尺寸换算系数宜由试验确定,在未进行试验确定的情况下,对100mm×100mm×100mm试件可取为0.95;混凝土强度等级大于C100时,尺寸换算系数应经试验确定。 行标: 当混凝土强度等级大于或等于C60时,宜采用150mm×150mm×150mm标准试件,使用非标准试件时,换算系数由试验确定
5	抗弯拉强度	《混凝土物理力学性能试验方法标准》(GB/T 50081—2019)	《公路工程水泥及水泥混凝土试验规程》(JTG 3420—2020)	国标: 每组试件应为3块。 行标: 混凝土抗弯拉强度试件应以同龄期者为1组,每组为3根同条件制作和养护的试件。 国标: 试件放置在试验装置前,应将试件表面擦拭干净,并在试件侧面画出加荷线位置。

续上表

序号	参数名称	国家标准	公路行业标准	主要区别
5	抗弯拉强度	《混凝土物理力学性能试验方法标准》(GB/T 50081—2019)	《公路工程水泥及水泥混凝土试验规程》(JTG 3420—2020)	行标: 未要求。 国标: 手动控制压力机加荷速度时,当试件接近破坏时,应停止调整试验机油门,直至破坏,并应记录破坏荷载及试件下边缘断裂位置。 行标: 未列明。 国标: 应精确至0.1MPa。 行标: 结果计算精确至0.01MPa。 国标: 当试件尺寸为100mm×100mm×400mm非标准试件时,应乘以尺寸换算系数0.85;当混凝土强度等级不小于C60时,宜采用标准试件;当使用非标准试件时,尺寸换算系数应由试验确定。 行标: 采用100mm×100mm×400mm非标准试件时,在三分点加荷的试验方法同前,但所取得的抗弯拉强度值应乘以尺寸换算系数0.85。当混凝土强度等级大于或等于C60时,应采用150mm×150mm×550mm标准试件
6	含气量	《普通混凝土拌合物性能试验方法标准》(GB/T 50080—2016)	《公路工程水泥及水泥混凝土试验规程》(JTG 3420—2020)	国标: 本试验方法宜用于集料最大公称粒径不大于40mm的混凝土拌合物含气量的测定。 行标: 本方法适用于集料最大粒径不大于31.5mm、含气量不大于10%且坍落度不为零的水泥混凝土拌合物
7	抗压弹性模量	《混凝土物理力学性能试验方法标准》(GB/T 50081—2019)	《公路工程水泥及水泥混凝土试验规程》(JTG 3420—2020)	国标: 所用的加荷速度和卸荷速度:在试验过程中应连续均匀加荷,加荷速度应取0.3~1.0MPa/s。当棱柱体混凝土试件轴心抗压强度小于30MPa时,加荷速度宜取0.3~0.5MPa/s;棱柱体混凝土试件轴心抗压强度为30~60MPa时,加荷速度宜取0.5~0.8MPa/s;棱柱体混凝土试件轴心抗压强度不小于60MPa时,加荷速度宜取0.8~1.0MPa/s。 行标: 所用的加荷速度和卸荷速度:0.6MPa/s±0.4MPa/s
8	干缩性	《普通混凝土长期性能和耐久性能试验方法标准》(GB/T 50082—2009)	《公路工程水泥及水泥混凝土试验规程》(JTG 3420—2020)	不同方法: 国标: 采用尺寸100mm×100mm×515mm的棱柱体试件。每组为3个试件。 行标: 试模制备。将一侧预先切开的ϕ100mm×420mm的PVC管材内侧壁均匀涂抹润滑油,并将直径为100mm、厚度为20mm的平整钢板作为底座装入试模,用胶带将切口与底座黏结密封为一整体,并用保鲜膜将除顶口外的整个模具密封包裹,以防水分和浆体流出 养护条件: 国标: 试件拆模后,应立即送至温度为20℃±2℃和相对湿度为95%以上的标准养护室养护。试件应放置在不吸水的搁架上,底面应架空,每个试件之间的间隙应大于30mm。 行标: 测试过程中,收缩室温度和湿度始终保持在20℃±2℃和60%±5%,收缩室要求尽可能无过大振动和风或气流流动,不能碰撞表架及表杆,否则影响试验准确性

续上表

序号	参数名称	国家标准	公路行业标准	主要区别
9	泌水率	《普通混凝土拌合物性能试验方法标准》(GB/T 50080—2016)	《公路工程水泥及水泥混凝土试验规程》(JTG 3420—2020)	国标： 本试验方法宜用于集料最大公称粒径不大于 40mm 的水泥混凝土拌合物泌水率的测定。 行标： 本试验方法适用于集料最大粒径不大于 31.5mm 的水泥混凝土拌合物泌水的测定。 国标： 室温保持在 20℃ ±2℃。 行标： 试验环境温度为 20℃ ±2℃，相对湿度不小于 50%
10	劈裂抗拉强度	《混凝土物理力学性能试验方法标准》(GB/T 50081—2019)	《公路工程水泥及水泥混凝土试验规程》(JTG 3420—2020)	国标： 采用 100mm×100mm×100mm 非标准试件测得的劈裂抗拉强度值，应乘以尺寸换算系数 0.85；当混凝土强度等级不小于 C60 时，应采用标准试件。 行标： 无非标准试件
11	耐磨性	《混凝土物理力学性能试验方法标准》(GB/T 50081—2019)	《公路工程水泥及水泥混凝土试验规程》(JTG 3420—2020)	国标： 试件养护至 27d 龄期从养护地点取出，擦干表面水分放在室内空气中自然干燥 12h，再放入 60℃ ±5℃烘箱中，烘 12h，磨耗面应朝上。 行标： 试件养护至 27d 龄期从养护地点取出，擦干表面水分放在室内空气中自然干燥 12h，再放入 60℃ ±5℃烘箱中，烘 12h 至恒重
12	抗冻等级及动弹性模量	《普通混凝土长期性能和耐久性能试验方法标准》(GB/T 50082—2009)	《公路工程水泥及水泥混凝土试验规程》(JTG 3420—2020)	国标： 在整个试验过程中，盒内水位高度应始终保持至少高出试件顶面 5mm。 行标： 将试件(含测温试件)放入橡胶试件盒中，加入清水，使其没过试件顶面约 1～3mm(如采用金属试件盒，则应在试件的侧面与底部垫放适当宽度与厚度的橡胶板或多根直径 3mm 的电线，用于分离试件和底部)。将装有试件的试件盒放入冻融试验箱的试件架中。 快冻法： 国标(快冻法)： 每次冻融循环应在(2～4)h 内完成，且用于融化的时间不得少于整个冻融循环时间的 1/4。 相对动弹性模量 P 应以三个试件试验结果的算术平均值作为测定值。当最大值或最小值与中间值之差超过中间值的 15% 时，应剔除此值，并应取其余两值的算术平均值作为测定值；当最大值和最小值与中间值之差均超过中间值的 15% 时，应取中间值作为测定值。 行标： 每次冻融循环应在 4h 完成，其中用于融化的时间不得小于整个冻融时间的 1/4。 相对动弹模以 3 个试件的算术平均值为试验结果

续上表

序号	参数名称	国家标准	公路行业标准	主要区别
13	电通量	《普通混凝土长期性能和耐久性能试验方法标准》(GB/T 50082—2009)	《公路工程水泥及水泥混凝土试验规程》(JTG 3420—2020)	国标: 检测结果取3个试件电通量的算术平均值作为该组试件的电通量测定值。当某一个电通量值与中值的差值超过中值的15%时,应取其余两个试件的电通量的算术平均值作为该组试件的试验结果测定值。当有两个测值与中值的差值均超过中值的15%时,应取中值作为该组试件的电通量试验结果测定值。 行标: 取3个试件电通量的算术平均值作为该组试件的电通量测定值,结果精确至1C。当3个试件电通量中的最大值或最小值与中间值的差值超过中间值15%时,应取其余两个试件的电通量的算术平均值作为该组试件的试验结果测定值。当最大值和最小值均超过中间值的15%时,重新试验
14	氯离子渗透系数	《普通混凝土长期性能和耐久性能试验方法标准》(GB/T 50082—2009)	《公路工程水泥及水泥混凝土试验规程》(JTG 3420—2020)	国标: 混凝土的非稳态氯离子迁移系数,精确到$0.1\times10^{-12}m^2/s$。 行标: 以3个试样的氯离子迁移系数的算术平均值作为该组试件的氯离子迁移系数测定值,结果精确至$1.0\times10^{-13}m^2/s$。当3个试件测量值中的最大值或最小值与中间值之差超过中间值的15%时,应剔除此值,再取其余两值的平均值作为测定值;当最大值和最小值均超过中间值的15%时,重新试验
15	抗渗性	《普通混凝土长期性能和耐久性能试验方法标准》(GB/T 50082—2009)	《公路工程水泥及水泥混凝土试验规程》(JTG 3420—2020)	国标: 混凝土的抗渗等级以每组6个试件中有4个试件未出现渗水时的最大水压力乘以10来确定。 行标: 混凝土的抗渗等级以每组6个试件中4个未发现有渗水现象时的最大水压力表示。混凝土抗渗等级分级为P2、P4、P6、P8、P10、P12,若压力加至1.2MPa,经过8h,第3个试件仍未渗水,则停止试验,试件的抗渗等级以P12表示

练习题

1. [单选]混凝土施工时坍落度大小的选择取决于多种因素,下列针对坍落度的说法不正确的是(　　)。

A. 容易浇筑的结构物,混凝土坍落度应适当小一些

B. 配筋密度较高的,混凝土坍落度适当大一些

C. 采用泵送混凝土,其坍落度要适当小一些

D. 运输距离较远的,混凝土坍落度要适当大一些

【答案】C

解析:采用泵送混凝土时,为了混凝土在输送管里泵送顺利,应稍微稀一点,即坍落度大一些。

2.[判断]粗集料粒径越大,其总面积越小,需要水泥浆数量越少。(　　)

【答案】√

解析:粗集料粒径增加,将会减少集料与水泥浆接触的总面积,需要的水泥浆数量也会减少。

3.[多选]根据《公路工程水泥及水泥混凝土试验规程》(JTG 3420—2020)水泥混凝土棍度评定,可按插捣混凝土拌合物时的难易程度,分为“上”“中”“下”三级,下列描述正确的有(　　)。

A.“上”:插捣容易;“下”:很难插捣　　B.“上”:很难插捣;“下”:插捣容易

C.“中”:插捣时稍有石子阻滞的感觉　　D.“中”:插捣时有大量石子阻滞的感觉

【答案】AC

解析:水泥混凝土棍度评定,可按插捣混凝土拌合物时的难易程度,分为“上”“中”“下”三级,对应于“插捣容易”“插捣时稍有石子阻滞的感觉”“很难插捣”。

4.[综合]为进行水泥混凝土和易性与力学性质的技术性能评价,开展相关试验工作,回答以下问题。

(1)新拌混凝土拌合物和易性可以综合评价混凝土的(　　)。

A.流动性　　B.稳定性　　C.可塑性　　D.易密性

(2)影响混凝土和易性的内在因素有(　　)。

A.原材料性质　　B.单位用水量　　C.水灰比　　D.环境温度

(3)影响水泥混凝土强度的因素包括(　　)。

A.水泥强度　　B.水灰比　　C.养护条件　　D.集料特性

(4)三根水泥混凝土抗弯拉强度试验标准小梁,测得最大抗弯拉荷载为31.10kN、37.40kN、40.30kN,该组试验的结果为(　　)。

A.4.84MPa　　B.4.99MPa　　C.5.18MPa　　D.作废

(1)**【答案】**ABCD

解析:新拌混凝土的工作性又称和易性,是综合评价混凝土流动性、可塑性、稳定性和易密性状况的一项综合性质和指标。

(2)**【答案】**ABC

解析:影响混凝土拌合物工作性的因素分为内因和外因两大类,其中内因包括原材料特性、单位用水量、水灰比和砂率等方面;外因主要是指施工环境条件,包括外界环境的气温、湿度、风力大小以及时间等。

(3)**【答案】**ABCD

解析:影响混凝土强度的因素包括水泥强度和水灰比、集料特性、浆集比、养护条件、试验条件。

(4)**【答案】**B

解析:根据水泥混凝土抗弯拉强度公式$f=FL/(bh^2)$(其中b、$h=150\text{mm}$,$L=450\text{mm}$),计算得到3个试件的抗弯拉强度分别为4.15MPa、4.99MPa、5.37MPa。$(4.99-4.15)/4.99=16.8\%>15\%$,$(5.37-4.99)/4.99=7.6\%$,所以取中间值为试验结果。

第六章　砂　　浆

第一节　砂浆取样原则

（1）砌筑砂浆：以同一砂浆强度等级、同一配合比、同种原材料每一楼层或 $250m^3$ 为一个取样单位，每取样单位标准试块的留置不少于一组。按《公路工程水泥及水泥混凝土试验规程》（JTG 3420—2020），每组 3 块。建筑地面用水泥砂浆：以每一层或 $1000m^2$ 为一检验批，不足 $1000m^2$ 也按一批计。每批砂浆至少取样一组。当改变配合比时也应相应地留置试块。

（2）见证取样计划必须保证见证试验次数为试验总次数的 30%。

（3）建筑砂浆试验用料应根据不同要求，可从同一盘搅拌机或同一车运送的砂浆中取出。在试验室取样时，可从机械或人工拌和的砂浆中取出。

（4）施工中取样进行砂浆试验时，其取样方法和原则按相应的施工验收规范执行。应在使用地点的砂浆槽、砂浆运送车或搅拌机出料口，至少从三个不同部位集取。所取试样的数量应多于试验用料的 1～2 倍。

（5）试验室拌制砂浆进行试验时，拌和用的材料要求提前运入室内，拌和时试验室的温度应保持在 20℃ ±5℃。

注：需要模拟施工条件下所用的砂浆时，试验室原材料的温度宜保持与施工现场一致。

（6）试验用水泥和其他原材料应与现场使用材料一致。水泥如有结块应充分混合均匀，以 0.9mm 筛过筛。砂也应以 5mm 筛过筛。

（7）试验室拌制砂浆时，材料应称重计量。称量的精确度：水泥、外加剂等为 ±0.5%；砂、石灰膏、黏土膏、粉煤灰和磨细生石灰粉为 ±1%。

（8）试验室用搅拌机搅拌砂浆时，搅拌的用量不宜少于搅拌机容量的 20%，搅拌时间不宜少于 2min。

（9）砂浆拌合物取样后，应尽快进行试验。现场取来的试样，在试验前应经人工再翻拌，以保证其质量均匀。

第二节　砂浆试件制备方法

（1）制作砌筑砂浆试件时，试模内壁事先涂刷薄层机油或脱模剂。

（2）向试模内一次注满砂浆，用捣棒均匀由外向里按螺旋方向插捣 25 次，为防止低稠度砂浆插捣后可能留下孔洞，允许用油灰刀沿模壁插数次，使砂浆高出试模顶面 6～8mm。

(3)当砂浆表面开始出现麻斑状态时(约 15～30min),将高出部分的砂浆沿试模顶面削去抹平。

(4)试件制作后应在温度为 20℃ ±5℃、相对湿度大于 50% 的环境下,停置一昼夜(24h ± 2h);当气温较低时,可适当延长时间,但不应超过两昼夜。应对试件进行编号并拆模。试件拆模后,应在标准养护条件下继续养护至 28d,然后进行试压。

(5)标准养护的条件:

①水泥混合砂浆:标准养护的条件为温度 20℃ ±2℃、相对湿度 60%～80%。

②水泥砂浆和微沫砂浆:标准养护的条件为温度 20℃ ±2℃、相对湿度 90% 以上。

③养护期间,试件彼此间隔 10mm 以上。

第三节　砂浆拌合物性能试验

砂浆拌合物性能试验主要包括稠度、体积密度、保水性、凝结时间、分层度试验等。

一、稠度

《公路工程水泥及水泥混凝土试验规程》(JTG 3420—2020)T 0587—2020

1. 目的、适用范围及方法原理

(1)本方法规定了水泥砂浆稠度的试验方法。

(2)本方法适用于水泥砂浆及指定采用本方法的其他材料,稠度试验适用于稠度小于 120mm 的砂浆。

(3)稠度以砂浆稠度测定仪的圆锥体沉入砂浆内的深度(单位为 mm)表示。圆锥沉入深度越大,砂浆的流动性越大。对于吸水性强的砌体材料和高温干燥的天气,要求砂浆稠度要大些;反之,对于密实不吸水的砌体材料和湿冷天气,砂浆稠度可小些。

影响砂浆稠度的因素有:所用胶凝材料种类及数量;用水量;掺合料的种类与数量;砂的形状、粗细与级配;外加剂的种类与掺量;搅拌时间。

2. 仪具与材料

(1)砂浆稠度仪:由试锥、圆锥筒和支座三部分组成,如图 2-6-1 所示。

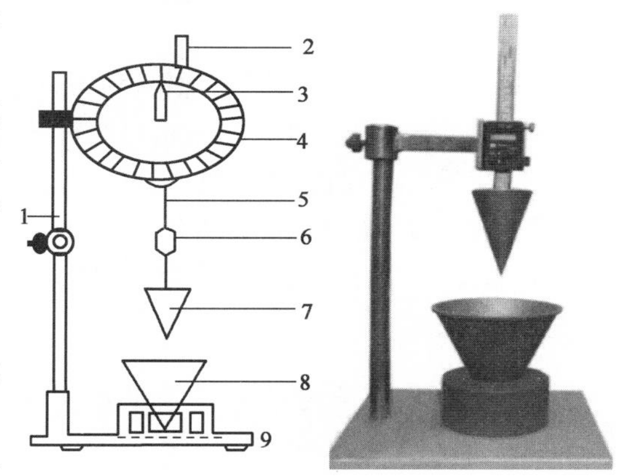

图 2-6-1　砂浆稠度仪示意图

1-支架;2-齿条测杆;3-指针;4-刻度盘;5-滑杆;6-固定螺钉;7-圆锥体;8-圆锥筒;9-底座

(2)砂浆搅拌机:应符合现行《试验用砂浆搅拌机》(JG/T 3033)的规定。

(3)钢制捣棒:直径为 10mm、长为 350mm,端部为半球形。

(4)秒表等辅助工具。

3. 试验环境

试验室内温度应控制在20℃ ±5℃,相对湿度不小于50%。

4. 试验准备

(1)试验准备

①砂浆拌和用原材料应放置试验室内至少24h。

②砂应过9.5mm的方孔筛,4.75mm筛上分计筛余不超过10%,且砂料应翻拌均匀;水泥及掺合料不允许有结块,使用前应用0.9mm过筛。

③砂料应为干燥状态,含水率不超过0.2%,含水率按现行《公路工程集料试验规程》(JTG 3432)的规定进行测定。

④材料用量以质量计。称量精度:水泥及掺合料、水和外加剂为±0.5%;砂为±1%。

(2)砂浆拌和

①将砂浆搅拌锅清洗干净,并保持锅内润湿;按照配合比,先拌制不少于30%容量同配比砂浆,使搅拌机内壁挂浆,将剩余料卸出。

②将称好的砂料、水、水泥及外掺料等依次倒入机内,立即开动搅拌机,搅拌时间不应少于120s。掺有掺合料和外加剂的砂浆,其搅拌时间不应少于180s。一次拌和量不宜少于搅拌机容量的30%,不宜大于搅拌机容量的70%。

5. 试验步骤

(1)应按试验准备(1)、(2)制备砂浆。

(2)将圆锥筒和试锥表面用湿布擦干净,并用少量润滑油轻擦滑杆,然后将滑杆上多余的油用吸油纸擦净,使滑杆能自由滑动。

(3)将砂浆拌合物一次装入圆锥筒,使砂浆表面低于圆锥筒口约10mm左右,用捣棒自圆锥筒中心向边缘插捣25次,然后用木锤在圆锥筒周围距离大致相等的四个不同部位轻轻敲击5~6次,使砂浆表面平整,随后将圆锥筒置于砂浆稠度仪的底座上。

(4)调节试锥滑杆的固定螺钉,缓慢向下移动滑杆。当试锥尖端与砂浆表面刚接触时,拧紧固定螺钉,使齿条测杆下端刚接触滑杆上端,读出刻度盘上的读数H_0(精确至1mm)。

(5)拧开固定螺钉,同时计时,10s后立即拧紧固定螺钉,将齿条测杆下端接触滑杆上端,从刻度盘上读数H_1,H_0和H_1的差值即为砂浆的稠度值,精确至1mm。

(6)圆锥筒内的砂浆只允许测定一次稠度,重复测定时,应重新取样。

6. 结果计算

以两次平行试验测值的算术平均值作为试验结果,精确至1mm;如两次测值之差大于10mm,则重新试验。

7. 原始记录、质量检测报告、异常情况处理

原始记录、质量检测报告、异常情况处理参照本书第二部分第一章第八节“常规检测参数试验方法及结果处理”中的要求进行。

二、体积密度

《公路工程水泥及水泥混凝土试验规程》(JTG 3420—2020)T 0590—2020

1. 目的及适用范围

(1)本方法规定了砂浆拌合物捣实后单位体积质量的试验方法。

(2)本方法适用于水泥砂浆及指定采用本方法测定的其他材料。

2. 仪具与材料

(1)砂浆容量筒:容积为1L,直径为108mm、高为109mm、壁厚为2mm。

(2)天平:量程为5kg,感量为1g。

(3)砂浆密度测定仪:由漏斗、容量筒组成。

(4)振动台:应符合现行《混凝土试验用振动台》(JG/T 245)的要求。

(5)钢制捣棒:直径为10mm、长度为350mm,端部为半球形。

(6)秒表。

3. 试验环境

试验室内温度应控制在20℃ ±5℃,相对湿度不小于50%。

4. 试验准备

试验准备参照《公路工程水泥及水泥混凝土试验规程》(JTG 3420—2020)T 0587—2020的有关规定制备砂浆。

5. 试验步骤

称取容量筒质量 m_1,精确至1g。将拌和好的砂浆装入容量筒内并稍有富余。当砂浆的稠度不大于50mm时,一次装料,采用机械振捣法,即将装有砂浆的容量筒放在振动台上振15s或在跳桌上跳120次;当砂浆的稠度大于50mm时,采用人工插捣法。此时,砂浆分两层装入容量筒,每层用捣棒均匀插捣25下。

捣实后刮去多余砂浆,抹净筒壁,称出筒及砂浆总质量 m_2,精确至1g。

6. 结果计算

砂浆体积密度按式(2-6-1)计算,结果精确至10kg/m³。

$$\rho = \frac{m_2 - m_1}{V} \times 1000 \tag{2-6-1}$$

式中:ρ——砂浆体积密度(kg/m³);

m_1——容量筒质量(kg);

m_2——容量筒及砂浆总质量(kg);

V——容量筒的容积(L)。

以两次测值的平均值作为试验结果，两次试验结果的差值不超过 30kg/m³，否则重新试验。

7. 原始记录、质量检测报告、异常情况处理

原始记录、质量检测报告、异常情况处理参照本书第二部分第一章第八节“常规检测参数试验方法及结果处理”中的要求进行。

三、保水性

《公路工程水泥及水泥混凝土试验规程》(JTG 3420—2020) T 0591—2020

1. 目的及适用范围

(1) 本方法规定了水泥砂浆保水性的试验方法。

(2) 本方法适用于测定水泥砂浆及指定采用本方法测定的其他材料。

2. 仪具与材料

(1) 金属或硬塑料圆环试模：内径 100mm、内部高度 25mm。如图 2-6-2 所示。

图 2-6-2 砂浆保水性试验器

(2) 可密封的取样容器：应清洁、干燥。

(3) 2kg 的重物。

(4) 金属滤网：网格尺寸 45μm，圆形，直径为 100mm ± 1mm。

(5) 医用棉纱：尺寸为 110mm × 110mm，宜选用纱线稀疏、厚度较薄的棉纱。

(6) 超白滤纸：应符合现行《化学分析滤纸》(GB/T 1914) 中速定性滤纸的要求，直径 110mm，密度 200g/m²。

(7) 两片金属或玻璃的方形或圆形不透水片，边长或直径应大于 110mm。

(8) 天平：量程为 200g，感量为 0.1g；量程为 2000g，感量为 1g。

(9) 烘箱。

3. 试验环境

试验室内温度应控制在 20℃ ±5℃，相对湿度不小于 50%。

4. 试验准备

试验准备参照《公路工程水泥及水泥混凝土试验规程》(JTG 3420—2020)T 0587—2020的有关规定。

5. 试验步骤

(1)砂浆含水率试验步骤:称取100g ±10g 砂浆拌合物试样,记为 m_1,置于一干燥并已称重的盘中,在105℃ ±5℃的烘箱中烘干至恒重,称取质量为 m_2。

(2)砂浆保水率试验步骤:

①称量底部不透水片与干燥试模质量 m_3 和15片中速定性滤纸质量 m_4。

②将砂浆拌合物一次性装入试模,并用抹刀插捣数次,当填充砂浆略高于试模边缘时,用抹刀以45°角一次性将试模表面多余的砂浆刮去,然后再用抹刀以较平的角度在试模表面反方向将砂浆刮平。

③抹掉试模边的砂浆,称量试模、底部不透水片与砂浆总质量 m_5。

④用两片医用棉纱覆盖在砂浆表面,再在棉纱表面放上15片滤纸,用底部不透水片盖在滤纸表面,以2kg的重物把不透水片压着。

⑤静止2min后移走重物及不透水片,取出滤纸(不包括棉纱),迅速称量滤纸质量 m_6。

6. 结果计算

(1)砂浆保水率按式(2-6-2)计算,结果精确至0.1%。

$$W=\left[1-\frac{m_6-m_4}{\alpha\times(m_5-m_3)}\right]\times 100 \tag{2-6-2}$$

式中:W——保水率(%);

m_3——底部不透水片与干燥试模质量(g);

m_4——15片滤纸吸水前的质量(g);

m_5——试模、底部不透水片与砂浆的总质量(g);

m_6——15片滤纸吸水后的质量(g);

α——砂浆含水率(%)。

(2)砂浆含水率按式(2-6-3)计算,结果精确至0.1%。

$$\alpha=\frac{m_1-m_2}{m_1}\times 100 \tag{2-6-3}$$

式中:α——砂浆含水率(%);

m_1——砂浆拌合物试样的总质量(g);

m_2——烘干砂浆拌合物试样的总质量(g)。

以两次平行试验结果的算术平均值作为试验结果,若两次试验结果中有一个超出平均值的5%,则重新试验。

7. 原始记录、质量检测报告、异常情况处理

原始记录、质量检测报告、异常情况处理参照本书第二部分第一章第八节"常规检测参数试验方法及结果处理"中的要求进行。

四、凝结时间

《公路工程水泥及水泥混凝土试验规程》(JTG 3420—2020)T 0592—2020

1. 目的及适用范围

(1)本方法规定了水泥砂浆凝结时间的试验方法。

(2)本方法适用于用贯入阻力法确定砂浆拌合物的凝结时间。

2. 仪具与材料

砂浆凝结时间测定仪,如图 2-6-3 所示,由试针、容器、台秤和支座四部分组成,并应符合下列规定:

①试针:不锈钢制成,截面积为 $30mm^2$。

②盛砂浆容器:由钢制成,内径为 140mm,高为 75mm。

③压力表:称量精度为 0.5N。

④支座:分底座、支架及操作杆三部分,由铸铁或钢制成。

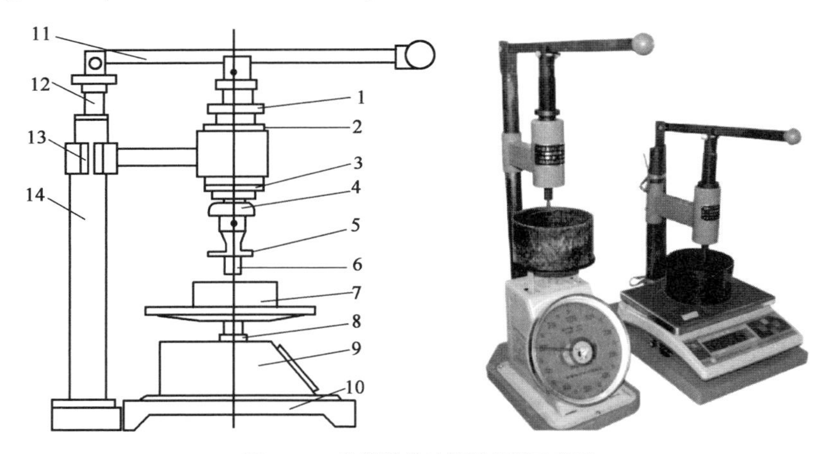

图 2-6-3　砂浆凝结时间测定仪示意图

1-调节套;2、3、8-调节螺母;4-夹头;5-垫片;6-试针;7-试模;9-压力表座;10-底座;11-操作杆;12-调节杆;13-立架;14-立柱

3. 试验环境

试验室内温度应控制在 20℃ ±2℃,相对湿度不小于 50%。

4. 试验准备

试验准备参照《公路工程水泥及水泥混凝土试验规程》(JTG 3420—2020)T 0587—2020 有关规定。

5. 试验步骤

(1)将制备好的砂浆拌合物装入砂浆容器内,并低于容器上口 10mm,轻轻敲击容器,抹平,盖上盖子,放在 20℃ ±2℃的试验条件下保存。

(2)砂浆表面的泌水不清除,将容器放到压力表圆盘上,然后通过下列步骤来调节测定:

①旋动调节螺母3,使贯入试针与砂浆表面接触。

②松开调节螺母2,再旋动调节螺母3,以确定压入砂浆内部的深度为25mm后再拧紧螺母2。

③旋动调节螺母8,使压力表指针调到零位。

(3)测定贯入阻力值,用截面为30mm²的贯入试针与砂浆表面接触,在10s内缓慢而均匀地垂直压入砂浆内部25mm,每次贯入时记录仪表读数N_p,贯入杆离开容器边缘或已贯入部位至少12mm。

(4)在20℃±2℃的试验条件下,普通混凝土贯入阻力值在成型后2h开始测定,最初每隔30min时测定一次;当贯入阻力值达到0.3MPa后,改为每15min测定一次,直至贯入阻力值达到0.7MPa为止。

6. 结果计算

(1)砂浆贯入阻力值按式(2-6-4)计算,结果精确至0.01MPa。

$$f_p=\frac{N_p}{A_p} \tag{2-6-4}$$

式中:f_p——贯入阻力值(MPa);

N_p——贯入深度至25mm时的静压力(N);

A_p——贯入试针的截面积(mm²),取30mm²。

(2)由测得的贯入阻力值,可按下列方法确定砂浆的凝结时间:

①分别记录时间和相应的贯入阻力值,根据试验所得各阶段的贯入阻力与时间的关系绘图,由图求出贯入阻力值达到0.5MPa时所需的时间t_s(min),此时t_s值即为砂浆的凝结时间测定值。

②砂浆凝结时间测定,应在一盘内取两个试样,以两个试验结果的平均值作为该砂浆的凝结时间,两次试验结果的误差不应大于30min,否则重新试验。

7. 原始记录、质量检测报告、异常情况处理

原始记录、质量检测报告、异常情况处理参照本书第二部分第一章第八节"常规检测参数试验方法及结果处理"中的要求进行。

五、分层度

《公路工程水泥及水泥混凝土试验规程》(JTG 3420—2020)T 0588—2020

1. 目的及适用范围

(1)本方法规定了水泥砂浆分层度的试验方法。

(2)本方法适用于测定水泥砂浆及指定采用本方法测定的其他材料。

2. 仪具与材料

(1)砂浆分层度筒:内径为150mm±1mm,上节净高为200mm,下节带底净高为100mm,用

金属板制成，上、下层连接处需加宽到3～5mm，并设有密封橡胶热圈（图2-6-4）。

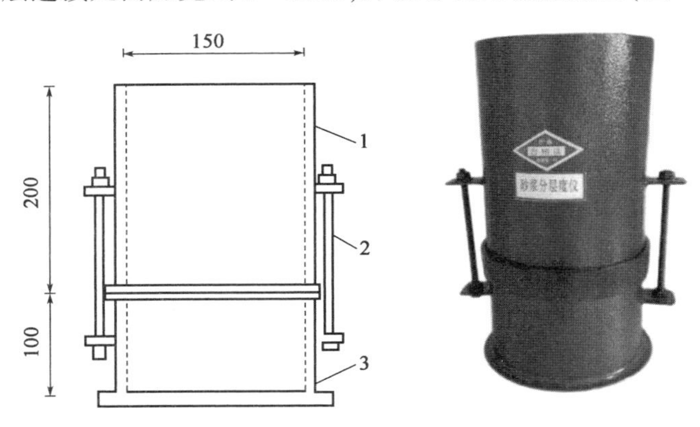

图2-6-4　砂浆分层度筒（尺寸单位：mm）
1-无底圆筒；2-连接螺栓；3-有底圆筒

（2）振动台：应符合现行《混凝土试验用振动台》（JG/T 245）的规定。

（3）砂浆稠度仪、木锤等工具。

3. 试验环境

试验室内温度应控制在20℃±5℃，相对湿度不小于50%。

4. 试验准备

试验准备参照《公路工程水泥及水泥混凝土试验规程》（JTG 3420—2020）T 0587—2020的有关规定。

5. 试验步骤

（1）应按《公路工程水泥及水泥混凝土试验规程》（JTG 3420—2020）T 0587—2020的规定进行砂浆制备和稠度测定，砂浆稠度记为S_1，精确至1mm。

（2）将砂浆拌合物一次装入分层度筒内，待装满后，用木锤在容器周围距离大致相等的四个不同部位轻轻敲击1～2下，如砂浆沉落到低于筒口，则应随时添加，然后刮去多余的砂浆并用抹刀抹平，同时开始计时。

（3）静置30min后，用上节200mm砂浆放入砂浆搅拌机内搅拌1min刮浆后废掉，随即将剩余的100mm砂浆倒出放在拌和锅内拌和2min，搅拌砂浆并测试稠度，记为S_2，精确至1mm。

6. 结果计算

砂浆的分层度值按式（2-6-5）计算。

$$S_0 = S_1 - S_2 \tag{2-6-5}$$

以两次平行试验测值的算术平均值作为试验结果，若两次试验值之差大于10mm，则重新试验。

7. 原始记录、质量检测报告、异常情况处理

原始记录、质量检测报告、异常情况处理参照本书第二部分第一章第八节“常规检测参数试验方法及结果处理”中的要求进行。

第四节　砂浆硬化性能试验

砌筑砂浆的强度用强度等级来表示。砂浆强度等级是以边长为70.7mm的立方体试件，在标准养护条件下，用标准试验方法测得28d龄期的抗压强度值(单位为MPa)确定。砌筑砂浆的强度等级宜采用M30、M25、M20、M15、M10、M7.5、M5七个等级。

影响砂浆强度的因素有很多，除了砂浆的组成材料、配合比、施工工艺、施工及硬化时的条件等因素外，砌体材料的吸水率也会对砂浆强度产生影响。

砂浆硬化性能试验主要包括立方体抗压强度试验和抗冻性试验。

一、立方体抗压强度

《公路工程水泥及水泥混凝土试验规程》(JTG 3420—2020)T 0570—2005

1.目的及适用范围

(1)本方法规定了测定水泥砂浆抗压强度的试验方法。

(2)本方法适用于各类水泥砂浆的70.7mm×70.7mm×70.7mm立方体试件，见图2-6-5。

2.仪具与材料

(1)试模：70.7mm×70.7mm×70.7mm立方体(有底试模，见图2-6-6)，具有足够的刚度并拆装方便；试模的内表面应机械加工，其不平度为每100mm不超过0.05mm，组装后各相邻面的不垂直度不超过±0.5°。

图2-6-5　砂浆试件　　　　图2-6-6　砂浆试模

(2)钢制捣棒：直径为10mm、长为350mm，端部为半球形。

(3)压力试验机：应符合现行《液压式万能试验机》(GB/T 3159)的规定。

(4)垫板：试验机上、下压板及试件之间可垫以钢垫板，垫板的尺寸应大于试件的承压面，其不平度为每100mm不超过0.02mm。

(5)钢尺：量程为500mm，分度值为1mm。

3. 试验环境

温度为20℃ ±5℃,相对湿度大于50%。

4. 试验准备

(1)制作砌筑砂浆试件时,试模内壁事先涂刷薄层机油或脱模剂。

(2)向试模内一次注满砂浆,用捣棒均匀由外向里按螺旋方向插捣25次,为防止低稠度砂浆插捣后可能留下孔洞,允许用油灰刀沿模壁插数次,使砂浆高出试模顶面6~8mm。

(3)当砂浆表面开始出现麻斑状态时(约15~30min),将高出部分的砂浆沿试模顶面削去抹平。

(4)试件制作后应在温度20℃ ±5℃、相对湿度大于50%的环境下,停置一昼夜(24h ±2h)。当气温较低时,可适当延长时间,但不应超过两昼夜。应对试件进行编号并拆模。试件拆模后,应在标准养护条件下继续养护至28d,然后进行试压。

(5)标准养护的条件:

①水泥混合砂浆:标准养护的条件为温度20℃ ±2℃、相对湿度60% ~80%。

②水泥砂浆和微沫砂浆:标准养护的条件为温度20℃ ±2℃、相对湿度90%以上。

③养护期间,试件彼此间隔10mm以上。

5. 试验步骤

(1)试件从养护地点取出后,应尽快进行试验,以免试件内部的温度、湿度发生显著变化。先将试件擦拭干净,检查其外观,并测量尺寸,精确至1mm。如果实测尺寸与公称尺寸之差不超过1mm,按公称尺寸进行计算。

(2)将试件安放在试验机的下压板正中间,试件的承压面应与成型时的顶面垂直,试件中心应与试验机下压板(或下垫板)中心对准。

(3)开动试验机,当上压板与试件(或下垫板)接近时,如有明显偏斜,应调整球座,使接触面均衡受压。

(4)承压试验应连续而均匀加荷,加荷速度为0.3~0.5MPa/s(砂浆强度不大于5MPa时,取下限为宜)。当试件接近破坏而开始迅速变形时,停止并调整试验机油门,直至试件破坏,然后记录破坏荷载。

6. 结果计算

砂浆立方体抗压强度按式(2-6-6)计算,结果精确至0.1MPa。

$$f_{m,cu}=\frac{F_u}{A} \tag{2-6-6}$$

式中:$f_{m,cu}$——砂浆立方体抗压强度(MPa);

F_u——破坏荷载(N);

A——试件承压面积(mm^2)。

以3个试件的算术平均值作为该组试件的抗压强度,结果精确至0.1MPa。当3个试件的最大值或最小值与中间值的差超过中间值的15%时,以中间值为该组试件的抗压强度。当两个测试值与中间值的差值均超过中间值的15%时,该组试验结果无效。

7. 原始记录、质量检测报告、异常情况处理

原始记录、质量检测报告、异常情况处理参照本书第二部分第一章第八节“常规检测参数试验方法及结果处理”中的要求进行。

二、抗冻性

《公路工程水泥及水泥混凝土试验规程》(JTG 3420—2020) T 0596—2020

1. 目的及适用范围

(1)本方法规定了水泥砂浆抗冻性的试验方法。

(2)本方法适用于水泥砂浆及指定采用本方法测定的其他材料。

2. 仪具与材料

(1)冻融试验箱:应满足试件中心温度 -18℃ ±2℃ ~5℃ ±2℃、冻融液温度 -25 ~20℃、冻融循环一次历时不超过 4h(融化时间不少于整个冻融历时的 25%)的要求。

(2)试件盒:大试件盒应符合《公路工程水泥及水泥混凝土试验规程》(JTG 3420—2020) T 0565—2005 的要求;小试件盒尺寸见图 2-6-7。

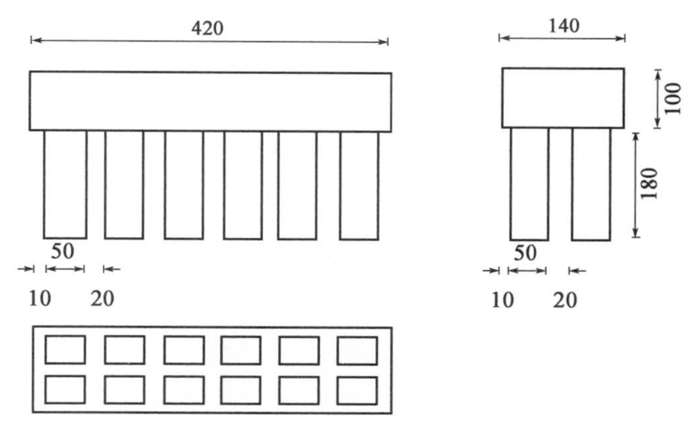

图 2-6-7　小试件盒(尺寸单位:mm)

(3)架盘天平:量程不小于 1kg,感量为 1g;量程不小于 10kg,感量为 1g。

(4)橡皮板:厚宜为 3mm。

(5)测温设备:当采用热电偶测量冻融过程中试件中心温度的变化时,精度能达到 0.3℃;当采用其他测温器时,应以电热偶测温法为准,进行率定。

(6)共振法混凝土动弹性模量测定仪,可输出的频率范围应为 100Hz ~20kHz,输出频率可调范围为 100Hz ~20kHz,输出功率应能激励试件产生受迫振动,以便能用共振原理测定试件的基频振动频率。在无专用仪器的情况下,可将各类仪器组合进行试验。

3. 试验环境

冻融试验箱:应满足试件中心温度 -18℃ ±2℃ ~5℃ ±2℃、冻融液温度 -25 ~20℃的要求。

4. 试验准备

(1)试件成型:应按规定成型 3 个 40mm × 40mm × 160mm 或 3 个 100mm × 100mm × 400mm 棱柱体试件;制备中心可插入热电偶电位差计测温;同样形状尺寸的标准试件,其抗冻性能应高于冻融试件;标准养护条件下养护至规定龄期。

(2)也可现场取样,现场取芯的要求:标准芯样的直径为 100mm,长度为 280 ~ 400mm;需要制备同样形状的试件,其抗冻性能应高于冻融试件。

5. 试验步骤

(1)在规定龄期的前 4d,将试件放在 20℃ ±2℃的水中浸泡,水面至少高出试件 20mm(对水中养护的试件,到达规定龄期时,即可直接用于试验),浸泡 4d 后进行冻融试验。

(2)浸泡完毕,取出试件,用湿布擦去表面水分。应按“水泥混凝土动弹性模量”试验规定的方法测横向基频,并称其质量,作为评定抗冻性的起始值,并作必要的外观描述。

(3)将试件放入橡胶试件盒中,加入清水,使其没过试件顶面约 1 ~ 3mm(如采用金属试件盒,则应在试件的侧面与底部垫放适当宽度与厚度的橡胶板或多根直径 3mm 的电线,用于分离试件和底部)。将装有试件的试件盒放入冻融试验箱的试件架中。

(4)按规定进行冻融循环试验,应符合下列要求:

①每次冻融循环应在 4h 完成,其中用于融化的时间不得小于整个冻融时间的 1/4。

②在冻结和融化终了时,试件中心温度应分别控制在 -18℃ ±2℃和 5℃ ±2℃。中心温度应以测温标准试件实测温度为准。

③在试验箱内,各个位置上的每个试件从 3℃降至 -16℃所用的时间不得少于整个受冻时间的 1/2,每个试件从 -16℃升至 3℃所用的时间也不得少于整个融化时间的 1/2,试件内外温差不宜超过 28℃。

④冻和融之间的转换时间不应超过 10min。

(5)通常每隔 5 次冻融循环对试件进行一次横向基频的测试并称重,也可根据试件抗冻性高低来确定测试的间隔次数。测试时,小心将试件从试件盒中取出,冲洗干净,擦去表面水,进行称重及横向基频的测定,并做必要的外观描述。测试完毕后,将试件调头重新装入试件盒中,注入清水,继续试验。试件在测试过程中,应防止失水,待测试件须用湿布覆盖。

(6)如果试验因故中断,应将试件在受冻状态下保存在原试验箱内。如果达不到这个要求,试件处在融解状态下的时间不宜超过两个循环。

(7)冻融试验出现下列三种情况之一,即可停止:

①冻融至预定的循环次数;

②相对动弹模量下降至初始值的 60%;

③质量损失率超过 5%。

6. 结果计算

(1)相对动弹性模量按式(2-6-7)计算。

$$P_n = \frac{f_n^2}{f_0^2} \times 100 \tag{2-6-7}$$

式中：P_n——经 n 次冻融循环后试件的相对动弹性模量(%)；

f_n——冻融 n 次循环后试件的横向基频(Hz)；

f_0——试验前的试件横向基频(Hz)。

以3个试件的平均值作为试验结果，精确至0.1%。

(2)质量变化率按式(2-6-8)计算。

$$W_n = \frac{m_0 - m_n}{m_0} \times 100 \tag{2-6-8}$$

式中：W_n——n 次冻融循环后的试件质量变化率(%)；

m_0——试件冻融试验前的试件质量(kg)；

m_n——n 次冻融循环后的试件质量(kg)。

以3个试件的平均值作为试验结果，精确至0.1%。

(3)当 P_n 小于或等于60%或质量损失达5%时的冻融循环次数 n，即为试件的最大抗冻循环次数，并以F表示抗冻等级，如F100。

7. 原始记录、质量检测报告、异常情况处理

原始记录、质量检测报告、异常情况处理参照本书第二部分第一章第八节“常规检测参数试验方法及结果处理”中的要求进行。

第五节　砌筑砂浆组成材料技术要求

(1)砌筑砂浆所用原材料不应对人体、生物与环境造成有害的影响，并应符合现行《建筑材料放射性核素限量》(GB 6566)的规定。

(2)水泥宜采用通用硅酸盐水泥或砌筑水泥，且应符合现行《通用硅酸盐水泥》(GB 175)和《砌筑水泥》(GB/T 3183)的规定。水泥强度等级应根据砂浆品种及强度等级的要求进行选择。M15及以下强度等级的砌筑砂浆宜选用32.5级通用硅酸盐水泥或砌筑水泥；M15以上强度等级的砌筑砂浆宜选用42.5级通用硅酸盐水泥。

(3)砂宜选用中砂，并应符合现行《普通混凝土用砂、石质量及检验方法标准》(JGJ 52)的规定，且应全部通过4.75mm的筛孔。

(4)砌筑砂浆用石灰膏、电石膏应符合下列规定：

①生石灰熟化成石灰膏时，应用孔径不大于3mm×3mm的网过滤，熟化时间不得少于7d；磨细生石灰粉的熟化时间不得少于2d。沉淀池中储存的石灰膏，应采取防止干燥、冻结和污染的措施。严禁使用脱水硬化的石灰膏。

②制作电石膏的电石渣应用孔径不大于3mm×3mm的网过滤，检验时应加热至70℃后至少保持20min，并应待乙炔挥发完后再使用。

③消石灰粉不得直接用于砌筑砂浆中。

④石灰膏、电石膏试配时的稠度，应为120mm±5mm。

(5)粉煤灰、粒化高炉矿渣粉、硅灰、天然沸石粉应分别符合现行《用于水泥和混凝土中的粉煤灰》(GB/T 1596)、《用于水泥、砂浆和混凝土中的粒化高炉矿渣粉》(GB/T 18046)、《高强

高性能混凝土用矿物外加剂》(GB/T 18736)和《混凝土和砂浆用天然沸石粉》(JG/T 566)的规定。当采用其他品种矿物掺合料时,应有可靠的技术依据,并应在使用前进行试验验证。

(6)采用保水增稠材料时,应在使用前进行试验验证,并应有完整的型式检验报告。

(7)外加剂应符合国家现行有关标准的规定,引气型外加剂还应有完整的型式检验报告。

(8)拌制砂浆用水应符合现行《混凝土用水标准》(JGJ 63)的规定。

练习题

1.[单选]砂浆抗压强度试验的试件数量为一组(　　)块。

A.3　　B.6　　C.9　　D.13

【答案】A

解析:每组试件3个。

2.[单选]一组砂浆立方体抗压强度分别为5.1MPa、7.5MPa、6.4MPa,则这组砂浆的立方体抗压强度值为(　　)MPa。

A.6.4　　B.6.3　　C.6.5　　D.试验无效

【答案】D

解析:该组抗压强度中间值为6.4MPa。

$(7.5-6.4)/6.4\times100\%=17.2\%$;$(6.4-5.1)/6.4\times100\%=20.3\%$。

最大值和最小值均超过中间值的15%,所以这组试验无效。

3.[判断]砂浆稠度是以砂浆稠度测定仪的圆锥体沉入砂浆内的深度(单位为mm)表示。圆锥沉入深度越大,砂浆的流动性越大。对于吸水性强的砌体材料和高温干燥的天气,要求砂浆稠度要小些;反之,对于密实不吸水的砌体材料和湿冷天气,砂浆稠度可大些。(　　)

【答案】×

解析:对于吸水性强的砌体材料和高温干燥的天气,要求砂浆稠度要大些;反之,对于密实不吸水的砌体材料和湿冷天气,砂浆稠度可小些。

4.[多选]砂浆试件制作后应在温度为(　　)、相对湿度大于(　　)的环境下,停置一昼夜(24h±2h);当气温较低时,可适当延长时间,但不应超过两昼夜。应对试件进行编号并拆模。试件拆模后,应在标准养护条件下继续养护至28d,然后进行试压。

A.20℃±5℃　　B.50%　　C.20℃±2℃　　D.60%

【答案】AB

参考文献

[1] 中华人民共和国产品质量法(1993年2月22日第七届全国人民代表大会常务委员会第三十次会议通过　根据2000年7月8日第九届全国人民代表大会常务委员会第十六次会议《关于修改〈中华人民共和国产品质量法〉的决定》第一次修正　根据2009年8月27日第十一届全国人民代表大会常务委员会第十次会议《关于修改部分法律的决定》第二次修正　根据2018年12月29日第十三届全国人民代表大会常务委员会第七次会议《关于修改〈中华人民共和国产品质量法〉等五部法律的决定》第三次修正).

[2] 中华人民共和国计量法(1985年9月6日第六届全国人民代表大会常务委员会第十二次会议通过　根据2018年10月26日第十三届全国人民代表大会常务委员会第六次会议《关于修改〈中华人民共和国野生动物保护法〉等十五部法律的决定》第五次修正).

[3] 中华人民共和国安全生产法(2002年6月29日第九届全国人民代表大会常务委员会第二十八次会议通过,自2002年11月1日起实施).

[4] 建设工程质量管理条例(2000年1月30日国务院令第279号).

[5] 公路水运工程质量检测管理办法(交通运输部令2023年第9号).

[6] 人力资源社会保障部　交通运输部关于印发《公路水运工程试验检测专业技术人员职业资格制度规定》和《公路水运工程试验检测专业技术人员职业资格考试实施办法》的通知(人社部发〔2015〕59号).

[7] 交通运输部关于公布《公路水运工程质量检测机构资质等级条件》及《公路水运工程质量检测机构资质审批专家技术评审工作程序》的通知(交安监发〔2023〕140号).

[8] 公路工程试验检测仪器设备服务手册(交办安监函〔2019〕66号).

[9] 水运工程试验检测仪器设备检定/校准指导手册(交办安监〔2018〕33号).

[10] 全国法制计量管理计量技术委员会.通用计量术语及定义:JJF 1001—2011[S].北京:中国质检出版社,2012.

[11] 国家认证认可监督管理委员会.检验检测机构资质认定能力评价　检验检测机构通用要求:RB/T 214—2017[S].北京:中国标准出版社,2017.

[12] 中国标准化研究院.计数抽样检验程序　第1部分:按接收质量限(AQL)检索的逐批检验抽样计划:GB/T 2828.1—2012[S].北京:中国标准出版社,2013.

[13] 全国统计方法应用标准化技术委员会.计量抽样检验程序　第1部分:按接收质量限(AQL)检索的对单一质量特性和单个AQL的逐批检验的一次抽样方案:GB/T 6378.1—2008[S].北京:中国标准出版社,2008.

[14] 全国法制计量管理计量技术委员会.法定计量检定机构考核规范:JJF 1069—2012[S].北京:中国标准出版社,2012.

[15] 全国交通工程设施(公路)标准化技术委员会.公路水运试验检测数据报告编制导则:JT/T 828—2019[S].北京:人民交通出版社股份有限公司,2019.

[16] 中华人民共和国交通运输部.公路工程水泥及水泥混凝土试验规程:JTG 3420—2020

[S]. 北京：人民交通出版社股份有限公司,2020.

[17] 中华人民共和国工业和信息化部. 通用硅酸盐水泥:GB 175—2023[S]. 北京:中国标准出版社,2023.

[18] 中国建筑材料联合会. 水泥胶砂强度检验方法(ISO 法):GB/T 17671—2021[S]. 北京:中国标准出版社,2021.

[19] 中国建筑材料联合会. 水泥取样方法:GB/T 12573—2008[S]. 北京:中国标准出版社,2008.

[20] 全国水泥标准化技术委员会. 水泥的命名原则和术语:GB/T 4131—2014[S]. 北京:中国标准出版社,2014.

[21] 中国建筑材料联合会. 水泥组分的定量测定:GB/T 12960—2019[S]. 北京:中国标准出版社,2019.

[22] 中国建筑材料联合会. 水泥密度测定方法:GB/T 208—2014[S]. 北京:中国标准出版社,2014.

[23] 中国建材工业协会. 水泥细度检验方法　筛析法:GB/T 1345—2005[S]. 北京:中国标准出版社,2005.

[24] 中国建筑材料联合会. 水泥比表面积测定方法　勃氏法:GB/T 8074—2008[S]. 北京:中国标准出版社,2008.

[25] 中国建筑材料联合会. 水泥标准稠度用水量、凝结时间、安定性检验方法:GB/T 1346—2011[S]. 北京:中国标准出版社,2011.

[26] 中国建筑材料工业协会. 水泥胶砂流动度测定方法:GB/T 2419—2005[S]. 北京:中国标准出版社,2005.

[27] 中国建筑材料联合会. 水泥化学分析方法:GB/T 176—2017[S]. 北京:中国标准出版社,2017.

[28] 中国建筑材料联合会. 建筑材料放射性核素限量:GB 6566—2010[S]. 北京:中国标准出版社,2010.

[29] 中国建筑材料联合会. 用于水泥、砂浆和混凝土中的粒化高炉矿渣粉:GB/T 18046—2017[S]. 北京:中国标准出版社,2017.

[30] 中国建筑材料联合会. 用于水泥和混凝土中的粉煤灰:GB/T 1596—2017[S]. 北京:中国标准出版社,2017.

[31] 全国交通工程设施(公路)标准化技术委员会. 公路工程预应力孔道压浆材料:JT/T 946—2022[S]. 北京:人民交通出版社股份有限公司,2022.

[32] 全国交通工程设施(公路)标准化技术委员会. 公路工程水泥混凝土外加剂:JT/T 523—2022[S]. 北京:人民交通出版社股份有限公司,2022.

[33] 中国建筑材料联合会. 混凝土外加剂:GB/T 8076—1997[S]. 北京:中国标准出版社,1997.

[34] 国家建筑材料工业局. 混凝土外加剂:GB/T 8076—2008[S]. 北京:中国标准出版社,2008.

[35] 中国建筑材料联合会. 混凝土外加剂匀质性试验方法:GB/T 8077—2023[S]. 北京:中国标准出版社,2023.

[36] 中国建筑材料联合会. 混凝土膨胀剂:GB/T 23439—2017[S]. 北京:中国标准出版社,2018.

[37] 中国建筑材料联合会. 砂浆、混凝土防水剂:JC/T 474—2008[S]. 北京:建材工业出版社,2008.

[38] 中华人民共和国交通运输部. 公路桥涵施工技术规范:JTG/T 3650—2020[S]. 北京:人民交通出版社股份有限公司,2020.

[39] 中华人民共和国交通运输部. 公路水泥混凝土路面施工技术细则:JTG/T F30—2014[S]. 北京:人民交通出版社,2014.

[40] 中华人民共和国住房和城乡建设部. 普通混凝土拌合物性能试验方法标准:GB/T 50080—2016[S]. 北京:中国建筑工业出版社,2016.

[41] 中华人民共和国住房和城乡建设部. 混凝土物理力学性能试验方法标准:GB/T 50081—2019[S]. 北京:中国建筑工业出版社,2019.

[42] 中华人民共和国住房和城乡建设部. 普通混凝土长期性能和耐久性能试验方法标准:GB/T 50082—2009[S]. 北京:中国建筑工业出版社,2009.

[43] 中国石油和化学工业协会. 分析实验室用水规格和试验方法:GB/T 6682—2008[S]. 北京:中国标准出版社,2008.

[44] 中华人民共和国建设部. 混凝土用水标准:JGJ 63—2006[S]. 北京:中国建筑工业出版社,2006.

[45] 中华人民共和国交通运输部. 公路工程集料试验规程:JTG 3432—2024[S]. 北京:人民交通出版社股份有限公司,2024.

[46] 中国建筑材料联合会. 建设用砂:GB/T 14684—2022[S]. 北京:中国标准出版社,2022.

[47] 中国建筑材料联合会. 建设用碎石、卵石:GB/T 14685—2022[S]. 北京:中国标准出版社,2022.

[48] 中国建筑材料联合会. 行星式水泥胶砂搅拌机:JC/T 681—2022[S]. 北京:中国建材工业出版社,2022.

[49] 住房和城乡建设部标准定额研究所. 混凝土坍落度仪:JG/T 248—2009[S]. 北京:中国标准出版社,2009.

[50] 住房和城乡建设部标准定额研究所. 混凝土试验用振动台:JG/T 245—2009[S]. 北京:中国标准出版社,2009.

[51] 全国颗粒表征与分检及筛网标准化技术委员会. 试验筛 技术要求和检验 第2部分:金属穿孔板试验筛:GB/T 6003.2—2012[S]. 北京:中国标准出版社,2013.

[52] 中国机械工业联合会. 液压式万能试验机:GB/T 3159—2008[S]. 北京:中国标准出版社,2009.

[53] 中国机械工业联合会. 试验机 通用技术要求:GB/T 2611—2022[S]. 北京:中国标准出版社,2022.

[54] 中国钢铁工业协会.预应力混凝土用钢绞线:GB/T 5224—2023[S].北京:中国标准出版社,2023.
[55] 中国轻工业联合会.化学分析滤纸:GB/T 1914—2017[S].北京:中国标准出版社,2017.
[56] 全国石油产品和润滑剂标准化技术委员会.煤油:GB 253—2008[S].北京:中国标准出版社,2009.